科学出版社“十三五”普通高等教育本科规划教材

线性代数与数学模型

(第三版)

电子科技大学成都学院文理学院 编

科学出版社

北 京

内 容 简 介

本书是由电子科技大学成都学院文理学院应用数学系的教师，依据教育部关于高等院校线性代数课程的教学要求，以培养应用型科技人才为目标而编写的. 本书共4章，内容包括向量代数与空间解析几何、矩阵与行列式、线性方程组、相似矩阵与二次型等. 每章配有习题，最后附有部分习题参考答案. 本书的主要特色是注重应用，在介绍线性代数基本内容的基础上，融入了很多模型及应用实例. 另外，除第 1 章外，每章章末以二维码形式链接了自测题，读者可扫码自测.

本书可作为高等学校理工类、经管类专业线性代数课程的教材，也可作为独立学院、成人高等教育及高等教育自学考试等各类本科线性代数课程的教材或参考书.

图书在版编目（CIP）数据

线性代数与数学模型 / 电子科技大学成都学院文理学院编. --3 版. --北京：科学出版社，2025. 1. (科学出版社“十三五”普通高等教育本科规划教材). --ISBN 978-7-03-080925-4

Ⅰ. O151.2; O141.4

中国国家版本馆 CIP 数据核字第 2024Q1Z786 号

责任编辑：胡海霞　李香叶 / 责任校对：杨聪敏

责任印制：师艳茹 / 封面设计：无极书装

科学出版社 出版

北京东黄城根北街 16 号

邮政编码：100717

http://www.sciencep.com

三河市骏杰印刷有限公司印刷

科学出版社发行　各地新华书店经销

*

2015 年 1 月第　一　版　开本：720×1000　1/16

2018 年 1 月第　二　版　印张：12 3/4

2025 年 1 月第　三　版　字数：254 000

2025 年 1 月第十二次印刷

定价：49.00 元

(如有印装质量问题，我社负责调换)

《线性代数与数学模型》(第三版)编委会

主　编　帅　鲲　武伟伟

参　编　(以下按姓名拼音排序)

贺金兰　晏　潘　张　琳　张　雪　郑雅匀

前　言

为了培养应用型科技人才, 我们在大学数学的教学中以工程教育为背景, 坚持把数学建模、数学实验的思想与方法融入数学主干课程, 取得了较好的效果. 通过教学实践, 我们认为微积分与数学模型、线性代数与数学模型、概率统计与数学模型课程对转变师生的教育理念、引领学生热爱数学学习、重视数学应用很有帮助, 对理工类应用型本科学生工程数学素养的培养很有必要. 本书自第一版 2015 年出版以来, 受到同类院校的广泛关注, 并被多所学校选为教材或参考资料.

本书积极贯彻党的二十大精神、充分发挥教材的铸魂育人功能, 为培养德智体美劳全面发展的社会主义建设者和接班人奠定坚实基础. 经过多年的教学实践以及广泛征求同行的宝贵意见, 在保持第一版、第二版教材的框架和风格的基础上, 此次修订涉及了以下四个方面的内容:

(1) 对第二版中的部分内容进行了优化与增删, 使一些计算过程更加简明;

(2) 对第二版中的例题、习题进行了精选, 并增添了一些典型例题、习题, 尤其是增补了部分计算比较简单又利于加强概念理解的习题, 并重新校订了全部习题及其答案;

(3) 对第二版部分章节的文字叙述做了改进, 为学生理解数学内容的实质起到重要的作用;

(4) 对第二版中的少数印刷错误进行了校正;

(5) 每章 (除第 1 章外) 章末以二维码形式链接线上自测题, 供读者检测学习效果.

本书由帅鲲、武伟伟主编, 其中第 1 章由武伟伟编写, 第 2 章由郑雅匀、晏潘编写, 第 3 章由张雪、帅鲲编写, 第 4 章由张琳、贺金兰编写. 全书由帅鲲、武伟伟负责统稿.

在本书的编写过程中, 得到了陈骑兵、李宝平、钱茜、李琼的热情帮助和支持, 特在此致谢.

这次修订过程中, 我们获得了许多宝贵的意见和建议, 借本书再版机会, 向学校领导、广大同行也表示诚挚的谢意.

作为我们教学实践和改革的一个阶段性总结, 本书还有许多需要完善的地方, 因此我们真诚希望得到同行的批评指正, 以便共同把线性代数的基础教学工作做好.

编　者

2024 年 11 月于成都

第二版前言

本书是第一批科学出版社“十三五”普通高等教育本科规划教材, 也是四川省2013~2016年高等教育人才培养质量和教改建设项目成果. 本书自第一版2015年出版以来, 受到同类院校的广泛关注, 并被多所学校选为教材或参考资料. 经过几年的教学实践, 并广泛征求了同行的宝贵意见, 在保持第一版教材的框架和风格的基础上, 此次再版修改了以下几个方面内容:

(1) 对部分内容进行了优化与增删, 使一些计算过程更加简明;

(2) 对原教材中的例题、习题进行了精选, 并增添了一些典型例题、习题;

(3) 对文字叙述进行了加工, 使其表达更加简明;

(4) 对原教材中的少数印刷错误进行了勘误.

本书由陈骑兵、武伟伟主编, 第1章由武伟伟、李宝平编写, 第2章由钱茜编写, 第3章由李琼编写, 第4章由陈骑兵编写. 全书由陈骑兵、武伟伟负责统稿.

这次修订中, 我们获得了许多宝贵的意见和建议, 借本书再版机会, 向对我们工作给予关心、支持的学院领导、广大同行表示诚挚的谢意, 新版中存在的问题, 欢迎专家、同行和读者批评指正.

编　者

2017年11月于成都

第一版前言

为了培养应用型科技人才, 我们在大学数学的教学中以工程教育为背景, 坚持将数学建模、数学实验的思想与方法融入数学主干课程教学, 收到了好的效果. 通过教学实践我们认为将原来的高等数学、线性代数、概率论与数理统计课程分别改为微积分与数学模型、线性代数与数学模型、概率统计与数学模型课程, 对转变师生的教育理念, 引领学生热爱数学学习、重视数学应用很有帮助, 对理工类应用型本科学生工程数学素养的培养很有必要.

"将数学建模思想全面融入理工类数学系列教材的研究" 是电子科技大学成都学院 "以 CDIO 工程教育为导向的人才培养体系建设" 项目中的课题, 也是四川省 2013~2016 年高等教育人才培养质量和教改建设项目.

本套系列教材主要以应用型科技人才培养为导向, 以理工类专业需要为宗旨, 在系统阐述微积分、线性代数、概率统计课程的基本概念、基本定理、基本方法的同时融入了很多经典的数学模型, 重点强调数学思想与数学方法的学习, 强调怎样将数学应用于工程实际.

本书主要介绍向量代数与空间解析几何、矩阵与行列式、线性方程组、相似矩阵与二次型以及相关的数学模型.

本书的编写具有如下特点.

1. 在保证基础知识体系完整的前提下, 力求通俗易懂, 删除了繁杂的理论性证明过程; 教材体系和章节的安排上, 严格遵循循序渐进、由浅入深的教学规律; 在对内容深度的把握上, 考虑应用型科技人才的培养目标和学生的接受能力, 做到深浅适中、难易适度.

2. 在重要概念和公式的引入上尽量根据数学发展的脉络还原最质朴的案例, 教材中引入的很多案例都是数学建模活动中或学生讨论课上最感兴趣的问题, 其内容丰富、生动有趣、视野开阔、宏微兼具. 这对于提高学生分析问题和解决问题的能力都很有帮助.

3. 按章配备了难度适中的习题, 并附有答案或提示.

全书讲授与讨论需 64 学时. 根据不同层次的需要, 课时和内容可酌情取舍.

本书由陈骑兵主编, 第 1 章由李宝平编写, 第 2 章由钱茜编写, 第 3 章由李琼编写, 第 4 章由陈骑兵编写. 全书由陈骑兵负责统稿.

在本书的编写过程中, 我们参阅了大量的教材和文献资料, 在此向这些作者表示感谢.

由于编者水平有限, 书中难免有缺点和不当之处, 恳请同行专家和读者批评指正.

电子科技大学成都学院
数学建模与工程教育研究项目组
2014 年 10 月于成都

目 录

第 1 章　向量代数与空间解析几何

在平面解析几何中, 利用坐标把平面上的点与一对有序数对应起来, 把平面上的图形和方程对应起来, 从而用代数方法来研究几何问题. 空间解析几何也是按照类似的方法建立起来的.

在一元函数微积分中, 平面解析几何发挥了重要作用. 同样地, 在多元函数微积分中, 空间解析几何将起到不可或缺的作用. 本章首先建立空间直角坐标系, 并以向量为工具, 研究有关空间图形以及和它们相关的几何问题.

1.1　向　　量

1.1.1　空间直角坐标系

在空间中, 任取定点 O, 以 O 为原点作三条两两互相垂直的数轴, 依次记为 x 轴 (横轴)、y 轴 (纵轴)、z 轴 (竖轴), 统称为**坐标轴**. 三条坐标轴的正方向符合右手法则, 即用右手握住 z 轴, 当右手的四个手指从 x 轴正向以 $\dfrac{\pi}{2}$ 角度转向 y 轴正向时, 大拇指的指向就是 z 轴的正向, 如图 1.1 所示. 这样, 就构成了一个空间直角坐标系.

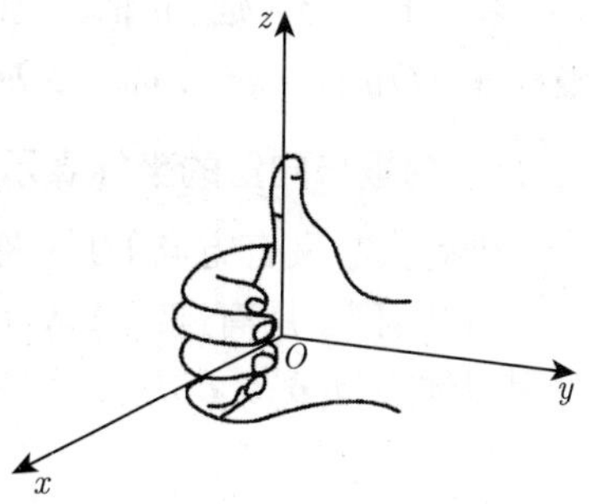

图 1.1

点 O 称为**坐标原点**, 三条坐标轴的任意两条确定的平面称为**坐标面**, 分别称为 xOy 面、yOz 面、zOx 面. 三个坐标面把空间分成八个部分, 每一部分称为一个**卦限**. 由 x 轴、y 轴、z 轴正向确定的那个卦限称为第一卦限, 在 xOy 面上方的另外三个卦限按逆时针方向依次称为第二、三、四卦限. 在 xOy 面下方的四个卦限对应于第一、二、三、四卦限的正下方, 分别称为第五、六、七、八卦限, 这八个卦限分别用字母 I, Ⅱ, Ⅲ, Ⅳ, Ⅴ, Ⅵ, Ⅶ, Ⅷ 表示 (图 1.2).

设 M 为空间中的任意一点, 过点 M 分别作垂直于 x 轴、y 轴、z 轴的平面, 记这三个平面与 x 轴、y 轴、z 轴的交点分别为 P, Q, R (图 1.3), 这三个点在 x 轴、y 轴、z 轴上的坐标依次为 x, y, z. 于是空间中的点 M 就唯一地确定有序数组 (x, y, z).

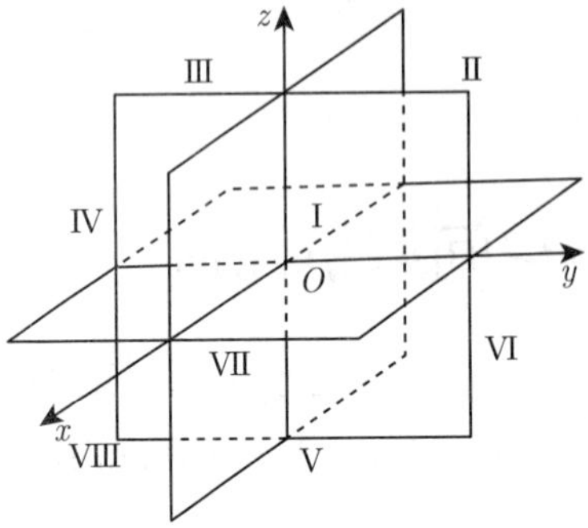

图 1.2

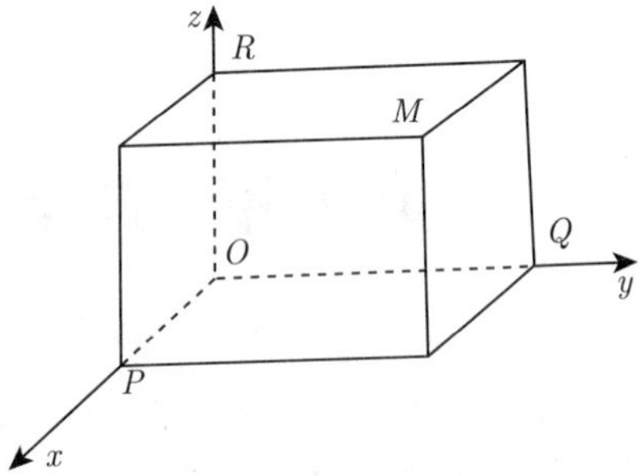

图 1.3

反过来, 对于任一有序数组 (x, y, z), 可在 x 轴上取坐标为 x 的点 P, 在 y 轴上取坐标为 y 的点 Q, 在 z 轴上取坐标为 z 的点 R, 在过 P, Q, R 分别作垂直于 x 轴、y 轴、z 轴的平面, 这三个平面就会交于空间一点 M. 这样, 一个有序数组又可唯一地确定空间中的一点.

从以上两方面可以看出, 空间中的点 M 可与三元有序数组 (x, y, z) 建立一一对应, 这个有序数组就称为点 M 的**坐标**, 记为 (x, y, z), 并依次称 x, y, z 为点 M 的横坐标、纵坐标、竖坐标.

特别地, 在 x 轴、y 轴、z 轴上的点的坐标分别是 $(x, 0, 0), (0, y, 0), (0, 0, z)$; 在坐标面 xOy 面、yOz 面、zOx 面上的点的坐标分别是 $(x, y, 0), (0, y, z), (x, 0, z)$.

1.1.2　向量与向量的坐标表示

既有大小又有方向的量, 称为**向量**, 如速度、力、位移等.

在几何上, 用有向线段表示向量. 以 A 为起点, B 为终点的向量, 记为 $\overrightarrow{AB}$, 有时用黑体字母 $\boldsymbol{a}, \boldsymbol{b}, \boldsymbol{c}$ 等表示 (图 1.4).

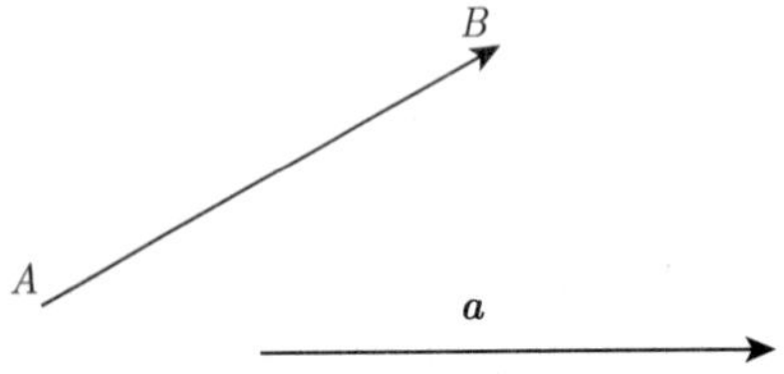

图 1.4

在实际问题中, 有的向量与起点有关, 而有的向量与起点无关. 本书只研究与起点无关的向量, 并称这种向量为**自由向量**, 简称**向量**.

由于不考虑起点的位置, 因而对任意给定的空间向量 $\boldsymbol{a}$, 可通过平行移动, 将其起点移到坐标原点 O, 设其终点为 M, 则向量 $\overrightarrow{OM}$ 确定终点 M; 反过来, 空间中任一点 M 也确定了一个向量 $\overrightarrow{OM}$, 也就是空间中的点与向量之间建立了一一对应关系. 点 M 的坐标 (x, y, z) 也称为向量 $\overrightarrow{OM}$ 的坐标, 它可表示为 $\overrightarrow{OM} = \boldsymbol{a} = (x, y, z)$, 这就是向量的坐标表示. 由此可以看出, 记号 (x, y, z) 既可表示点 M 的坐标, 又可以表示向量 $\overrightarrow{OM}$ 的坐标, 而在几何学中点与向量是两个不同的概念, 二者不可混为一谈. 因此, 在看到记号 (x,y,z) 时需结合上下文分清它具体表示的意义.

特别地, 向量 $\overrightarrow{OM}$ 称为点 M 关于原点 O 的向径. 因此, 一个点与该点的向径有相同的坐标.

1.1.3　向量的夹角、向量在定轴上的投影

两个向量 $\boldsymbol{a}$ 与 $\boldsymbol{b}$ 的夹角规定为使其中一个向量与另一个向量方向一致时所需要旋转的最小角度, 记为 $\widehat{(\boldsymbol{a},\boldsymbol{b})}$, 显然 $0\leqslant\widehat{(\boldsymbol{a},\boldsymbol{b})}\leqslant\pi$.

向量与数轴、数轴与数轴的夹角可同样定义.

设 $\boldsymbol{e}$ 为与 u 轴同向的单位向量, M 为空间中任意一点, 作向量 $\overrightarrow{OM}$, 再过点 M 作与 u 轴垂直的平面交 u 轴于点 M', 则 M' 称为 M 在 u 轴上的**投影**. 向量 $\overrightarrow{OM'}$ 称为向量 $\overrightarrow{OM}$ 在 u 轴上的分向量 (图 1.5).

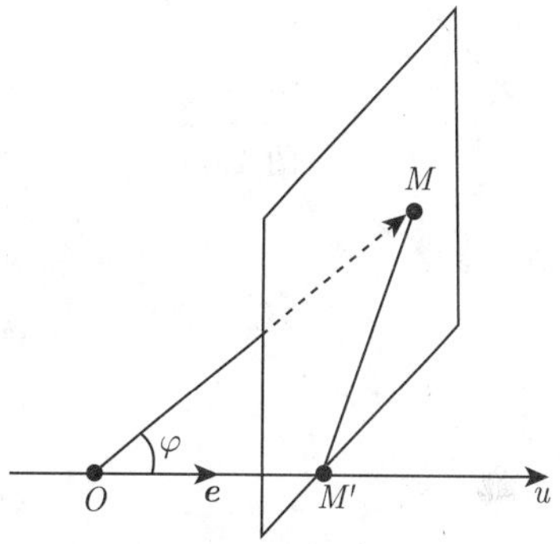

图 1.5

若 $\overrightarrow{OM'}=\lambda\boldsymbol{e}$, 称 λ 为向量 $\overrightarrow{OM}$ 在 u 轴上的**投影**, 记作 $\mathrm{Prj}_u\overrightarrow{OM}$ 或 $(\overrightarrow{OM})_u$.

$$\mathrm{Prj}_u\overrightarrow{OM}=\begin{cases}|\overrightarrow{OM'}|, & \overrightarrow{OM'}\text{ 与 }u\text{ 同向},\\ -|\overrightarrow{OM'}|, & \overrightarrow{OM'}\text{ 与 }u\text{ 反向}.\end{cases}$$

1.1.4　向量的模与方向余弦

向量的大小称为向量的**模**. 向量 $\overrightarrow{AB}$ 和 $\boldsymbol{a}$ 的模分别记作 $\overrightarrow{AB}$ 和 $|\boldsymbol{a}|$. 特别地, 模等于 1 的向量称为**单位向量**, 与向量 $\boldsymbol{a}$ 同向的单位向量为 $\dfrac{\boldsymbol{a}}{|\boldsymbol{a}|}$. 在空间直角坐标系中, 通常将方向与 x 轴、y 轴、z 轴的正方向相同的单位向量记作 $\boldsymbol{i},\boldsymbol{j},\boldsymbol{k}$, 其中, $\boldsymbol{i}=(1,0,0)$, $\boldsymbol{j}=(0,1,0)$, $\boldsymbol{k}=(0,0,1)$. 并称它们为基本单位向量. 模等于 0 的向量称为**零向量**, 记作 $\mathbf{0}$. 零向量的方向可看成是任意的, 并规定一切零向量都相等.

若向量 $\boldsymbol{a},\boldsymbol{b}$ 的模相等且方向相同, 则称 $\boldsymbol{a},\boldsymbol{b}$ 为**相等向量**, 记作 $\boldsymbol{a}=\boldsymbol{b}$. 与向量 $\boldsymbol{a}$ 的模相等而方向相反的向量, 称为 $\boldsymbol{a}$ 的**反向量**, 记作 $-\boldsymbol{a}$, 向量 $\boldsymbol{a},\boldsymbol{b}$ 方向相同或相反, 称向量 $\boldsymbol{a}$ 与 $\boldsymbol{b}$ **平行或共线**, 记作 $\boldsymbol{a}//\boldsymbol{b}$.

根据向量在定轴 u 上的投影定义, $\mathrm{Prj}_u\boldsymbol{a}=|\boldsymbol{a}|\cos\varphi$, 其中 φ 为向量 $\boldsymbol{a}$ 与轴 u 的夹角.

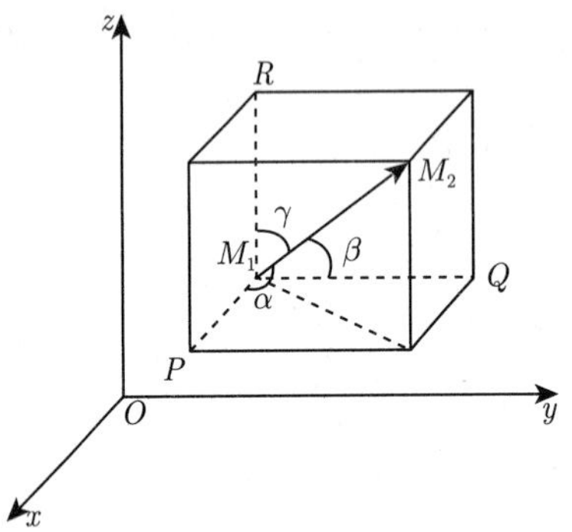

图 1.6

任一非零向量 $\boldsymbol{a}=\overrightarrow{M_1M_2}$ 与三条坐标轴的夹角 α,β,γ 称为向量 $\boldsymbol{a}$ 的方向角 (图 1.6). 显然 $0\leqslant\alpha\leqslant\pi, 0\leqslant\beta\leqslant\pi, 0\leqslant\gamma\leqslant\pi$. 设 $\boldsymbol{a}$ 的坐标为 (a_1,a_2,a_3), 由图 1.6 可知 a_1,a_2,a_3 分别为向量 $\overrightarrow{M_1M_2}$ 在 x 轴、y 轴、z 轴上的投影. $a_1\boldsymbol{i},a_2\boldsymbol{j},a_3\boldsymbol{k}$ 分别称为向量 $\boldsymbol{a}$ 在 x 轴、y 轴、z 轴上的分向量. 所以 $\boldsymbol{a}=(a_1,a_2,a_3)=a_1\boldsymbol{i}+a_2\boldsymbol{j}+a_3\boldsymbol{k}$, 且

$$\cos\alpha=\frac{a_1}{\left|\overrightarrow{M_1M_2}\right|}=\frac{a_1}{|\boldsymbol{a}|},$$

$$\cos\beta=\frac{a_2}{\left|\overrightarrow{M_1M_2}\right|}=\frac{a_2}{|\boldsymbol{a}|},$$

$$\cos\gamma=\frac{a_3}{\left|\overrightarrow{M_1M_2}\right|}=\frac{a_3}{|\boldsymbol{a}|},$$

其中 $\cos\alpha,\cos\beta,\cos\gamma$ 称为向量 $\boldsymbol{a}$ 的**方向余弦**.

如图 1.6 所示, $|\boldsymbol{a}|=\left|\overrightarrow{M_1M_2}\right|=\sqrt{a_1^2+a_2^2+a_3^2}$. 由定义式可以看出

$$\cos^2\alpha+\cos^2\beta+\cos^2\gamma=1.$$

从而, 向量

$$\boldsymbol{e}=(\cos\alpha,\cos\beta,\cos\gamma)=\left(\frac{a_1}{|\boldsymbol{a}|},\frac{a_2}{|\boldsymbol{a}|},\frac{a_3}{|\boldsymbol{a}|}\right)$$

是单位向量, 它与向量 $\boldsymbol{a}$ 同向.

例 1.1.1 一个向量的终点为 $B(2,-1,7)$, 它在 x 轴、y 轴和 z 轴上的投影依次为 4, −4 和 7, 求该向量的起点 A 的坐标.

解 设 $A(x,y,z)$, 则 $\overrightarrow{AB}=(2-x,-1-y,7-z)$.

由此向量在坐标轴上的投影依次为 4, −4 和 7, 有

$$2-x=4,\quad -1-y=-4,\quad 7-z=7,$$

即 $x=-2$, $y=3$, $z=0$. 从而所求起点为 $A(-2,3,0)$.

例 1.1.2 已知 $A\left(0,\sqrt{2},1\right)$ 和 $B\left(\sqrt{2},0,3\right)$, 求向量 $\overrightarrow{AB}$ 的方向余弦、方向角及与 $\overrightarrow{AB}$ 同向的单位向量.

解 $\overrightarrow{AB} = \left(\sqrt{2}-0, 0-\sqrt{2}, 3-1\right) = \left(\sqrt{2}, -\sqrt{2}, 2\right)$,

$$\left|\overrightarrow{AB}\right| = \sqrt{\sqrt{2}^2 + \left(-\sqrt{2}\right)^2 + 2^2} = 2\sqrt{2},$$

$$\cos\alpha = \frac{\sqrt{2}}{2\sqrt{2}} = \frac{1}{2}, \quad \cos\beta = \frac{-\sqrt{2}}{2\sqrt{2}} = -\frac{1}{2}, \quad \cos\gamma = \frac{2}{2\sqrt{2}} = \frac{\sqrt{2}}{2}.$$

由此可知方向角分别为 $\alpha = \frac{\pi}{3}, \beta = \frac{2\pi}{3}, \gamma = \frac{\pi}{4}$.

$\boldsymbol{e} = (\cos\alpha, \cos\beta, \cos\gamma) = \left(\frac{1}{2}, -\frac{1}{2}, \frac{\sqrt{2}}{2}\right)$, 即为与 $\overrightarrow{AB}$ 同向的单位向量.

1.2 向量的运算

1.2.1 向量的线性运算

在研究物体的受力时, 作用于一个质点的两个力可以看成两个向量, 它们的合力就是以这两个力为相邻两边的平行四边形的对角线上的向量. 下面要讨论的向量的加法就是对合力这个概念在数学上的抽象和概括.

1. 向量的加法

已知向量 $\boldsymbol{a}, \boldsymbol{b}$, 任意取一定点 O, 作 $\overrightarrow{OA} = \boldsymbol{a}, \overrightarrow{OB} = \boldsymbol{b}$, 再以 OA, OB 为邻边作平行四边形 $OACB$ (图 1.7), 则对角线上的向量 $\overrightarrow{OC} = \boldsymbol{c}$ 称为向量 $\boldsymbol{a}$ 与 $\boldsymbol{b}$ 的和, 记作 $\boldsymbol{c} = \boldsymbol{a} + \boldsymbol{b}$.

这种方法称为向量加法的**平行四边形法则**. 向量的加法还可以利用**三角形法则**得到: 以空间任意一点 O 为起点, 作向量 $\overrightarrow{OA} = \boldsymbol{a}$, 再以点 A 为起点, 作向量 $\overrightarrow{AB} = \boldsymbol{b}$, 则向量 $\overrightarrow{OB} = \boldsymbol{c}$ 称为向量 $\boldsymbol{a}$ 与 $\boldsymbol{b}$ 的和, 如图 1.8 所示.

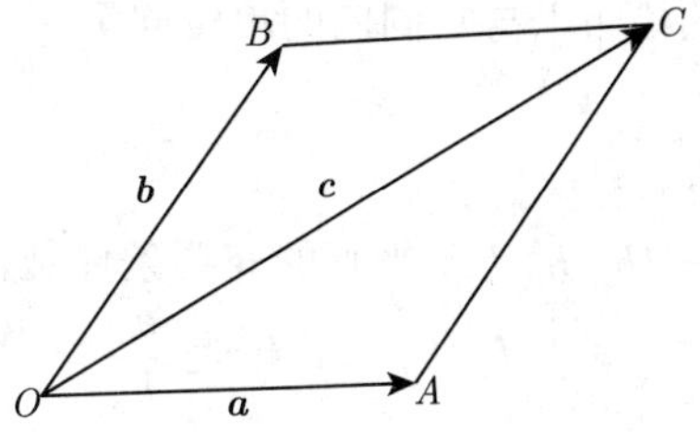

图 1.7

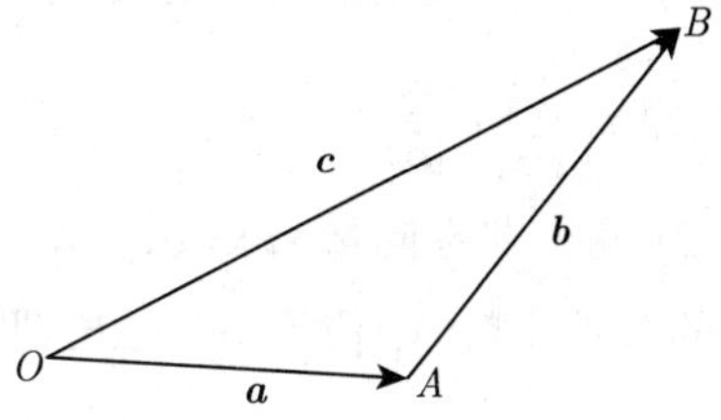

图 1.8

特别地, 若 $\boldsymbol{a}$ 与 $\boldsymbol{b}$ 平行或在同一条直线上, 则规定:

(1) 若 $\boldsymbol{a}$ 与 $\boldsymbol{b}$ 同向, 其和向量的方向与 $\boldsymbol{a}, \boldsymbol{b}$ 相同, 其模为两个向量模之和;

(2) 若 $\boldsymbol{a}$ 与 $\boldsymbol{b}$ 反向, 其和向量的方向与 $\boldsymbol{a}, \boldsymbol{b}$ 中较长的向量的方向相同, 其模为 $\boldsymbol{a}, \boldsymbol{b}$ 中较大的模与较小的模之差.

向量的加法符合下列运算规律:

(1) **交换律**　$\boldsymbol{a}+\boldsymbol{b}=\boldsymbol{b}+\boldsymbol{a}$;

(2) **结合律**　$(\boldsymbol{a}+\boldsymbol{b})+\boldsymbol{c}=\boldsymbol{a}+(\boldsymbol{b}+\boldsymbol{c})$.

由于向量的加法满足结合律与交换律, 三个向量 $\boldsymbol{a}, \boldsymbol{b}, \boldsymbol{c}$ 之和就可以记作 $\boldsymbol{a}+\boldsymbol{b}+\boldsymbol{c}$, 其次序可以任意颠倒. 一般地, 对于 n 个向量 $\boldsymbol{a}_1, \boldsymbol{a}_2, \cdots, \boldsymbol{a}_n$, 它们的和可记作 $\boldsymbol{a}_1+\boldsymbol{a}_2+\cdots+\boldsymbol{a}_n$. 并且, 可按三角形法则得到这 n 个向量相加的法则如下: 以空间任意一点 O 为起点作向量 $\boldsymbol{a}_1$, 再以 $\boldsymbol{a}_1$ 的终点为起点作向量 $\boldsymbol{a}_2, \cdots$, 以 $\boldsymbol{a}_{n-1}$ 的终点为起点作向量 $\boldsymbol{a}_n$, 最后以 $\boldsymbol{a}_1$ 的起点为起点, $\boldsymbol{a}_n$ 的终点为终点作向量 $\boldsymbol{s}$, 则 $\boldsymbol{s}$ 即是向量 $\boldsymbol{a}_1, \boldsymbol{a}_2, \cdots, \boldsymbol{a}_n$ 的和.

2. 向量的减法

规定向量 $\boldsymbol{a}$ 与 $\boldsymbol{b}$ 的差为 $\boldsymbol{a}-\boldsymbol{b}=\boldsymbol{a}+(-\boldsymbol{b})$.

因而, 向量的减法可以按照向量的加法运算进行.

特别地, 当 $\boldsymbol{a}=\boldsymbol{b}$ 时, $\boldsymbol{a}-\boldsymbol{a}=\boldsymbol{a}+(-\boldsymbol{a})=\mathbf{0}$.

3. 向量的数乘

向量 $\boldsymbol{a}$ 与实数 λ 的乘积记作 $\lambda\boldsymbol{a}$, 规定 $\lambda\boldsymbol{a}$ 是一个向量, 称为**数乘向量**, 简称数乘, 它的模 $|\lambda\boldsymbol{a}|=|\lambda||\boldsymbol{a}|$, 它的方向当 $\lambda>0$ 时与 $\boldsymbol{a}$ 方向相同, 当 $\lambda<0$ 时与 $\boldsymbol{a}$ 方向相反, 当 $\lambda=0$ 时, $\lambda\boldsymbol{a}$ 为零向量.

容易看出, 数乘满足下列运算规律:

(1) **结合律**　$\lambda(\mu\boldsymbol{a})=(\lambda\mu)\boldsymbol{a}$;

(2) **分配律**　$(\lambda+\mu)\boldsymbol{a}=\lambda\boldsymbol{a}+\mu\boldsymbol{a}, \lambda(\boldsymbol{a}+\boldsymbol{b})=\lambda\boldsymbol{a}+\lambda\boldsymbol{b}$.

由数乘的定义, 可得以下结论:

(1) 若 $\boldsymbol{a}$ 不是零向量, 则 $\boldsymbol{a}$ 可表示成它的模 $|\boldsymbol{a}|$ 与它同向的单位向量 $\dfrac{\boldsymbol{a}}{|\boldsymbol{a}|}$ 的乘积, 即 $\boldsymbol{a}=|\boldsymbol{a}|\dfrac{\boldsymbol{a}}{|\boldsymbol{a}|}$.

(2) 两个非零向量 $\boldsymbol{a}=(a_x, a_y, a_z)$ 与 $\boldsymbol{b}=(b_x, b_y, b_z)$ 平行的充要条件是存在唯一的非零实数 λ, 使得 $\boldsymbol{a}=\lambda\boldsymbol{b}$, 即 $(a_x, a_y, a_z)=\lambda(b_x, b_y, b_z)$, 于是 $\dfrac{a_x}{b_x}=\dfrac{a_y}{b_y}=\dfrac{a_z}{b_z}$.

向量的加法和向量的数乘, 统称为**向量的线性运算**.

在空间直角坐标系中, 设向量 $\boldsymbol{r}$ 的坐标为 (x, y, z), 则对应地有点 M 使得 $\overrightarrow{OM} = \boldsymbol{r}$, 以 $\overrightarrow{OM}$ 为对角线、三条坐标轴为棱作长方体 $RHMK\text{-}OPNQ$, 如图 1.9 所示, 有

$$\boldsymbol{r} = \overrightarrow{OM} = \overrightarrow{OP} + \overrightarrow{PN} + \overrightarrow{NM}$$
$$= \overrightarrow{OP} + \overrightarrow{OQ} + \overrightarrow{OR},$$

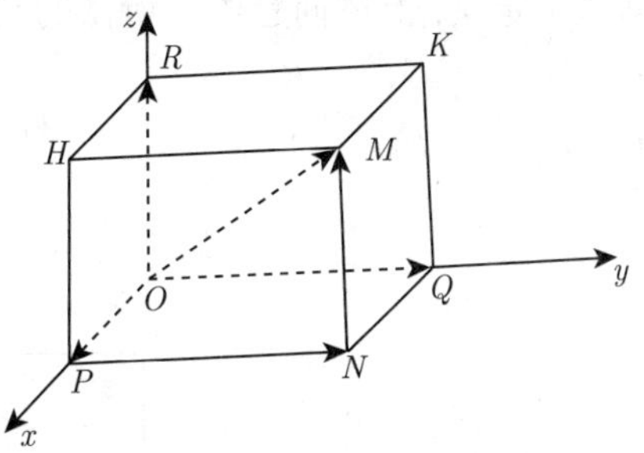

图 1.9

而 $\overrightarrow{OP} = x\boldsymbol{i}, \overrightarrow{OQ} = y\boldsymbol{j}, \overrightarrow{OR} = z\boldsymbol{k}$, 于是 $\boldsymbol{r} = x\boldsymbol{i} + y\boldsymbol{j} + z\boldsymbol{k}$. 因此, 若 $\boldsymbol{a} = (a_x, a_y, a_z)$, $\boldsymbol{b} = (b_x, b_y, b_z)$, 则有

$$\boldsymbol{a} = a_x\boldsymbol{i} + a_y\boldsymbol{j} + a_z\boldsymbol{k}, \quad \boldsymbol{b} = b_x\boldsymbol{i} + b_y\boldsymbol{j} + b_z\boldsymbol{k}.$$

利用向量加法的交换律与结合律, 以及向量与数的乘法的结合律与分配律, 可得

$$\boldsymbol{a} + \boldsymbol{b} = (a_x + b_x)\,\boldsymbol{i} + (a_y + b_y)\,\boldsymbol{j} + (a_z + b_z)\,\boldsymbol{k},$$
$$\boldsymbol{a} - \boldsymbol{b} = (a_x - b_x)\,\boldsymbol{i} + (a_y - b_y)\,\boldsymbol{j} + (a_z - b_z)\,\boldsymbol{k},$$
$$\lambda\boldsymbol{a} = (\lambda a_x)\,\boldsymbol{i} + (\lambda a_y)\,\boldsymbol{j} + (\lambda a_z)\,\boldsymbol{k}, \quad \lambda \text{ 为实数},$$

即有

$$\boldsymbol{a} + \boldsymbol{b} = (a_x + b_x, a_y + b_y, a_z + b_z),$$
$$\boldsymbol{a} - \boldsymbol{b} = (a_x - b_x, a_y - b_y, a_z - b_z),$$
$$\lambda\boldsymbol{a} = (\lambda a_x, \lambda a_y, \lambda a_z).$$

由此可见, 对向量进行加、减与数乘运算, 只需对向量的各个坐标分别进行相应的运算.

1.2.2 数量积

设一物体在常力 $\boldsymbol{F}$ 的作用下沿直线产生位移 $\boldsymbol{s}$, 由物理学知道, 力 $\boldsymbol{F}$ 所做的功为 $\boldsymbol{W} = |\boldsymbol{F}||\boldsymbol{s}|\cos\theta$, 其中 θ 为 $\boldsymbol{F}$ 与 $\boldsymbol{s}$ 的夹角 (图 1.10).

从该问题可看出, 有时需要对两个向量 $\boldsymbol{a}$ 与 $\boldsymbol{b}$ 作这样的运算, 运算的结果是一个数, 它等于 $|\boldsymbol{a}|, |\boldsymbol{b}|$ 及它们的夹角 θ 的余弦的乘积, 称为向量 $\boldsymbol{a}$ 与 $\boldsymbol{b}$ 的**数量积** (也称为“内积”和“点积”), 记作 $\boldsymbol{a} \cdot \boldsymbol{b}$, 即

$$\boldsymbol{a} \cdot \boldsymbol{b} = |\boldsymbol{a}||\boldsymbol{b}|\cos\theta.$$

根据这个定义, 上述问题中力所做的功 $\boldsymbol{W}$ 就是力 $\boldsymbol{F}$ 与位移 $\boldsymbol{s}$ 的数量积, 即

$$\boldsymbol{W} = \boldsymbol{F} \cdot \boldsymbol{s}.$$

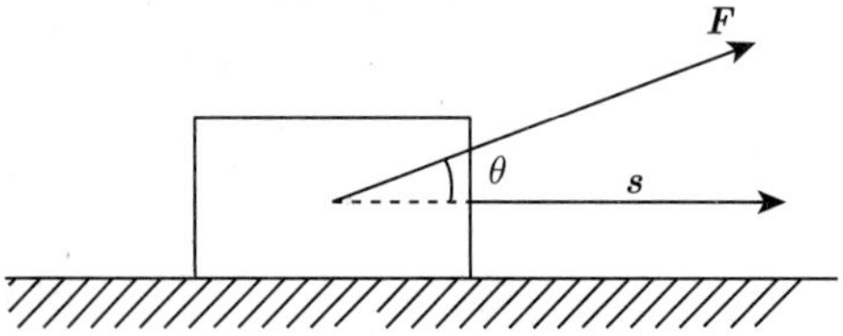

图 1.10

数量积符合下列运算规律:

(1) **交换律**　$\boldsymbol{a} \cdot \boldsymbol{b} = \boldsymbol{b} \cdot \boldsymbol{a}$;

(2) **分配律**　$(\boldsymbol{a} + \boldsymbol{b}) \cdot \boldsymbol{c} = \boldsymbol{a} \cdot \boldsymbol{c} + \boldsymbol{b} \cdot \boldsymbol{c}$;

(3) **结合律**　$(\lambda \boldsymbol{a}) \cdot \boldsymbol{b} = \lambda(\boldsymbol{a} \cdot \boldsymbol{b}) = \boldsymbol{a} \cdot (\lambda \boldsymbol{b})$.

由数量积的定义容易得到以下结论:

(1) $\boldsymbol{a} \cdot \boldsymbol{a} = |\boldsymbol{a}|^2$;

(2) $\boldsymbol{a} \perp \boldsymbol{b} \Leftrightarrow \boldsymbol{a} \cdot \boldsymbol{b} = 0$;

(3) $\cos\theta = \dfrac{\boldsymbol{a} \cdot \boldsymbol{b}}{|\boldsymbol{a}||\boldsymbol{b}|}$,$\theta$ 为 $\boldsymbol{a}$ 与 $\boldsymbol{b}$ 的夹角.

若 $\boldsymbol{a} = (a_x, a_y, a_z), \boldsymbol{b} = (b_x, b_y, b_z)$, 按数量积的运算规律可得

$$\begin{aligned}
\boldsymbol{a} \cdot \boldsymbol{b} &= (a_x\boldsymbol{i} + a_y\boldsymbol{j} + a_z\boldsymbol{k}) \cdot (b_x\boldsymbol{i} + b_y\boldsymbol{j} + b_z\boldsymbol{k}) \\
&= a_x\boldsymbol{i} \cdot (b_x\boldsymbol{i} + b_y\boldsymbol{j} + b_z\boldsymbol{k}) + a_y\boldsymbol{j} \cdot (b_x\boldsymbol{i} + b_y\boldsymbol{j} + b_z\boldsymbol{k}) + a_z\boldsymbol{k} \cdot (b_x\boldsymbol{i} + b_y\boldsymbol{j} + b_z\boldsymbol{k}) \\
&= a_xb_x\boldsymbol{i} \cdot \boldsymbol{i} + a_xb_y\boldsymbol{i} \cdot \boldsymbol{j} + a_xb_z\boldsymbol{i} \cdot \boldsymbol{k} + a_yb_x\boldsymbol{j} \cdot \boldsymbol{i} + a_yb_y\boldsymbol{j} \cdot \boldsymbol{j} \\
&\quad + a_yb_z\boldsymbol{j} \cdot \boldsymbol{k} + a_zb_x\boldsymbol{k} \cdot \boldsymbol{i} + a_zb_y\boldsymbol{k} \cdot \boldsymbol{j} + a_zb_z\boldsymbol{k} \cdot \boldsymbol{k}.
\end{aligned}$$

由于 $\boldsymbol{i}, \boldsymbol{j}, \boldsymbol{k}$ 互相垂直, 所以

$$\boldsymbol{i} \cdot \boldsymbol{j} = \boldsymbol{j} \cdot \boldsymbol{k} = \boldsymbol{k} \cdot \boldsymbol{i} = 0,$$

$$\boldsymbol{j} \cdot \boldsymbol{i} = \boldsymbol{k} \cdot \boldsymbol{j} = \boldsymbol{i} \cdot \boldsymbol{k} = 0,$$

又因为 $\boldsymbol{i}, \boldsymbol{j}, \boldsymbol{k}$ 的模都是 1, 所以

$$\boldsymbol{i} \cdot \boldsymbol{i} = \boldsymbol{j} \cdot \boldsymbol{j} = \boldsymbol{k} \cdot \boldsymbol{k} = 1,$$

因而得数量积的坐标表示式:

$$\boldsymbol{a}\cdot\boldsymbol{b}=a_xb_x+a_yb_y+a_zb_z,$$

并且, 有

(1) $\cos\theta=\dfrac{\boldsymbol{a}\cdot\boldsymbol{b}}{|\boldsymbol{a}||\boldsymbol{b}|}=\dfrac{a_xb_x+a_yb_y+a_zb_z}{\sqrt{a_x^2+a_y^2+a_z^2}\sqrt{b_x^2+b_y^2+b_z^2}}$, θ 为 $\boldsymbol{a}$ 与 $\boldsymbol{b}$ 的夹角;

(2) $\boldsymbol{a}\perp\boldsymbol{b}\Leftrightarrow\boldsymbol{a}\cdot\boldsymbol{b}=0\Leftrightarrow a_xb_x+a_yb_y+a_zb_z=0$.

例 1.2.1 设 $|\boldsymbol{a}|=3,|\boldsymbol{b}|=5$, 且两个向量的夹角为 $\theta=\dfrac{\pi}{3}$, 求 $(\boldsymbol{a}-2\boldsymbol{b})\cdot(3\boldsymbol{a}+2\boldsymbol{b})$.

解

$$\begin{aligned}(\boldsymbol{a}-2\boldsymbol{b})\cdot(3\boldsymbol{a}+2\boldsymbol{b})&=3\boldsymbol{a}\cdot\boldsymbol{a}-6\boldsymbol{b}\cdot\boldsymbol{a}+2\boldsymbol{a}\cdot\boldsymbol{b}-4\boldsymbol{b}\cdot\boldsymbol{b}\\&=3|\boldsymbol{a}|^2-4|\boldsymbol{a}||\boldsymbol{b}|\cos\frac{\pi}{3}-4|\boldsymbol{b}|^2\\&=3\times9-4\times3\times5\times\frac{1}{2}-4\times25\\&=-103.\end{aligned}$$

例 1.2.2 设向量 $\boldsymbol{a}=\lambda\boldsymbol{i}+2\boldsymbol{j}-\boldsymbol{k},\boldsymbol{b}=-\boldsymbol{j}+\mu\boldsymbol{k}$, 当实数 λ 和 μ 满足何种关系时, $\boldsymbol{a}+\boldsymbol{b}$ 与 $\boldsymbol{a}-\boldsymbol{b}$ 垂直?

解 $\boldsymbol{a}=(\lambda,2,-1)$, $\boldsymbol{b}=(0,-1,\mu)$, $\boldsymbol{a}+\boldsymbol{b}=(\lambda,1,\mu-1)$, $\boldsymbol{a}-\boldsymbol{b}=(\lambda,3,-1-\mu)$, 因此

$$(\boldsymbol{a}+\boldsymbol{b})\cdot(\boldsymbol{a}-\boldsymbol{b})=\lambda^2+3-\mu^2+1=0,$$

即 $\mu^2-\lambda^2=4$ 时, $\boldsymbol{a}+\boldsymbol{b}$ 与 $\boldsymbol{a}-\boldsymbol{b}$ 垂直.

例 1.2.3 证明三角形的三条高交于一点.

证 在 $\triangle ABC$ 中 (图 1.11), 设 CF, BE, AD 分别是 AB,AC,BC 边上的高, 设直线 AD 和 BE 交于 O 点. 要证明直线 CF,BE,AD 交于一点, 只需证明 C,O,F 共线, 即 $CO//CF$, 也就是 $\overrightarrow{CO}\cdot\overrightarrow{AB}=0$.

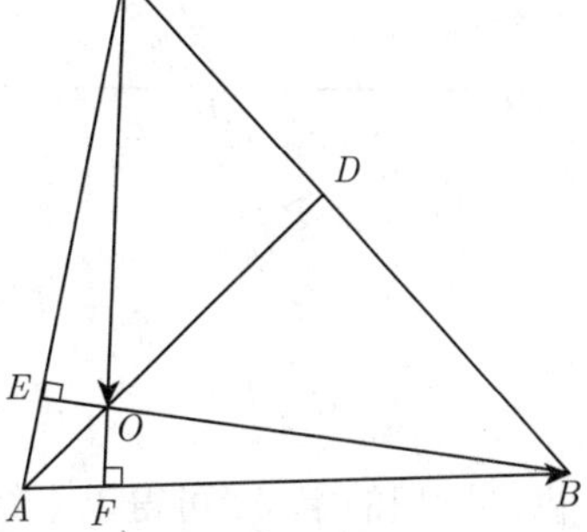

图 1.11

由 $\overrightarrow{AO}\cdot\overrightarrow{BC}=\overrightarrow{CA}\cdot\overrightarrow{OB}=0$, 得

$$\begin{aligned}\overrightarrow{CO}\cdot\overrightarrow{AB}&=(\overrightarrow{CA}+\overrightarrow{AO})\cdot\overrightarrow{AB}=\overrightarrow{CA}\cdot\overrightarrow{AB}+\overrightarrow{AO}\cdot\overrightarrow{AB}\\&=\overrightarrow{CA}\cdot(\overrightarrow{AO}+\overrightarrow{OB})+\overrightarrow{AO}\cdot(\overrightarrow{AC}+\overrightarrow{CB})\\&=\overrightarrow{CA}\cdot\overrightarrow{AO}+\overrightarrow{CA}\cdot\overrightarrow{OB}+\overrightarrow{AO}\cdot\overrightarrow{AC}+\overrightarrow{AO}\cdot\overrightarrow{CB}\\&=0.\end{aligned}$$

1.2.3　向量积

在研究物体转动问题时, 不仅要考虑物体所受的力, 还需要分析力所产生的力矩. 下面举一个简单的例子说明表达力矩的方法.

设 O 为一杠杆的支点, 力 $\boldsymbol{F}$ 作用于点 P, $\boldsymbol{F}$ 与 $\overrightarrow{OP}$ 的夹角为 θ (图 1.12). 那么力 $\boldsymbol{F}$ 对支点的力矩 $\boldsymbol{M}$ 是一个向量, $\boldsymbol{M}$ 的模为 $|\overrightarrow{OP}||\boldsymbol{F}|\sin\theta$, 方向垂直于 $\overrightarrow{OP}$ 与 $\boldsymbol{F}$ 所确定的平面, 且 $\overrightarrow{OP},\boldsymbol{F},\boldsymbol{M}$ 符合右手法则, 即当右手四指由 $\overrightarrow{OP}$ 以不超过 $\dfrac{\pi}{2}$ 的角度转向 $\boldsymbol{F}$ 时, 大拇指的方向就是 $\boldsymbol{M}$ 的指向.

这种由两个已知向量确定另一个向量的情况, 在其他力学和物理问题中也会遇到. 从中可抽象出两个向量的向量积的概念.

设有向量 $\boldsymbol{a}$ 与 $\boldsymbol{b}$, 向量 $\boldsymbol{c}$ 按下列方式定义.

$\boldsymbol{c}$ 的模为 $|\boldsymbol{c}|=|\boldsymbol{a}||\boldsymbol{b}|\sin\theta$, 式中 θ 为向量 $\boldsymbol{a}$ 与 $\boldsymbol{b}$ 的夹角. $\boldsymbol{c}$ 的方向垂直于 $\boldsymbol{a}$ 与 $\boldsymbol{b}$ 所确定的平面, 且 $\boldsymbol{a},\boldsymbol{b},\boldsymbol{c}$ 符合右手法则 (图 1.13), 当右手四指由 $\boldsymbol{a}$ 以不超过 π 的角度转向 $\boldsymbol{b}$ 时, 竖起的大拇指的方向就是 $\boldsymbol{c}$ 的方向, 称向量 $\boldsymbol{c}$ 为向量 $\boldsymbol{a}$ 与 $\boldsymbol{b}$ 的**向量积** (也称为"外积"或"叉积"), 记作 $\boldsymbol{a}\times\boldsymbol{b}$, 即 $\boldsymbol{c}=\boldsymbol{a}\times\boldsymbol{b}$.

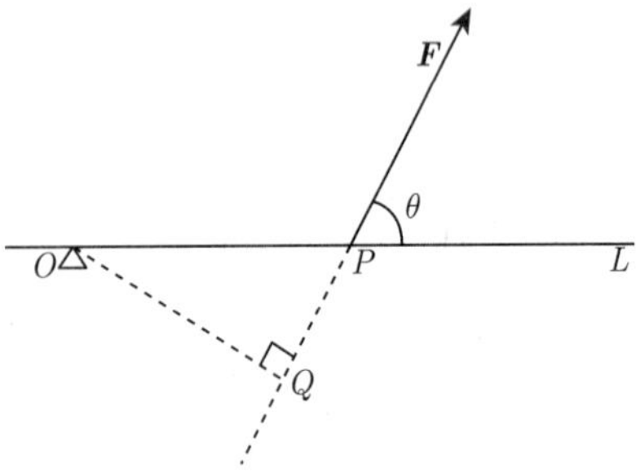

图 1.12

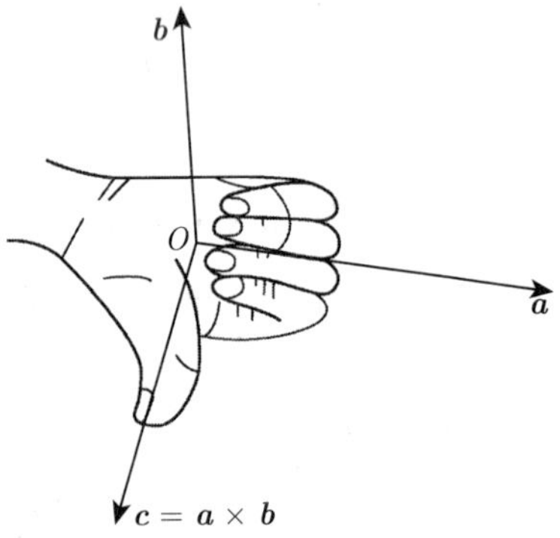

图 1.13

由向量积的定义, 可得以下结论:

(1) $\boldsymbol{a}\times\boldsymbol{a}=\boldsymbol{0}$;

(2) 若 $\boldsymbol{a}$ 与 $\boldsymbol{b}$ 为非零向量, 则 $\boldsymbol{a}//\boldsymbol{b}\Leftrightarrow\boldsymbol{a}\times\boldsymbol{b}=\boldsymbol{0}$.

向量积符合下列运算规律:

(1) $\boldsymbol{a}\times\boldsymbol{b}=-\boldsymbol{b}\times\boldsymbol{a}$;

(2) **分配律** $(\boldsymbol{a}+\boldsymbol{b})\times\boldsymbol{c}=\boldsymbol{a}\times\boldsymbol{c}+\boldsymbol{b}\times\boldsymbol{c}$;

(3) **结合律** $(\lambda\boldsymbol{a})\times\boldsymbol{c}=\boldsymbol{a}\times(\lambda\boldsymbol{c})=\lambda(\boldsymbol{a}\times\boldsymbol{c})$, λ 为实数.

由 $|\boldsymbol{a}\times\boldsymbol{b}|=|\boldsymbol{a}||\boldsymbol{b}|\sin\theta$, 可知 $|\boldsymbol{a}\times\boldsymbol{b}|$ 在几何上表示以向量 $\boldsymbol{a}$ 和 $\boldsymbol{b}$ 为邻边的平行四边形的面积 (图 1.14).

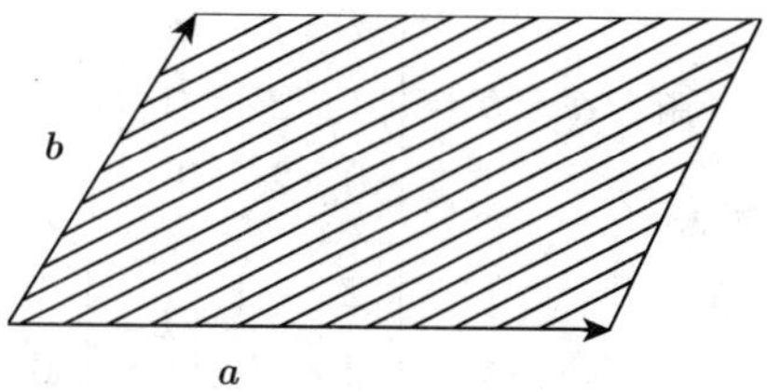

图 1.14

设 $\boldsymbol{a}=(a_x,a_y,a_z),\boldsymbol{b}=(b_x,b_y,b_z)$, 按运算规律可得

$$\begin{aligned}\boldsymbol{a}\times\boldsymbol{b}&=(a_x\boldsymbol{i}+a_y\boldsymbol{j}+a_z\boldsymbol{k})\times(b_x\boldsymbol{i}+b_y\boldsymbol{j}+b_z\boldsymbol{k})\\&=a_x\boldsymbol{i}\times(b_x\boldsymbol{i}+b_y\boldsymbol{j}+b_z\boldsymbol{k})+a_y\boldsymbol{j}\times(b_x\boldsymbol{i}+b_y\boldsymbol{j}+b_z\boldsymbol{k})\\&\quad+a_z\boldsymbol{k}\times(b_x\boldsymbol{i}+b_y\boldsymbol{j}+b_z\boldsymbol{k})\\&=a_xb_x(\boldsymbol{i}\times\boldsymbol{i})+a_xb_y(\boldsymbol{i}\times\boldsymbol{j})+a_xb_z(\boldsymbol{i}\times\boldsymbol{k})+a_yb_x(\boldsymbol{j}\times\boldsymbol{i})+a_yb_y(\boldsymbol{j}\times\boldsymbol{j})\\&\quad+a_yb_z(\boldsymbol{j}\times\boldsymbol{k})+a_zb_x(\boldsymbol{k}\times\boldsymbol{i})+a_zb_y(\boldsymbol{k}\times\boldsymbol{j})+a_zb_z(\boldsymbol{k}\times\boldsymbol{k}).\end{aligned}$$

由于

$$\boldsymbol{i}\times\boldsymbol{i}=\boldsymbol{j}\times\boldsymbol{j}=\boldsymbol{k}\times\boldsymbol{k}=\boldsymbol{0},$$

$$\boldsymbol{i}\times\boldsymbol{j}=\boldsymbol{k},\quad\boldsymbol{j}\times\boldsymbol{k}=\boldsymbol{i},\quad\boldsymbol{k}\times\boldsymbol{i}=\boldsymbol{j},$$

$$\boldsymbol{j}\times\boldsymbol{i}=-\boldsymbol{k},\quad\boldsymbol{k}\times\boldsymbol{j}=-\boldsymbol{i},\quad\boldsymbol{i}\times\boldsymbol{k}=-\boldsymbol{j},$$

所以向量积的坐标表示式为

$$\boldsymbol{a}\times\boldsymbol{b}=(a_yb_z-a_zb_y,a_zb_x-a_xb_z,a_xb_y-a_yb_x).$$

为了便于记忆, 可利用行列式 (行列式知识将在第 2 章详细介绍) 将向量积表示为

$$\boldsymbol{a}\times\boldsymbol{b}=\begin{vmatrix}\boldsymbol{i}&\boldsymbol{j}&\boldsymbol{k}\\a_x&a_y&a_z\\b_x&b_y&b_z\end{vmatrix}=\begin{vmatrix}a_y&a_z\\b_y&b_z\end{vmatrix}\boldsymbol{i}-\begin{vmatrix}a_x&a_z\\b_x&b_z\end{vmatrix}\boldsymbol{j}+\begin{vmatrix}a_x&a_y\\b_x&b_y\end{vmatrix}\boldsymbol{k}.$$

因此, 若 $\boldsymbol{a}$ 与 $\boldsymbol{b}$ 为非零向量, 则 $\boldsymbol{a}//\boldsymbol{b} \Leftrightarrow \boldsymbol{a}\times\boldsymbol{b}=\boldsymbol{0} \Leftrightarrow \dfrac{a_x}{b_x}=\dfrac{a_y}{b_y}=\dfrac{a_z}{b_z}$.

例 1.2.4　设 $\boldsymbol{a}=(1,2,-1),\boldsymbol{b}=(0,2,3)$, 求与向量 $\boldsymbol{a},\boldsymbol{b}$ 的公垂线平行的单位向量.

解　$$\boldsymbol{a}\times\boldsymbol{b}=\begin{vmatrix} \boldsymbol{i} & \boldsymbol{j} & \boldsymbol{k} \\ 1 & 2 & -1 \\ 0 & 2 & 3 \end{vmatrix}$$

$$=\begin{vmatrix} 2 & -1 \\ 2 & 3 \end{vmatrix}\boldsymbol{i}-\begin{vmatrix} 1 & -1 \\ 0 & 3 \end{vmatrix}\boldsymbol{j}+\begin{vmatrix} 1 & 2 \\ 0 & 2 \end{vmatrix}\boldsymbol{k}$$

$$=8\boldsymbol{i}-3\boldsymbol{j}+2\boldsymbol{k},$$

$$\boldsymbol{e}=\frac{1}{\sqrt{8^2+(-3)^2+2^2}}(8,-3,2)=\left(\frac{8}{\sqrt{77}},-\frac{3}{\sqrt{77}},\frac{2}{\sqrt{77}}\right),$$

故所求向量为 $\pm\left(\dfrac{8}{\sqrt{77}},-\dfrac{3}{\sqrt{77}},\dfrac{2}{\sqrt{77}}\right)$.

例 1.2.5　已知 $|\overrightarrow{OA}|=\boldsymbol{i}+3\boldsymbol{k},|\overrightarrow{OB}|=\boldsymbol{j}+3\boldsymbol{k}$, 求 $\triangle AOB$ 的面积.

解　$$\overrightarrow{OA}\times\overrightarrow{OB}=\begin{vmatrix} \boldsymbol{i} & \boldsymbol{j} & \boldsymbol{k} \\ 1 & 0 & 3 \\ 0 & 1 & 3 \end{vmatrix}$$

$$=\begin{vmatrix} 0 & 3 \\ 1 & 3 \end{vmatrix}\boldsymbol{i}-\begin{vmatrix} 1 & 3 \\ 0 & 3 \end{vmatrix}\boldsymbol{j}+\begin{vmatrix} 1 & 0 \\ 0 & 1 \end{vmatrix}\boldsymbol{k}$$

$$=-3\boldsymbol{i}-3\boldsymbol{j}+\boldsymbol{k},$$

$$|\overrightarrow{OA}\times\overrightarrow{OB}|=\sqrt{(-3)^2+(-3)^2+1^2}=\sqrt{19}.$$

故 $\triangle AOB$ 的面积 $S_{\triangle AOB}=\dfrac{1}{2}|\overrightarrow{OA}||\overrightarrow{OB}|\sin\angle AOB=\dfrac{1}{2}|\overrightarrow{OA}\times\overrightarrow{OB}|=\dfrac{\sqrt{19}}{2}$.

例 1.2.6　设 $\boldsymbol{a}=2\boldsymbol{i}-3\boldsymbol{j}+\boldsymbol{k},\boldsymbol{b}=\boldsymbol{i}-\boldsymbol{j}+3\boldsymbol{k},\boldsymbol{c}=\boldsymbol{i}-2\boldsymbol{j}$, 求 $(\boldsymbol{a}\times\boldsymbol{b})\cdot\boldsymbol{c}$.

解　$$\boldsymbol{a}\times\boldsymbol{b}=\begin{vmatrix} \boldsymbol{i} & \boldsymbol{j} & \boldsymbol{k} \\ 2 & -3 & 1 \\ 1 & -1 & 3 \end{vmatrix}$$

$$=\begin{vmatrix} -3 & 1 \\ -1 & 3 \end{vmatrix}\boldsymbol{i}-\begin{vmatrix} 2 & 1 \\ 1 & 3 \end{vmatrix}\boldsymbol{j}+\begin{vmatrix} 2 & -3 \\ 1 & -1 \end{vmatrix}\boldsymbol{k}$$

$$=-8\boldsymbol{i}-5\boldsymbol{j}+\boldsymbol{k}.$$

故 $(\boldsymbol{a}\times\boldsymbol{b})\cdot\boldsymbol{c}=(-8,-5,1)\cdot(1,-2,0)=2$.

1.3 曲面及其方程

在平面解析几何中, 如果曲线 C 上的点与一个二元方程 $F(x,y)=0$ 的解建立了如下的关系:

(1) 曲线上的点的坐标都是这个方程的解;

(2) 以这个方程的解为坐标的点都在曲线上,

则称方程 $F(x,y)=0$ 为曲线 C 的方程, 而曲线 C 称为方程 $F(x,y)=0$ 的图形.

与平面解析几何的曲线类似, 空间解析几何中的任何曲面都可以看成点在空间中运动的几何轨迹.

在一般情况下, 如果曲面 S 与三元方程 $F(x,y,z)=0$ 的关系如下:

(1) 曲面 S 上的任一点的坐标都满足方程;

(2) 不在曲面 S 上的点的坐标都不满足方程,

则称 $F(x,y,z)=0$ 为曲面 S 的方程, 而曲面 S 称为 $F(x,y,z)=0$ 的图形.

关于曲面的研究有两个基本问题:

(1) 已知曲面的图形, 建立其方程;

(2) 已知方程 $F(x,y,z)=0$, 研究它所表示曲面的几何图形.

现在建立一些常见的曲面方程.

1.3.1 球面

到空间中某一定点 M_0 的距离等于定长 R 的点的轨迹称为**球面**, 其中定点称为**球心**, 定长称为**半径**.

下面建立球心在点 $M_0(x_0,y_0,z_0)$, 半径为 R 的球面方程.

设 $M(x,y,z)$ 是球面上任一点, 则 $|M_0M|=R$, 即

$$\sqrt{(x-x_0)^2+(y-y_0)^2+(z-z_0)^2}=R,$$

所以

$$(x-x_0)^2+(y-y_0)^2+(z-z_0)^2=R^2. \tag{1.1}$$

方程 (1.1) 就是以 $M_0(x_0,y_0,z_0)$ 为球心, R 为半径的球面上点的坐标所满足的**球面方程**.

特别地, 球心在原点, 半径为 R 的球面方程为 $x^2+y^2+z^2=R^2$, 如图 1.15 所示.

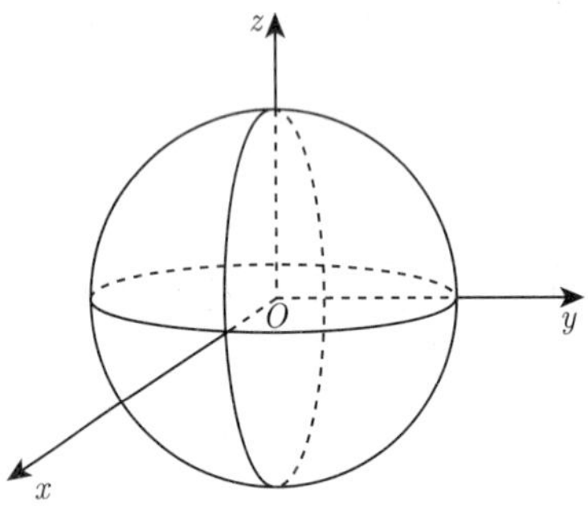

图 1.15

关于球面方程的说明:

$$(x-x_0)^2+(y-y_0)^2+(z-z_0)^2=R^2,$$

展开得 $x^2+y^2+z^2+Ax+By+Cz+D=0$; 反之, 任给 $x^2+y^2+z^2+Ax+By+Cz+D=0$ 的图形, 该图形是不是一个球面呢?

将上式完全平方可得

$$\left(x+\frac{A}{2}\right)^2+\left(y+\frac{B}{2}\right)^2+\left(z+\frac{C}{2}\right)^2$$
$$=\frac{1}{4}(A^2+B^2+C^2-4D).$$

若 $A^2+B^2+C^2-4D>0$, 则方程的图形是球面;

若 $A^2+B^2+C^2-4D=0$, 则方程的图形是一个点;

若 $A^2+B^2+C^2-4D<0$, 则方程的图形不存在.

例 1.3.1 讨论方程 $x^2+y^2+z^2-2x+4y=0$ 表示的曲面.

解 经配方, 原方程可写为 $(x-1)^2+(y+2)^2+z^2=5$, 所以此方程表示球心在点 $M_0(1,-2,0)$, 半径为 $\sqrt{5}$ 的球面.

1.3.2 旋转曲面

以一条平面曲线绕该平面上的一定直线旋转一周, 所成的曲面称为旋转曲面. 该定直线叫旋转曲面的**轴**, 该曲线叫旋转曲面的**母线**.

下面建立母线在坐标面上, 旋转轴为坐标轴的旋转曲面的方程.

设在 yOz 坐标面上有一条已知曲线 c, 它的方程为 $f(y,z)=0$, 曲线 c 绕 z 轴旋转一周, 得到一个以 z 轴为旋转轴的旋转曲面.

设 $M_1(0,y_1,z_1)$ 为曲线 c 上一点 (图 1.16), 则有

$$f(y_1,z_1)=0. \tag{1.2}$$

当曲线 c 绕 z 轴旋转时, 点 M_1 的轨迹是一个圆, 在这个圆周上任取一个动点 $M(x,y,z)$, 这时, $z=z_1$ 且 $|\overrightarrow{OM}|=|\overrightarrow{OM_1}|$, 得 $\sqrt{x^2+y^2+z^2}=\sqrt{0^2+y_1^2+z_1^2}$, 则有 $\sqrt{x^2+y^2}=|y_1|$, 将 $z=z_1, y_1=\pm\sqrt{x^2+y^2}$ 代入式 (1.2), 得到

$$f(\pm\sqrt{x^2+y^2},z)=0.$$

这就是所求的旋转曲面的方程.

由此可知, 在曲线 c 的方程 $f(y,z)=0$ 中保持 z 不变, 将 y 改成 $\pm\sqrt{x^2+y^2}$ 便得到由曲线 c 绕 z 轴旋转而成的旋转曲面的方程.

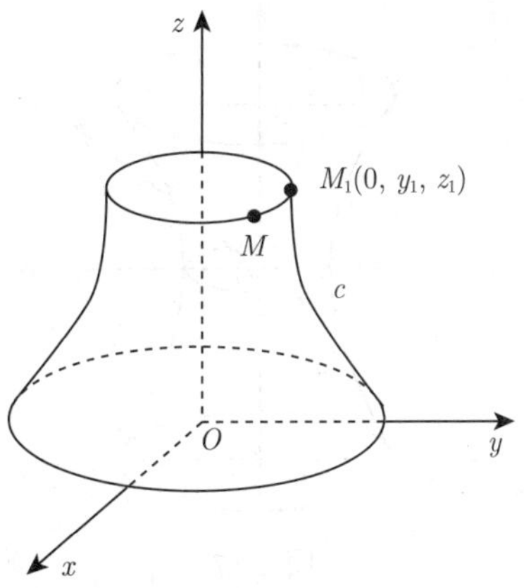

图 1.16

同理, 曲线 c 绕 y 轴旋转所成的旋转曲面的方程为

$$f(y,\pm\sqrt{x^2+z^2})=0.$$

一般地, 母线在坐标平面上的曲线 c, 绕此坐标面内一条坐标轴旋转所得旋转曲面的方程可按下面的方法得到: **母线方程的函数关系不变, 方程中作为旋转轴的变量也不变, 而另一个变量换成不是旋转轴的其他两个变量的平方和的正负平方根.**

直线 L 绕另一条与 L 相交的直线旋转一周, 所得旋转曲面称为**圆锥面**. 两直线的交点称为圆锥面的**顶点**, 两直线的夹角 $\alpha\left(0<\alpha<\dfrac{\pi}{2}\right)$ 称为圆锥面的**半顶角**.

例 1.3.2 求 yOz 平面上的曲线 $z-y=0$ 绕 y 轴旋转所成的旋转曲面的方程.

解 绕 y 轴: $\pm\sqrt{x^2+z^2}-y=0$, 即 $y=\pm\sqrt{x^2+z^2}$ 或 $y^2=x^2+z^2$.

例 1.3.3 将 xOz 坐标面上的双曲线

$$\frac{x^2}{a^2}-\frac{z^2}{c^2}=1$$

分别绕 z 轴和 x 轴旋转一周, 求所生成的旋转曲面的方程.

解 绕 z 轴旋转所成的旋转曲面称为旋转单叶双曲面 (图 1.17), 它的方程为

$$\frac{x^2+y^2}{a^2}-\frac{z^2}{c^2}=1.$$

绕 x 轴旋转所成的旋转曲面称为旋转双叶双曲面 (图 1.18), 它的方程为

$$\frac{x^2}{a^2}-\frac{y^2+z^2}{c^2}=1.$$

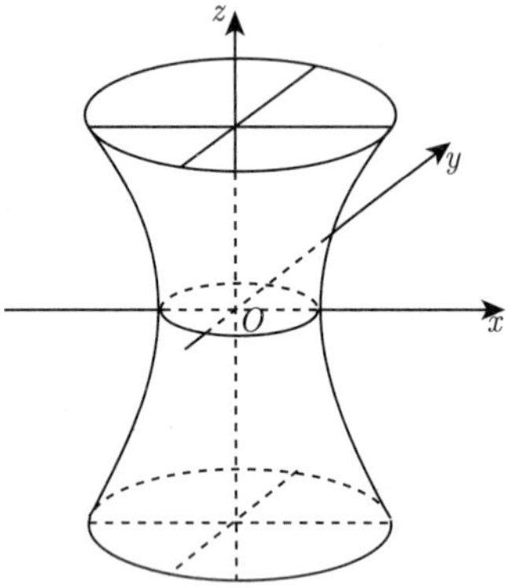

图 1.17

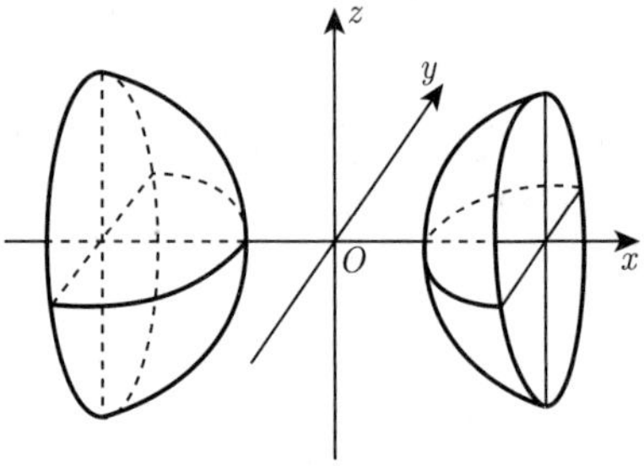

图 1.18

1.3.3　柱面

先分析以下例子.

例 1.3.4　讨论方程 $x^2+y^2=R^2$ 表示怎样的曲面.

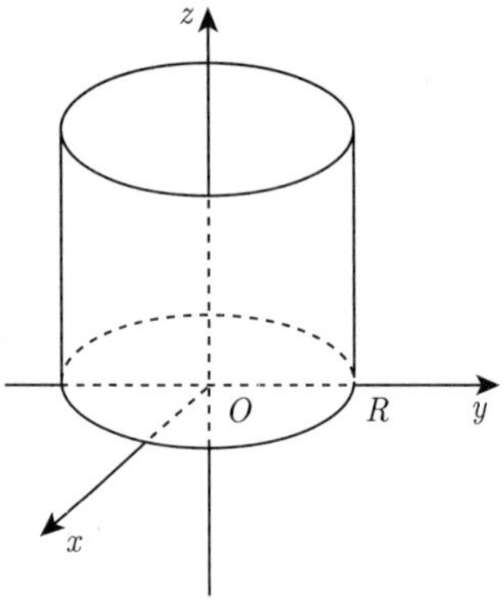

图 1.19

解　方程 $x^2+y^2=R^2$ 可以看成由 yOz 坐标面上的直线 $y=R$ 绕 z 轴旋转一周而生成的旋转曲面, 在这里 $y=R$ 为旋转曲面的母线, 而作为旋转轴的变量 z 在母线方程中没有出现, 按照旋转曲面方程的表示方法有 $\pm\sqrt{x^2+y^2}=R$, 从而得到 $x^2+y^2=R^2$. 这样的曲面称为圆柱面 (图 1.19).

事实上, 圆柱面 $x^2+y^2=R^2$ 还可以看成是由平行于 z 轴的直线 L: $y=R$ 沿 xOy 面上的圆 $x^2+y^2=R^2$ 移动而形成的. 一般地, 平行于定直线并沿定曲线 C 移动的直线 L 所形成的曲面称为**柱面**, 曲线 C 叫**准线**, 直线 L 叫**母线**.

圆柱面 $x^2+y^2=R^2$ 的准线就是 xOy 面上的圆 $x^2+y^2=R^2$, 平行于 z 轴的直线 $L: y=R$ 是它的母线. 类似地, 方程 $y=x^2$ 表示母线平行于 z 轴的抛物柱面 (图 1.20), 方程 $x-y=0$ 表示母线平行于 z 轴的平面 (图 1.21), 方程 $\dfrac{x^2}{a^2}+\dfrac{y^2}{b^2}=1$ 表示母线平行于 z 轴的椭圆柱面 (图 1.22), 方程 $\dfrac{x^2}{a^2}-\dfrac{y^2}{b^2}=1$ 表示母线平行于 z 轴的双曲柱面 (图 1.23).

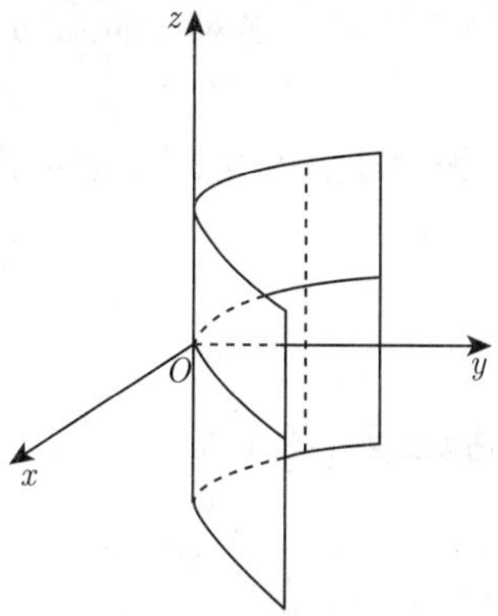

图 1.20

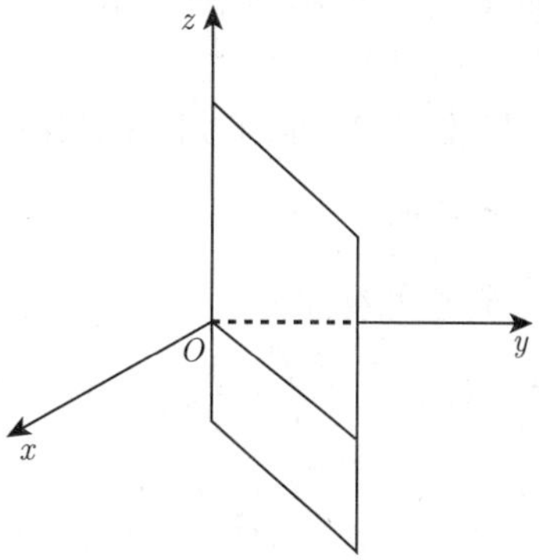

图 1.21

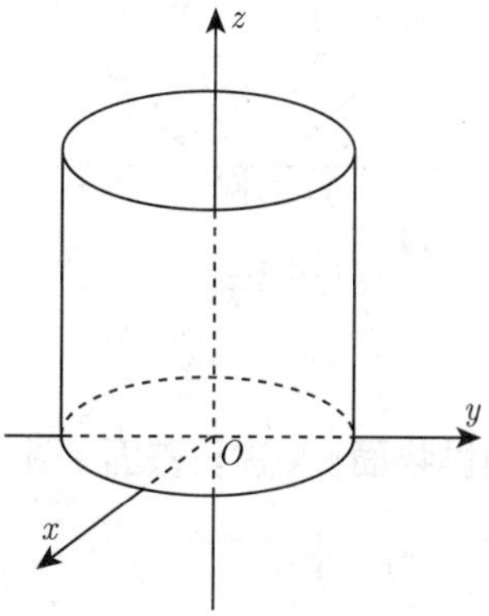

图 1.22

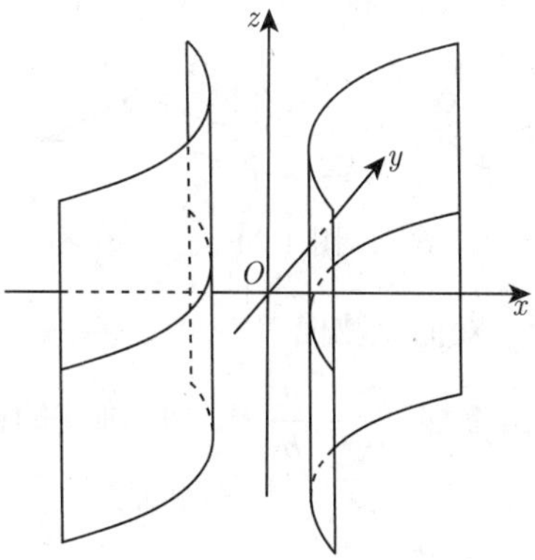

图 1.23

一般地, 只含 x, y 而缺 z 的方程 $F(x, y) = 0$ 在空间直角坐标系中表示母线平行于 z 轴的柱面, 其准线是 xOy 面上曲线 $c: F(x, y) = 0$. 类似地, 母线平行于 y 轴的柱面方程为 $F(x, z) = 0$, 母线平行于 x 轴的柱面方程为 $F(y, z) = 0$.

1.3.4 二次曲面

与平面解析几何中规定的二次曲线类似, 把三元二次方程所表示的曲面称为二次曲面, 而把平面称为一次曲面. 在适当选择坐标系后, 可得它们的标准方程, 下面简单介绍典型的二次曲面.

以下均假定 $a > 0, b > 0, c > 0$.

1. 椭球面

由方程 $\dfrac{x^2}{a^2} + \dfrac{y^2}{b^2} + \dfrac{z^2}{c^2} = 1$ 所确定的曲面称为**椭球面**.

如图 1.24 所示, 椭球面关于坐标平面、坐标轴和原点都是对称的, a, b, c 是椭球面的半轴长.

特别地, 在椭球面方程中, 当 $a = b = c$ 时, 方程为球面方程 $x^2 + y^2 + z^2 = a^2$.

2. 抛物面

1) 椭圆抛物面

由方程 $\frac{x^2}{a^2} + \frac{y^2}{b^2} = z$ 所确定的曲面称为**椭圆抛物面** (图 1.25).

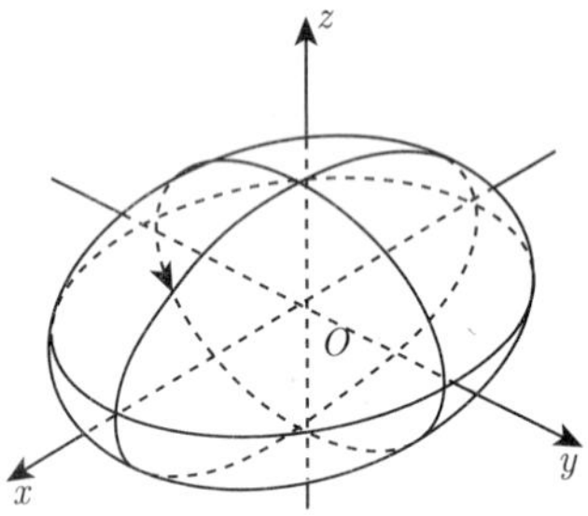

图 1.24

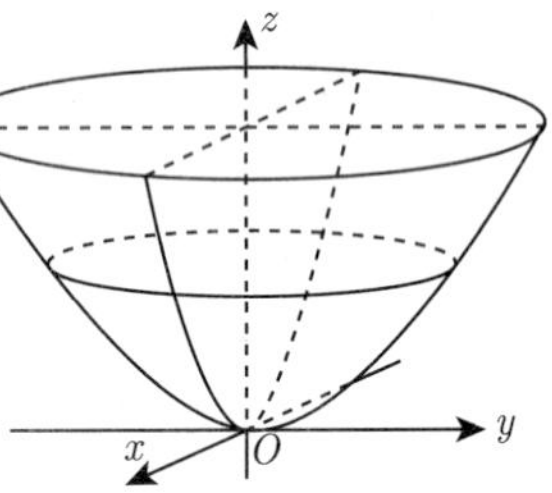

图 1.25

2) 双曲抛物面

由方程 $\frac{x^2}{a^2} - \frac{y^2}{b^2} = z$ 所确定的曲面称为**双曲抛物面**, 又称**马鞍面** (图 1.26).

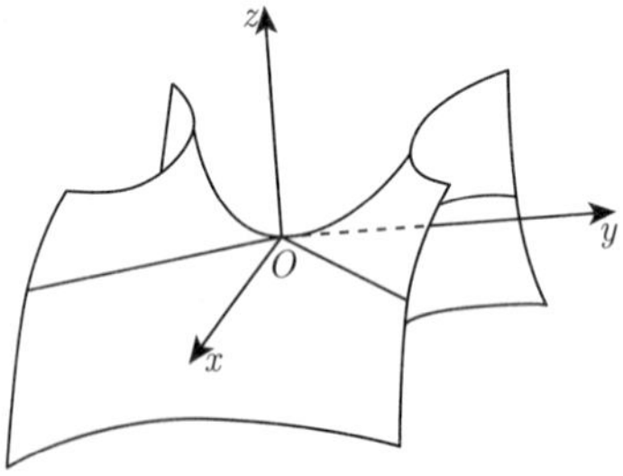

图 1.26

3. 双曲面

1) 单叶双曲面

由方程 $\frac{x^2}{a^2} + \frac{y^2}{b^2} - \frac{z^2}{c^2} = 1$ 所确定的曲面称为**单叶双曲面** (图 1.27).

2) 双叶双曲面

由方程 $\frac{x^2}{a^2} + \frac{y^2}{b^2} - \frac{z^2}{c^2} = -1$ 所确定的曲面称为**双叶双曲面** (图 1.28).

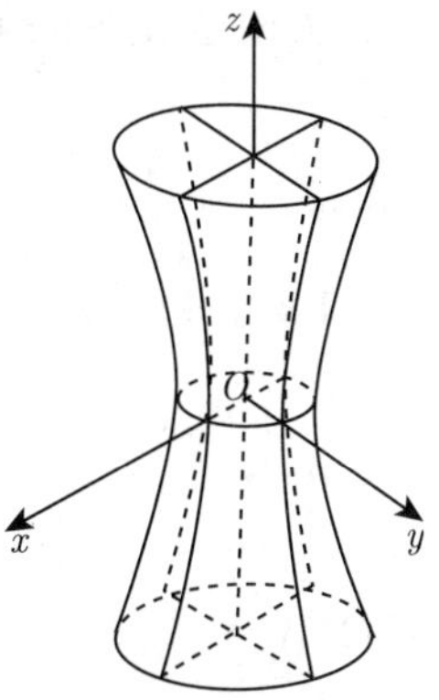

图 1.27

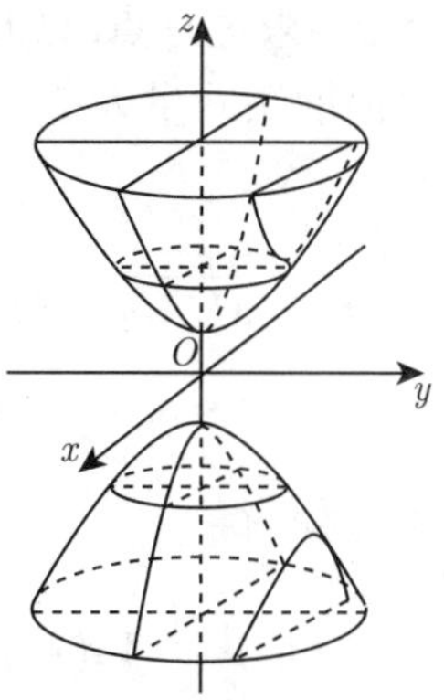

图 1.28

1.4 平面及其方程

平面是最简单的空间曲面. 本节以向量为工具, 在空间直角坐标系中讨论平面方程及其相关问题.

1.4.1 平面的点法式方程

垂直于平面的非零向量叫做这个平面的**法向量**. 通常用 $\boldsymbol{n}$ 表示. 因此, 已知平面上的一点和它的法向量就可以完全确定平面的位置. 下面建立平面的点法式方程.

如图 1.29 所示, 已知平面 π 上一点 $M_0(x_0, y_0, z_0)$ 和它的一个法向量 $\boldsymbol{n} = (A, B, C)$, 对平面上的任一点 $M(x, y, z)$, 有 $\overrightarrow{M_0M} \perp \boldsymbol{n}$, 即

$$\boldsymbol{n} \cdot \overrightarrow{M_0M} = 0,$$

代入坐标, 有

$$A(x - x_0) + B(y - y_0) + C(z - z_0) = 0. \quad (1.3)$$

这就是平面 π 的**点法式方程**.

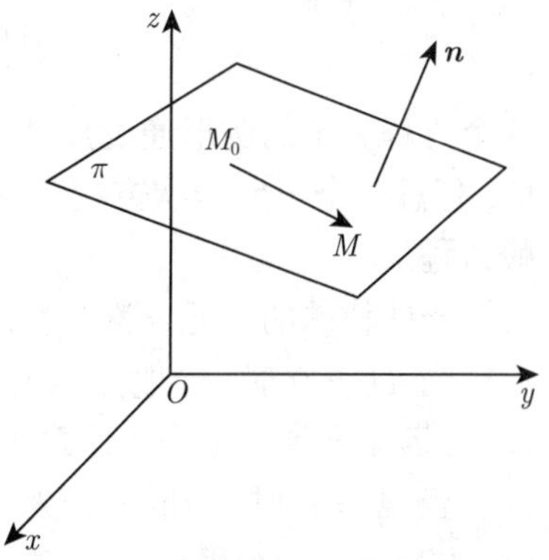

图 1.29

例 1.4.1 求过点 $(4, -5, 1)$ 且以 $n = \{1, -1, 1\}$ 为法向量的平面的方程.

解 平面的点法方程为 $A(x-a)+B(y-b)+C(z-c) = 0$, 其中 (a, b, c) 是平面上的一点, $n = \{A, B, C\}$ 是平面的法向量. 本题点 $(a, b, c) = (4, -5, 1)$ 且法向量为 $\boldsymbol{n} = \{1, -1, 1\}$, 将条件代入点法方程中得到 $1(x-4)+(-1)(y+5)+1(z-1) = 0$, 化简后得到 $x - y + z - 10 = 0$.

例 1.4.2　求过三点 $M_1(2,-1,4), M_2(-1,3,-2), M_3(0,2,3)$ 的平面方程.

解　平面的法向量为

$$n = \overrightarrow{M_1M_2} \times \overrightarrow{M_1M_3} = \begin{vmatrix} \boldsymbol{i} & \boldsymbol{j} & \boldsymbol{k} \\ -3 & 4 & -6 \\ -2 & 3 & -1 \end{vmatrix} = 14\boldsymbol{i} + 9\boldsymbol{j} - \boldsymbol{k},$$

代入点法式方程, 得

$$14(x-2) + 9(y+1) - (z-4) = 0,$$

即

$$14x + 9y - z - 15 = 0.$$

1.4.2　平面的一般方程

将任一平面都可以用它上面的一点 (x_0, y_0, z_0) 及它的法向量 $\boldsymbol{n} = (\boldsymbol{A}, \boldsymbol{B}, \boldsymbol{C})$ 来确定平面的点法式方程 $A(x-x_0) + B(y-y_0) + C(z-z_0) = 0$, 展开得

$$Ax + By + Cz - Ax_0 - By_0 - Cz_0 = 0,$$

由此可见, 任一平面都可用三元一次方程来表示.

取 $D = -(Ax_0 + By_0 + Cz_0)$, 得三元一次方程

$$Ax + By + Cz + D = 0, \tag{1.4}$$

这个方程表示的图形通过点 $M_0(x_0, y_0, z_0)$, 且法向量为 $\boldsymbol{n} = (A, B, C)$ 的平面. 因此, 任意一个三元一次方程 (1.4) 的图形总是一个平面. 方程 (1.4) 称为**平面的一般方程**.

一些特殊的三元一次方程, 要熟悉它们图形的特点.

当 $D = 0$ 时, 一般方程为 $Ax + By + Cz = 0$, 它表示一个通过原点的平面. 反之, 若平面通过原点, 则 $D = 0$.

当 $A = 0$ 时, 一般方程为 $By + Cz + D = 0$, 法向量 $\boldsymbol{n} = (0, B, C)$ 垂直于 x 轴, 方程表示一个平行于 x 轴的平面. 反之, 若平面平行于 x 轴, 则 $A = 0$.

类似地, 当 $B = 0$ 和 $C = 0$ 时, 方程分别表示一个平行于 y 轴和 z 轴的平面.

当 $A = B = 0$ 时, 一般方程成为 $Cz + D = 0$ 或 $z = -\dfrac{D}{C}$, 法向量 $\boldsymbol{n} = (0, 0, C)$ 同时垂直于 x 轴和 y 轴, 方程表示一个平行于 xOy 面的平面. 反之, 若平面平行于 xOy 面, 则 $A = B = 0$.

类似地, 方程 $Ax+D=0$ 和 $By+D=0$ 分别表示一个平行于 yOz 面和 xOz 面的平面.

例 1.4.3 求通过 x 轴和点 $M(2,-2,2)$ 的平面方程.

解 由于平面过 x 轴, 因此法向量在 x 轴上的投影为零, 即 $A=0$. 又由于平面通过 x 轴, 因此它一定通过原点, 即 $D=0$, 所以这个平面可设其一般方程为 $By+Cz=0$, 又平面过点 $M(2,-2,2)$, 则

$$B\cdot(-2)+C\cdot 2=0,$$

即 $B=C$, 代入所设方程并除以 B ($B\neq 0$), 于是所求平面方程为 $y+z=0$.

例 1.4.4 求过点 $M_1(a,0,0), M_2(0,b,0), M_3(0,0,c)$ 的平面方程, 其中 a,b,c 全不为零.

解 设所求平面方程为 $Ax+By+Cz+D=0$, 由于点 M_1,M_2,M_3 在平面上, 将坐标代入方程, 得

$$\begin{cases} A\cdot a+D=0, \\ B\cdot b+D=0, \\ C\cdot c+D=0, \end{cases}$$

$$A=-\frac{D}{a},\quad B=-\frac{D}{b},\quad C=-\frac{D}{c},$$

所以, 平面方程为

$$-\frac{D}{a}x-\frac{D}{b}y-\frac{D}{c}z+D=0,\quad D\neq 0,$$

即

$$\frac{x}{a}+\frac{y}{b}+\frac{z}{c}=1,$$

其中 a,b,c 称为该平面在 x,y,z 轴上的**截距**, 并把该方程称为平面的**截距式方程**.

1.4.3 两平面的夹角

规定两个平面法向量所夹的锐角 (或直角) 称为两个平面的夹角 (图 1.30).

设两平面的方程为

$$\pi_1: A_1x+B_1y+C_1z+D_1=0,$$

$$\pi_2: A_2x+B_2y+C_2z+D_2=0,$$

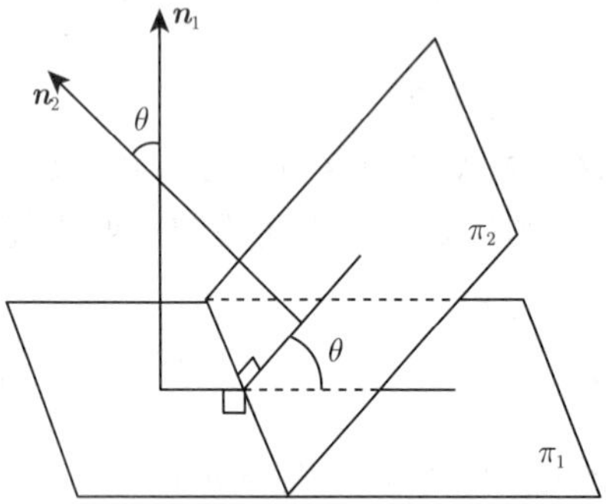

图 1.30

其法向量分别为

$$n_1 = (A_1, B_1, C_1),$$

$$n_2 = (A_2, B_2, C_2),$$

由两个向量夹角余弦的计算公式, 可得两平面 π_1, π_2 之间的夹角 θ 的余弦为

$$\cos\theta = \frac{|n_1 \cdot n_2|}{|n_1||n_2|} = \frac{|A_1A_2 + B_1B_2 + C_1C_2|}{\sqrt{A_1^2 + B_1^2 + C_1^2}\sqrt{A_2^2 + B_2^2 + C_2^2}}.$$

由两个向量垂直、平行的条件还可以得到以下结论:

(1) $\pi_1 \perp \pi_2 \Leftrightarrow n_1 \perp n_2 \Leftrightarrow A_1A_2 + B_1B_2 + C_1C_2 = 0$;

(2) $\pi_1 // \pi_2 \Leftrightarrow n_1 // n_2 \Leftrightarrow \dfrac{A_1}{A_2} = \dfrac{B_1}{B_2} = \dfrac{C_1}{C_2}$.

例 1.4.5　求平面 $x - y + 2z - 6 = 0$ 和 $2x + y + z - 5 = 0$ 的夹角 θ.

解　两个平面的法向量分别为 $n_1 = (1, -1, 2)$, $n_2 = (2, 1, 1)$,

$$\cos\theta = \frac{|n_1 \cdot n_2|}{|n_1| \cdot |n_2|} = \frac{|2 - 1 + 2|}{\sqrt{1+1+4} \cdot \sqrt{4+1+1}} = \frac{1}{2}.$$

因此两个平面的夹角为 $\theta = \dfrac{\pi}{3}$.

例 1.4.6　求过 x 轴且与 xOy 面的夹角为 $\dfrac{\pi}{4}$ 的平面方程.

解　设所求平面方程为

$$By + Cz = 0,$$

所求平面的法向量为 $n_1 = (0, B, C)$, 又 xOy 面的法向量为 $n_2 = (0, 0, 1)$, 则

$$\cos\frac{\pi}{4} = \frac{|C|}{\sqrt{B^2 + C^2}},$$

解得 $C = \pm B$, 故所求平面方程为

$$y + z = 0 \quad 或 \quad y - z = 0.$$

1.4.4 点到平面的距离

设 $P_0(x_0, y_0, z_0)$ 为平面 $\pi : Ax + By + Cz + D = 0$ 外的一点, 下面推导 P_0 到平面 π 的距离公式.

在平面上任取一点 $P(x_1, y_1, z_1)$, 向量 $\overrightarrow{PP_0} = (x_0 - x_1, y_0 - y_1, z_0 - z_1)$, 如图 1.31 所示, 则

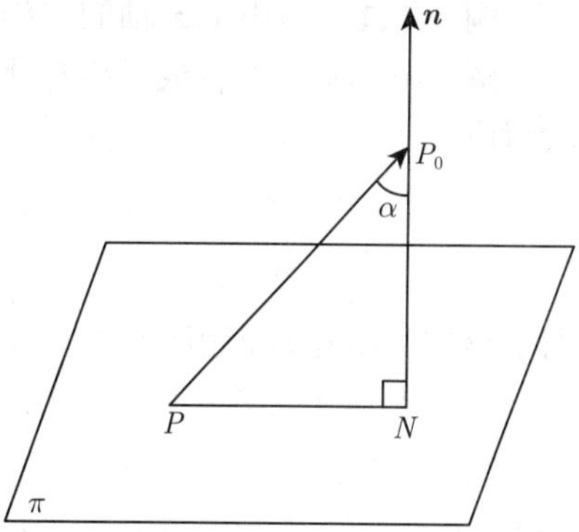

图 1.31

$$d = \left|\overrightarrow{PP_0}\right| \cos\alpha = \left|\overrightarrow{PP_0}\right| \frac{\left|\boldsymbol{n} \cdot \overrightarrow{PP_0}\right|}{|\boldsymbol{n}| \left|\overrightarrow{PP_0}\right|} = \frac{\left|\boldsymbol{n} \cdot \overrightarrow{PP_0}\right|}{|\boldsymbol{n}|}$$

$$= \frac{|A(x_0 - x_1) + B(y_0 - y_1) + C(z_0 - z_1)|}{\sqrt{A^2 + B^2 + C^2}}$$

$$= \frac{|Ax_0 + By_0 + Cz_0 - (Ax_1 + By_1 + Cz_1)|}{\sqrt{A^2 + B^2 + C^2}}$$

$$= \frac{|Ax_0 + By_0 + Cz_0 + D|}{\sqrt{A^2 + B^2 + C^2}},$$

即

$$d = \frac{|Ax_0 + By_0 + Cz_0 + D|}{\sqrt{A^2 + B^2 + C^2}}.$$

这就是空间中一**点到平面的距离公式**.

例如, 点 (2, 1, -1) 到平面 $4x + y - 2z + 5 = 0$ 的距离为

$$d = \frac{|8 + 1 + 2 + 5|}{\sqrt{4^2 + 1 + (-2)^2}} = \frac{16}{\sqrt{21}}.$$

1.5 空间曲线及其方程

1.5.1 空间曲线的一般方程

任何空间曲线总可以看成两个空间曲面的交线. 如果空间曲线 Γ 是两个曲面 $F(x, y, z) = 0, G(x, y, z) = 0$ 的交线, 则称方程组 $\begin{cases} F(x, y, z) = 0, \\ G(x, y, z) = 0 \end{cases}$ 为空间曲线 Γ 的**一般方程**.

从代数上可知, 任何方程组的解也一定是与它等价的方程组的解, 这说明空间曲线 L 可以用不同形式的方程组来表达.

例 1.5.1　写出 Oz 轴的方程.

解　Oz 轴可以看成两坐标平面 yOz 与 xOz 的交线, 所以 Oz 轴的方程可以写成

$$\begin{cases} x=0, \\ y=0, \end{cases}$$

由于该方程组与方程组

$$\begin{cases} x+y=0, \\ x-y=0 \end{cases}$$

同解, 所以 Oz 轴的方程也可由此表示.

1.5.2　空间曲线的参数方程

一般地, 空间曲线 Γ 的参数方程为

$$\begin{cases} x=x(t), \\ y=y(t), \quad a \leqslant t \leqslant b, \\ z=z(t), \end{cases}$$

当给定 $t=t_1$ 时, 就得到曲线 Γ 上的一个点 (x_1,y_1,z_1), 随着 t 的变动可得到曲线 Γ 上的全部点. 上式叫做空间**曲线 L 的坐标式参数方程**, 其中 t 为参数.

例 1.5.2　设圆柱面 $x^2+y^2=R^2$ 上有一质点, 它一方面绕 z 轴等角速度 ω 旋转, 另一方面以等速度 v_0 向 z 轴正方向移动, 当 $t=0$ 时, 质点在 $A(R,0,0)$ 处, 求质点的运动方程.

解　设时刻 t 时, 质点在 $M(x,y,z)$ 处, M' 是 M 在 xOy 面上的投影, 则

$$\begin{aligned} &\angle AOM'=\varphi=\omega t, \\ &x=\left|\overrightarrow{OM'}\right|\cos\varphi=R\cos\omega t, \\ &y=\left|\overrightarrow{OM'}\right|\sin\varphi=R\sin\omega t, \\ &z=\left|\overrightarrow{MM'}\right|=v_0 t. \end{aligned}$$

因此质点的运动方程为

$$\begin{cases} x=R\cos\omega t, \\ y=R\sin\omega t, \\ z=v_0 t. \end{cases}$$

将此方程称为**圆柱螺旋线** (图 1.32) 的参数方程.

若令 $\omega t=\theta, \dfrac{v_0}{\omega}=b$, 则参数方程可写为

$$\begin{cases} x=R\cos\theta, \\ y=R\sin\theta, \\ z=b\theta. \end{cases}$$

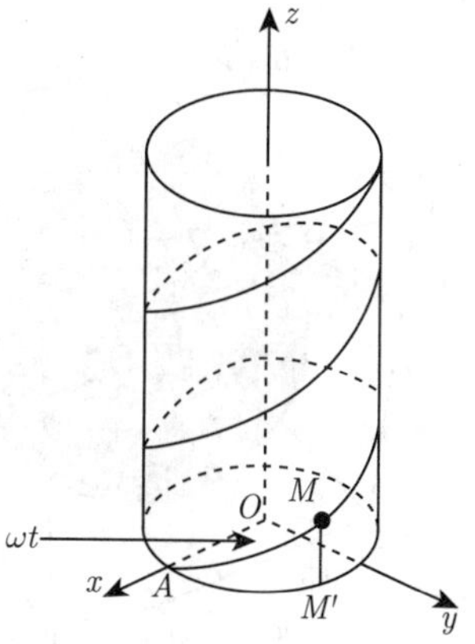

图 1.32

螺旋线是一种常见的曲线, 如平头螺丝钉的外缘曲线就是螺旋线. 由螺旋线的参数方程可知, 当 θ 从 θ_0 变到 $\theta_0+\alpha$ 时, z 由 $b\theta_0$ 升高到 $b\theta_0+b\alpha$, 即点 M 上升的高度与转过的角度成正比. 特别地, 当 M 绕 z 轴旋转一周, 即 $\alpha=2\pi$ 时, 点 M 上升的高度 $h=2\pi b$ 称为**螺距**.

1.5.3 空间曲线在坐标面上的投影曲线

已知空间曲线 C 和平面 π, 以曲线 C 为准线, 垂直于平面 π 的直线为母线的柱面称为曲线 C 关于平面 π 的**投影柱面**, 投影柱面与平面 π 的交线称为曲线 C 在平面 π 上的**投影曲线**. 下面主要讨论曲线在坐标面上的投影.

设空间曲线 C 的一般方程为

$$\begin{cases} F(x,y,z)=0, \\ G(x,y,z)=0, \end{cases}$$

则曲线 C 在 xOy 面上的投影曲线就是投影柱面与 xOy 面的交线. 而投影柱面以曲线 C 为准线, 垂直于 xOy 面 (即平行于 z 轴) 的直线为母线, 在方程组中消去变量 z 得方程

$$H(x,y)=0,$$

即为投影柱面的方程. 因此, 曲线 C 在 xOy 面上的投影曲线的方程为

$$\begin{cases} H(x,y)=0, \\ z=0. \end{cases}$$

同理可得, 曲线 C 在 yOz 面和 zOx 面上的投影曲线分别为

$$\begin{cases} R(y,z)=0, \\ x=0 \end{cases} \quad 和 \quad \begin{cases} T(x,z)=0, \\ y=0. \end{cases}$$

例 1.5.3 求曲线 $\begin{cases} x^2+y^2+z^2=1, \\ z=\dfrac{1}{2} \end{cases}$ 在各坐标面上的投影 (图 1.33).

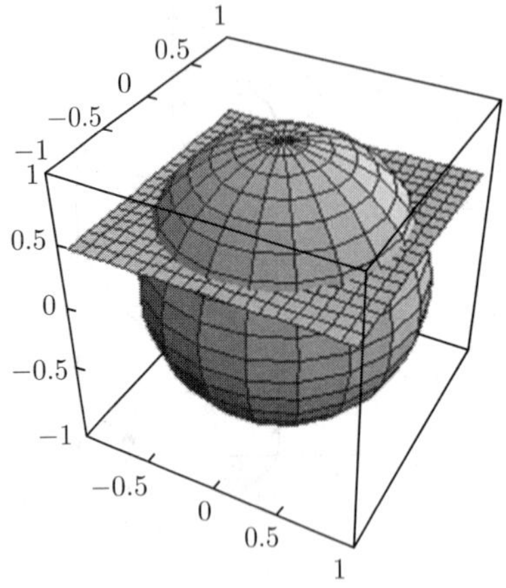

图 1.33

解　消去变量 z 后得 $x^2+y^2=\dfrac{3}{4}$, 为曲线关于 xOy 面的投影柱面, 则在 xOy 面上的投影为 $\begin{cases} x^2+y^2=\dfrac{3}{4}, \\ z=0. \end{cases}$

由于曲线在平面 $z=\dfrac{1}{2}$ 上, 所以在 xOz 面上的投影为 $\begin{cases} z=\dfrac{1}{2}, \\ y=0, \end{cases}$ $|x|\leqslant\dfrac{\sqrt{3}}{2}$.

同理在 yOz 面上的投影也为线段

$$\begin{cases} z=\dfrac{1}{2}, \\ x=0, \end{cases} \quad |y|\leqslant\frac{\sqrt{3}}{2}.$$

1.6　空间直线及其方程

1.6.1　空间直线的一般方程

空间直线可以看作是空间两平面的交线. 设直线 L 是平面

$$A_1x+B_1y+C_1z+D_1=0 \quad \text{和} \quad A_2x+B_2y+C_2z+D_2=0$$

的交线, 则由曲线方程的概念可知, 方程组

$$\begin{cases} A_1x+B_1y+C_1z+D_1=0, \\ A_2x+B_2y+C_2z+D_2=0 \end{cases} \tag{1.5}$$

是直线 L 的方程, 方程组 (1.5) 称为**空间直线的一般方程**.

1.6.2　空间直线的点向式方程与参数方程

直线的方向向量: 平行于一已知直线的任一非零向量称为直线的方向向量. 易知直线上的任一向量都平行于直线的方向向量. 过空间一点 M_0 有且只有一条直线与已知直线平行. 也就是说, 对于空间中的任意非零向量 $\boldsymbol{s}=(m,n,p)$, 过点 M_0 且平行于向量 $\boldsymbol{s}$ 的直线 L 是唯一确定的. 向量 $\boldsymbol{s}$ 称为直线 L 的**方向向量**, m,n,p 称为 L 的**方向数**. 显然, 任何与直线 L 平行的非零向量均可作为直线 L 的方向向量.

下面建立直线 L 的方程.

如图 1.34 所示, 设直线 L 通过定点 $M_0(x_0, y_0, z_0)$, 且它的方向向量为 $\boldsymbol{s} = (m, n, p)$, 取直线 L 上的任意一点 $M(x, y, z)$, 则 $\overrightarrow{M_0M} = (x - x_0, y - y_0, z - z_0)$ 与 $\boldsymbol{s}$ 平行, 从而

$$\frac{x - x_0}{m} = \frac{y - y_0}{n} = \frac{z - z_0}{p}. \tag{1.6}$$

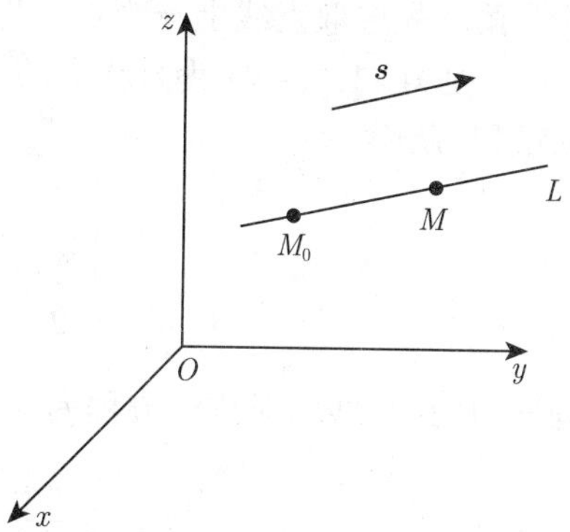

图 1.34

反之, 如果点 M 不在直线上, 那么由于 $\overrightarrow{M_0M}$ 与 $\boldsymbol{s}$ 不平行, 这两个向量的对应坐标就不成比例. 因此, 方程组 (1.6) 就是直线 L 的方程, 称为**直线的点向式方程 (对称式方程)**.

在直线的点向式方程中, 方向数 m, n, p 可以有一个或两个为零, 这时方程应理解为当分母为零时, 分子必为零.

由直线的点向式方程易导出直线的参数方程. 令

$$\frac{x - x_0}{m} = \frac{y - y_0}{n} = \frac{z - z_0}{p} = t,$$

那么

$$\begin{cases} x = x_0 + mt, \\ y = y_0 + nt, \\ z = z_0 + pt. \end{cases} \tag{1.7}$$

方程组 (1.7) 就是空间直线的**参数方程**.

例 1.6.1 求经过两点 $M_1(x_1, y_1, z_1)$ 和 $M_2(x_2, y_2, z_2)$ 的直线方程.

解 该直线的方向向量可取 $\boldsymbol{n} = \overrightarrow{M_1M_2} = (x_2 - x_1, y_2 - y_1, z_2 - z_1)$. 由点法式方程立即得到所求直线的方程

$$\frac{x - x_1}{x_2 - x_1} = \frac{y - y_1}{y_2 - y_1} = \frac{z - z_1}{z_2 - z_1}.$$

该方程称为直线的两点式方程.

例 1.6.2 用直线的对称式方程及参数式方程表示直线

$$\begin{cases} x + y + z + 1 = 0, \\ 2x - y + 3z + 4 = 0. \end{cases} \tag{1.8}$$

解　先选取直线上一个点的坐标, 可设 $x=1$, 代入方程组, 解得 $y=0, z=-2$. 于是得 $(1,0,-2)$ 为直线上的一点. 直线的方向向量为两个平面的法线向量的向量积, 从而

$$\boldsymbol{s}=\begin{vmatrix} \boldsymbol{i} & \boldsymbol{j} & \boldsymbol{k} \\ 1 & 1 & 1 \\ 2 & -1 & 3 \end{vmatrix}=4\boldsymbol{i}-\boldsymbol{j}-3\boldsymbol{k}. \tag{1.9}$$

因此, 所给直线的对称式方程为

$$\frac{x-1}{4}=\frac{y}{-1}=\frac{z+2}{-3}.$$

令

$$\frac{x-1}{4}=\frac{y}{-1}=\frac{z+2}{-3}=t,$$

得所给直线的参数方程为

$$\begin{cases} x=1+4t, \\ y=-t, \\ z=-2-3t. \end{cases}$$

1.6.3　两直线的夹角

两直线 L_1 和 L_2 的方向向量的夹角 (通常指锐角) 称为**两直线的夹角**. 设直线 L_1 和 L_2 的方向向量分别为 $\boldsymbol{s}_1=(m_1,n_1,p_1)$ 和 $\boldsymbol{s}_2=(m_2,n_2,p_2)$, 则它们夹角 θ 的余弦为

$$\cos\theta=\frac{|\boldsymbol{s}_1\cdot\boldsymbol{s}_2|}{|\boldsymbol{s}_1|\,|\boldsymbol{s}_2|}=\frac{|m_1m_2+n_1n_2+p_1p_2|}{\sqrt{m_1^2+n_1^2+p_1^2}\sqrt{m_2^2+n_2^2+p_2^2}}. \tag{1.10}$$

由此, 可得下列结论:

两直线 L_1 和 L_2 平行的充要条件是 $\dfrac{m_1}{m_2}=\dfrac{n_1}{n_2}=\dfrac{p_1}{p_2}$;

两直线 L_1 和 L_2 垂直的充要条件是 $m_1m_2+n_1n_2+p_1p_2=0$.

例 1.6.3　求直线 L_1: $\dfrac{x-1}{1}=\dfrac{y}{-4}=\dfrac{z+3}{1}$ 和 L_2: $\dfrac{x}{2}=\dfrac{y+2}{-2}=\dfrac{z}{-1}$ 的夹角.

解　直线 L_1 的方向向量 $\boldsymbol{s}_1=(1,-4,1)$, L_2 的方向向量 $\boldsymbol{s}_2=(2,-2,-1)$. 设直线 L_1 和 L_2 的夹角为 φ, 那么由公式 (1.10) 有

$$\cos\varphi=\frac{|1\times 2+(-4)\times(-2)+1\times(-1)|}{\sqrt{1^2+(-4)^2+1^2}\cdot\sqrt{2^2+(-2)^2+(-1)^2}}=\frac{1}{\sqrt{2}},$$

故 $\varphi=\dfrac{\pi}{4}$.

例 1.6.4 求点 $M(1,2,3)$ 到直线 L: $x-2=\dfrac{y-2}{-3}=\dfrac{z}{5}$ 的距离.

解 由直线方程知点 $M_0(2,2,0)$ 在 L 上, 且 L 的方向向量 $\boldsymbol{s}=(1,-3,5)$. 从而

$$\overrightarrow{M_0M}=(-1,0,3),$$

$$\overrightarrow{M_0M}\times\boldsymbol{s}=\begin{vmatrix}\boldsymbol{i} & \boldsymbol{j} & \boldsymbol{k}\\ -1 & 0 & 3\\ 1 & -3 & 5\end{vmatrix}=9\boldsymbol{i}+8\boldsymbol{j}+3\boldsymbol{k}.$$

代入式 (1.5), 得点 M 到 L 的距离为

$$d=\frac{\left|\overrightarrow{M_0M_1}\times\boldsymbol{s}\right|}{|\boldsymbol{s}|}=\frac{\sqrt{9^2+8^2+3^2}}{\sqrt{1^2+(-3)^2+5^2}}=\sqrt{\frac{22}{5}}.$$

例 1.6.5 设 $M_0(x_0,y_0,z_0)$ 为空间中任一点, 求 M_0 到直线 L : $\dfrac{x-x_1}{m}=\dfrac{y-y_1}{n}=\dfrac{z-z_1}{p}$ 的距离.

解 如图 1.35 所示, 在直线 L 上取点 $M_1(x_1,y_1,z_1)$, 设 $\boldsymbol{s}=\overrightarrow{M_1M}=(m,n,p)$, 则以 $\boldsymbol{s}$ 和 $\overrightarrow{M_1M_0}$ 为邻边的平行四边形的面积

$$A=\left|\boldsymbol{s}\times\overrightarrow{M_1M_0}\right|=d|\boldsymbol{s}|,$$

所以点 M_0 到直线 L 的距离

$$d=\frac{\left|\boldsymbol{s}\times\overrightarrow{M_1M_0}\right|}{|\boldsymbol{s}|}.$$

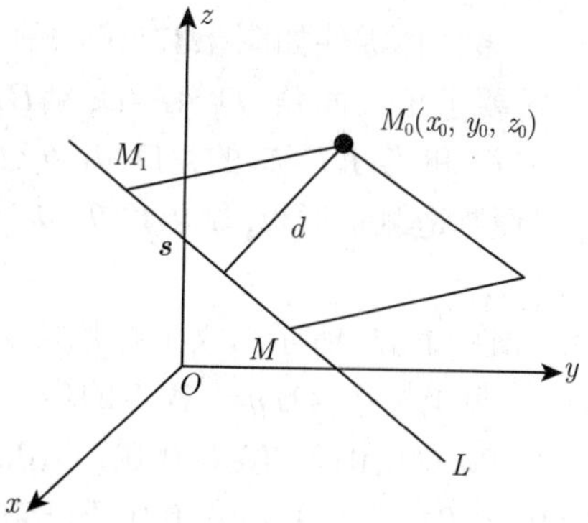

图 1.35

1.6.4 直线和平面的夹角

当直线与平面不垂直时, 直线与它在平面上的投影直线的夹角 $\varphi\left(0\leqslant\varphi\leqslant\dfrac{\pi}{2}\right)$ 称为**直线与平面的夹角**, 当直线与平面垂直时, 规定直线与平面的夹角为 $\dfrac{\pi}{2}$.

设直线 L 的方向向量为 $\boldsymbol{s}=(m,n,p)$, 平面 π 的法向量为 $\boldsymbol{n}=(A,B,C)$, 直线与平面的夹角为 φ, 如图 1.36 所示, 若设向量 $\boldsymbol{s}$ 和 $\boldsymbol{n}$ 的夹角为 θ, 则 $\theta=\dfrac{\pi}{2}-\varphi$,

有

$$\cos\left(\frac{\pi}{2}-\varphi\right)=\sin\varphi=\frac{|Am+Bn+Cp|}{\sqrt{A^2+B^2+C^2}\sqrt{m^2+n^2+p^2}},$$

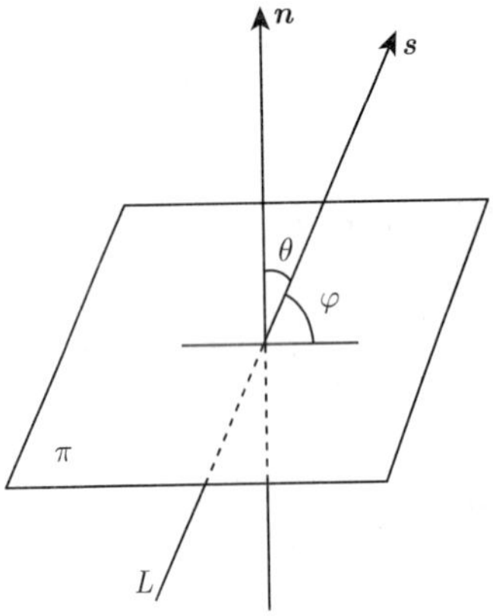

图 1.36

因此, 直线和平面垂直的充要条件是 $\boldsymbol{s}//\boldsymbol{n}$, 相当于 $\dfrac{A}{m}=\dfrac{B}{n}=\dfrac{C}{p}$; 直线和平面平行的充要条件是 $\boldsymbol{s}\perp\boldsymbol{n}$, 相当于 $Am+Bn+Cp=0$.

例 1.6.6 求过点 $(1,-2,4)$ 且与平面 $2x-3y+z-4=0$ 垂直的直线方程.

解 因为直线垂直于平面, 所以平面的法线向量即为直线的方向向量, 从而所求直线的方程为

$$\frac{x-1}{2}=\frac{y+2}{-3}=\frac{z-4}{1}.$$

1.7 空间解析几何模型应用举例

1.7.1 多面体零件的计算

一多面体零件如图 1.37 所示. 在制造时, 需要求出二面角 D-AE-B, A-BE-F, E-BF-O 和 G-EF-B 的角度 $\theta_1,\theta_2,\theta_3$ 和 θ_4, 以便制造测量样板, 试求角 $\theta_1,\theta_2,\theta_3$ 和 θ_4 的值.

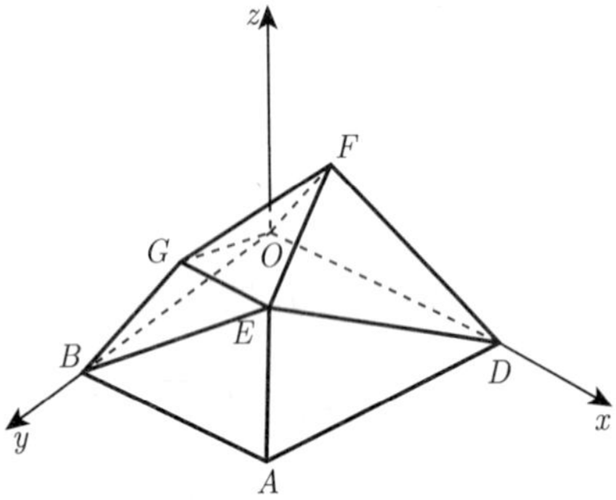

图 1.37

如图 1.37 所示, 取坐标原点为 O, 建立直角坐标系 $Oxyz$. 各点的坐标已知为 $A(600,600,0)$, $B(0,600,0)$, $C(0,0,0)$, $D(600,0,0)$, $E(450,450,300)$, $F(150,300,400)$, $G(450,150,300)$.

过点 (x_0,y_0,z_0) 的平面方程为

$$A(x-x_0)+B(y-y_0)+C(z-z_0)=0,$$

于是过点 $E(450,450,300)$ 的平面方程为

$$A(x-450)+B(y-450)+C(z-300)=0,$$

将点 D 和点 A 的坐标代入上式, 有

$$\begin{cases} 150A-450B-300C=0, \\ 150A+150B-300C=0, \end{cases}$$

解得

$$A=2, \quad B=0, \quad C=1,$$

得平面 DAE 的方程为

$$2x+z-1200=0.$$

类似可求得平面 BAE 的方程为

$$2y+z-1200=0,$$

平面 FBE 的方程为

$$3x-13.5y-11.25z-8100=0,$$

平面 OBF 的方程为

$$8x-3z=0,$$

平面 GEF 的方程为

$$x-3z-1350=0.$$

由两个平面夹角的余弦公式

$$\cos\theta=\frac{A_1A_2+B_1B_2+C_1C_2}{\sqrt{A_1^2+B_1^2+C_1^2}\sqrt{A_2^2+B_2^2+C_2^2}},$$

可求得平面 DAE 和平面 BAE 的夹角 θ_1 的余弦为

$$\cos\theta_1=\frac{2\times 0+0\times 2+1\times 1}{\sqrt{2^2+0^2+1^2}\sqrt{0^2+2^2+1^2}}=0.2,$$

所以

$$\theta_1=\arccos(0.2)\approx 78.5^\circ;$$

平面 ABE 和平面 BEF 的夹角 θ_2 的余弦为

$$\cos\theta_2=\frac{0\times 3+2\times(-13.5)+1\times(-11.25)}{\sqrt{0^2+2^2+1^2}\sqrt{3^2+(-13.5)^2+(-11.25)^2}}\approx -0.9595,$$

故

$$\theta_2 = \arccos(-0.9595) \approx 163.7^\circ;$$

平面 EBF 和平面 OBF 的夹角 θ_3 的余弦为

$$\cos\theta_3 = \frac{8\times 3 + 0\times(-13.5) + (-3)\times(-11.25)}{\sqrt{8^2+0^2+(-3)^2}\sqrt{3^2+(-13.5)^2+(-11.25)^2}} \approx 0.38,$$

故

$$\theta_3 = \arccos(0.38) \approx 67.7^\circ;$$

平面 GEF 和平面 BEF 的夹角 θ_4 的余弦为

$$\cos\theta_4 = \frac{1\times 3 + 0\times(-13.5) + (-3)\times(-11.25)}{\sqrt{1^2+0^2+(-3)^2}\sqrt{3^2+(-13.5)^2+(-11.25)^2}} \approx -0.5473,$$

故

$$\theta_4 = \arccos(-0.5473) \approx 123.2^\circ.$$

1.7.2 钣金零件的展开图

图 1.38 是我们通常见到的二通管道变形接头或炉筒拐脖的示意图. 制造这类零件, 先按照零件展开图的度量尺寸 (展开曲线) 在薄板 (铁皮或铝板等) 上下料, 然后弯曲成型, 并将各部分焊接在一起.

为了获得零件展开图的展平曲线, 必须求出截交线 (截平面与圆柱管道的交线) 的方程.

设圆柱管道的方程为

$$x^2 + y^2 = R^2,$$

截平面的方程为

$$\frac{x}{a} + \frac{y}{b} + \frac{z}{c} = 1,$$

为求截平面和管道的截交线方程, 将管道的方程改写成参数方程的形式

$$\begin{cases} x = R\cos\theta, \\ y = R\sin\theta, \quad 0 \leqslant \theta \leqslant 2\pi, \\ z = z, \end{cases}$$

将其代入截平面方程中, 得

$$\frac{R\cos\theta}{a} + \frac{R\sin\theta}{b} + \frac{z}{c} = 1.$$

圆柱的底圆展开时有 $s=R\theta$, 即 $\theta=\dfrac{s}{R}$, 这里 s 是弧长. 将 $\theta=\dfrac{s}{R}$ 代入上式, 有

$$\frac{R\cos\dfrac{s}{R}}{a}+\frac{R\sin\dfrac{s}{R}}{b}+\frac{z}{c}=1,$$

上式即是截交线的展开曲面方程.

如果截平面是正垂面 (平行 y 轴): $\dfrac{x}{a}+\dfrac{z}{c}=1$, 则截交线的展开曲线方程为

$$\frac{R\cos\dfrac{s}{R}}{a}+\frac{z}{c}=1,$$

即

$$z=\frac{c\left(a-R\cos\dfrac{s}{R}\right)}{a},\quad 0\leqslant s\leqslant 2\pi R.$$

这是一条调整过振幅的余弦曲线 (图 1.39).

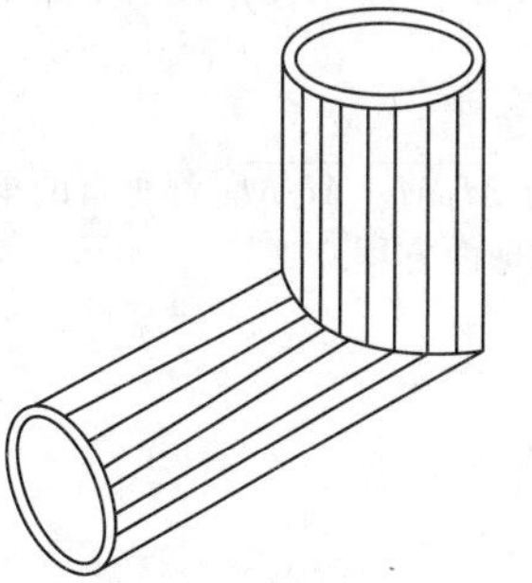

图 1.38

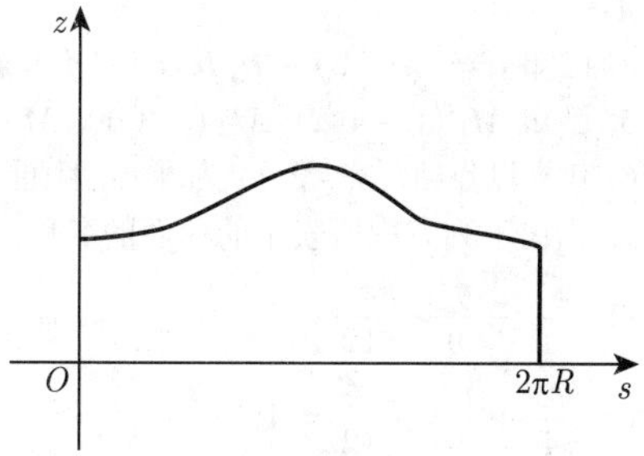

图 1.39

1.7.3 火力发电厂的供水塔

火力发电厂的供水塔 (冷却塔) 的横截面曲线均为圆, 其半径 R 与塔高 H 的关系 (图 1.40) 为

$$125R^2+(H-50)^2=50^2,$$

度量单位为米.

令冷却塔的中心为 z 轴, z 轴与地面的交点为原点, 在地面上选一个方向 y 轴, 则有 $y=R, z=H$.

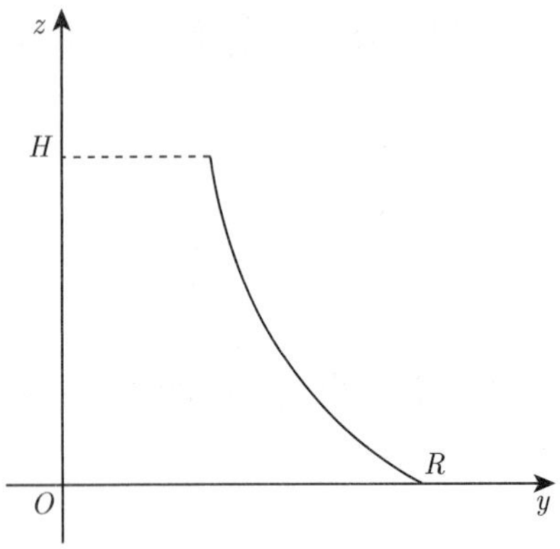

图 1.40

冷却塔半径 R 与塔高 H 的关系式可以改写为

$$125y^2+(z-50)^2=50^2,$$

冷却塔的外开曲面的方程可以表示为

$$125\left(x^2+y^2\right)+(z-50)^2=50^2,$$

即

$$\frac{x^2}{20}+\frac{y^2}{20}+\frac{(z-50)^2}{2500}=1,$$

这正是旋转单叶双曲面.

习 题 1

1. 已知 $|\boldsymbol{a}|=4$, $\boldsymbol{a}$ 与轴 u 的夹角为 $\frac{\pi}{3}$, 求 $\boldsymbol{a}$ 在 u 轴上的投影.

2. 已知两点 $M_1(0,1,2)$ 和 $M_2(1,-1,0)$, 求与向量 $\overrightarrow{M_1M_2}$ 同向的单位向量.

3. 设 $\triangle ABC$ 的三个顶点为 $A(0,1,-1)$, $B(1,3,4)$, $C(-1,-1,0)$, 证明 $\triangle ABC$ 为直角三角形.

4. 已知 $\boldsymbol{a}=3\boldsymbol{i}-2\boldsymbol{j}-\boldsymbol{k}$, $\boldsymbol{b}=\boldsymbol{i}-\boldsymbol{j}+2\boldsymbol{k}$, 求 $|\boldsymbol{a}\times\boldsymbol{b}|$.

5. 已知 $M_1(1,-1,2)$, $M_2(3,3,1)$, $M_3(3,1,3)$, 求与 $\overrightarrow{M_1M_2}$, $\overrightarrow{M_2M_3}$ 都垂直的单位向量.

6. 建立以点 $M(3,-2,1)$ 为球心, 且通过坐标原点的球面方程.

7. 指出下列方程所表示的曲面的名称:

(1) $\frac{x^2}{4}+\frac{y^2}{9}-\frac{z^2}{12}=1$;

(2) $\frac{x^2}{4}+\frac{y^2}{9}+\frac{z^2}{12}=1$;

(3) $\frac{x^2}{4}-\frac{y^2}{9}-\frac{z^2}{12}=1$.

8. 求下列旋转曲面的方程:

(1) 平面 yOz 上直线 $z=y\cot a$ 绕 z 轴旋转一周;

(2) 平面 xOz 上直线 $y^2=4x$ 绕 x 轴旋转一周.

9. 指出下列方程所表示的曲线:

(1) $\begin{cases} x^2+y^2+16z^2=64, \\ x=0; \end{cases}$

(2) $\begin{cases} x^2+4y^2-16z^2=64, \\ y=0. \end{cases}$

10. 求过点 $M(3,6,-2)$ 且与平面 $x+2y-z=1$ 平行的平面方程.

11. 求过点 $A(2,2,-2)$, $B(-1,-1,1)$ 和 $C(2,-2,4)$ 的平面方程.

12. 求通过 y 轴和点 $(1,4,-2)$ 的平面方程.

13. 设平面过原点及点 $(-3,2,-1)$, 且与平面 $2x-3y+z=4$ 垂直, 求此平面方程.

14. 求平行于平面 $x+6y+6z+8=0$ 且与三个坐标面所围成四面体的体积为一个单位的平面方程.

15. 求平面 $2x+y+2z+4=0$ 和 $x+3y-z+5=0$ 的夹角 θ.

16. 求曲线 $\begin{cases} x^2+y^2+z^2=1, \\ x^2+(y-1)^2+(z-1)^2=1 \end{cases}$ 在坐标面上的投影曲线方程.

17. 求抛物面 $x^2+y^2-z=0$ 与平面 $z=x+1$ 的交线在三个坐标面上的投影曲线方程.

18. 用对称式方程及参数式方程表示直线 $\begin{cases} x+y+z+1=0, \\ 2x-y+3z+4=0. \end{cases}$

19. 用点向式方程及参数方程表示直线

$$\begin{cases} 2x-3y+z-5=0, \\ 3x+y-2z-4=0. \end{cases}$$

20. 判别下列各直线之间的位置关系.

(1) $L_1: -x+1=\dfrac{y+1}{2}=\dfrac{z+1}{3}$ 与 $L_2: \begin{cases} x=1+2t, \\ y=2+t, \\ z=3; \end{cases}$

(2) $L_1: -x=\dfrac{y}{2}=\dfrac{z}{3}$ 与 $L_2: \begin{cases} 2x+y-1=0, \\ 3x+z-2=0. \end{cases}$

21. 求过点 $(2,0,-3)$ 且与直线 $\begin{cases} 2x-2y+4z-7=0, \\ 3x+5y-2z+1=0 \end{cases}$ 垂直的平面方程.

22. 求直线 $l_1: x=y=z$ 和 $l_2: \dfrac{x-1}{2}=\dfrac{y+3}{-1}=z$ 的夹角.

第 2 章 矩阵与行列式

矩阵是线性代数的一个极其重要的工具，尤其是随着计算机的广泛应用，矩阵知识已成为现代科技人员必备的数学基础. 行列式的概念最早是在研究线性方程组解的过程中产生的. 如今，它在数学的许多分支中都有着非常广泛的应用，也是解线性方程组的一种重要工具.

2.1 矩阵的概念及其运算

2.1.1 矩阵的概念

矩阵是数 (或函数) 的矩形阵表. 在工程技术、生产活动和日常生活中，我们常用表格表示一些量或关系，如工厂中的产量统计表、市场上的价目表等. 在给出矩阵定义之前，先看几个例子.

例 2.1.1 某小学三年级期末对语文、数学、英语、科学四门课程进行考试，某学习小组全体成员小明、小红、小花三位同学的期末考试成绩如表 2.1 所示.

表 2.1

科目 / 姓名	语文	数学	英语	科学
小明	88	95	90	83
小红	90	92	96	87
小花	91	90	84	88

如果用一个 3 行 4 列的数表表示这三位同学的期末考试成绩，可以简记为

$$\begin{bmatrix} 88 & 95 & 90 & 83 \\ 90 & 92 & 96 & 87 \\ 91 & 90 & 84 & 88 \end{bmatrix}.$$

该数表反映了每位学生各科成绩的基本情况以及该小组各科的整体水平.

例 2.1.2 二元一次方程组 $\begin{cases} 2x+3y=0, \\ 4x-5y=0 \end{cases}$ 的系数，按原位置构成一张数表:

$$\boldsymbol{A}=\begin{bmatrix} 2 & 3 \\ 4 & -5 \end{bmatrix}.$$

更一般地, 对于方程组

$$\begin{cases} a_{11}x_1 + a_{12}x_2 + \cdots + a_{1n}x_n = b_1, \\ a_{21}x_1 + a_{22}x_2 + \cdots + a_{2n}x_n = b_2, \\ \cdots\cdots \\ a_{m1}x_1 + a_{m2}x_2 + \cdots + a_{mn}x_n = b_m, \end{cases}$$

如果把它的系数 $a_{ij}\,(i=1,2,\cdots,m;j=1,2,\cdots,n)$ 和常数项 $b_i(i=1,2,\cdots,m)$ 按照原来的位置写出, 就可以得到 m 行 n 列的数表和一个 m 行 1 列的数表,

$$\boldsymbol{A}=\begin{bmatrix} a_{11} & a_{12} & \cdots & a_{1n} \\ a_{21} & a_{22} & \cdots & a_{2n} \\ \vdots & \vdots & & \vdots \\ a_{m1} & a_{m2} & \cdots & a_{mn} \end{bmatrix}, \quad \boldsymbol{b}=\begin{bmatrix} b_1 \\ b_2 \\ \vdots \\ b_m \end{bmatrix}.$$

定义 2.1 由 $m \times n$ 个数 $a_{ij}(i=1,2,\cdots,m;j=1,2,\cdots,n)$ 排成的一个 m 行 n 列数表

$$\begin{matrix} a_{11} & a_{12} & \cdots & a_{1n} \\ a_{21} & a_{22} & \cdots & a_{2n} \\ \vdots & \vdots & & \vdots \\ a_{m1} & a_{m2} & \cdots & a_{mn} \end{matrix}$$

称为一个 m **行** n **列矩阵**, 简称 $m \times n$ **矩阵**. 为表示它是一个整体, 总是加一个括号, 记为

$$\boldsymbol{A}=\begin{bmatrix} a_{11} & a_{12} & \cdots & a_{1n} \\ a_{21} & a_{22} & \cdots & a_{2n} \\ \vdots & \vdots & & \vdots \\ a_{m1} & a_{m2} & \cdots & a_{mn} \end{bmatrix},$$

这 $m \times n$ 个数称为矩阵**的元素**, 简称为元, 其中 a_{ij} 称为矩阵的第 i 行第 j 列的元素, 而 i 称为**行标**, j 称为**列标**.

通常用大写字母 $\boldsymbol{A}, \boldsymbol{B}, \boldsymbol{C}$ 等表示矩阵. 有时为了表明矩阵的行数 m 和列数 n, 也可记为

$$\boldsymbol{A}=(a_{ij})_{m\times n}, \quad \boldsymbol{A}=(a_{ij}) \quad 或 \quad \boldsymbol{A}_{m\times n}.$$

元素是实数的矩阵称为**实矩阵**, 元素是复数的矩阵称为**复矩阵**, 本书中的矩阵除有特殊说明外都指实矩阵. 特别地, 当 $m=n$ 时, $\boldsymbol{A}=(a_{ij})_{n\times n}$ 称为 n **阶矩阵**或者称为 n **阶方阵**.

一个 n 阶方阵 $\boldsymbol{A}$ 中, 从左上角到右下角的这条对角线称为 $\boldsymbol{A}$ 的**主对角线**, 从右上角到左下角的这条对角线称为 $\boldsymbol{A}$ 的**次对角线**或**副对角线**.

如果两个矩阵具有相同的行数与相同的列数, 那么称这两个矩阵为**同型矩阵**.

特殊矩阵

(1) 只有一行的矩阵 $\boldsymbol{A}=(a_1,a_2,\cdots,a_n)$ 称为**行矩阵**或**行向量**.

(2) 只有一列的矩阵 $\boldsymbol{B}=\begin{bmatrix} b_1\\ b_2\\ \vdots\\ b_n\end{bmatrix}$ 称为**列矩阵**或**列向量**.

(3) 元素全为零的矩阵称为**零矩阵**, 用 $\boldsymbol{O}_{m\times n}$ 或 $\boldsymbol{O}$ 表示.

(4) n **阶对角阵**　若 n 阶方阵主对角线上的元素不全为 0, 除了主对角线以外其余位置的元素全为 0, 则称该矩阵为**对角矩阵**. 形如

$$\boldsymbol{A}=\begin{bmatrix} a_{11} & 0 & \cdots & 0\\ 0 & a_{22} & \cdots & 0\\ \vdots & \vdots & & \vdots\\ 0 & 0 & \cdots & a_{nn}\end{bmatrix}$$

或简写为

$$\boldsymbol{A}=\begin{bmatrix} a_{11} & & & \\ & a_{22} & & \\ & & \ddots & \\ & & & a_{nn}\end{bmatrix}$$

的矩阵, 称为**对角矩阵**, 对角矩阵必须是方阵. 对角矩阵也可记为

$$\boldsymbol{A}=\operatorname{diag}(a_{11},a_{22},\cdots,a_{nn}).$$

(5) **数量矩阵**　当对角矩阵的主对角线上的元素都相同时, 称它为**数量矩阵**. n 阶数量矩阵有如下形式:

$$\begin{bmatrix} a & 0 & \cdots & 0\\ 0 & a & \cdots & 0\\ \vdots & \vdots & & \vdots\\ 0 & 0 & \cdots & a\end{bmatrix}_{n\times n} \quad \text{或} \quad \begin{bmatrix} a & & & \\ & a & & \\ & & \ddots & \\ & & & a\end{bmatrix}_n .$$

特别地, 当 $a=1$ 时, 称为 n **阶单位矩阵**, 记为 $\boldsymbol{E}_n$ 或 $\boldsymbol{I}_n$, 即

$$\boldsymbol{E}_n=\begin{bmatrix}1&0&\cdots&0\\0&1&\cdots&0\\\vdots&\vdots&&\vdots\\0&0&\cdots&1\end{bmatrix} \quad 或 \quad \boldsymbol{E}_n=\begin{bmatrix}1&&&\\&1&&\\&&\ddots&\\&&&1\end{bmatrix},$$

在不致引起混淆时, 也可用 $\boldsymbol{E}$ 表示单位矩阵.

(6) **三角矩阵** 若 n 阶方阵主对角线以下的元素全为 0, 而其余位置的元素不全为 0, 则称该矩阵为**上三角矩阵**. 形如

$$\begin{bmatrix}a_{11}&a_{12}&\cdots&a_{1n}\\0&a_{22}&\cdots&a_{2n}\\\vdots&\vdots&&\vdots\\0&0&\cdots&a_{nn}\end{bmatrix}.$$

若 n 阶方阵主对角线以上的元素全为 0, 而其余位置的元素不全为 0, 则称该矩阵为**下三角矩阵**. 形如

$$\begin{bmatrix}a_{11}&0&\cdots&0\\a_{21}&a_{22}&\cdots&0\\\vdots&\vdots&&\vdots\\a_{n1}&a_{2n}&\cdots&a_{nn}\end{bmatrix}.$$

上三角矩阵和下三角矩阵统称为**三角矩阵**.

2.1.2 矩阵的线性运算

定义 2.2 如果两个矩阵 $\boldsymbol{A}=(a_{ij})_{m\times n}$和 $\boldsymbol{B}=(b_{ij})_{m\times n}$ 为同型矩阵, 且对应位置元素都相等, 那么称矩阵 $\boldsymbol{A}$ 与矩阵 $\boldsymbol{B}$ **相等**, 记作 $\boldsymbol{A}=\boldsymbol{B}$.

若 $\boldsymbol{A}=(a_{ij})_{m\times n},\boldsymbol{B}=(b_{ij})_{m\times n}$, 且 $a_{ij}=b_{ij}(i=1,2,\cdots,m;j=1,2,\cdots,n)$, 则 $\boldsymbol{A}=\boldsymbol{B}$.

例 2.1.3 设 $\boldsymbol{A}=\begin{bmatrix}1&2-x&3\\2&6&5z\end{bmatrix},\boldsymbol{B}=\begin{bmatrix}1&x&3\\y&6&z-8\end{bmatrix}$, 已知 $\boldsymbol{A}=\boldsymbol{B}$, 求 $x,\ y,\ z$ 的值.

解 由 $\boldsymbol{A}=\boldsymbol{B}$ 知

$$2-x=x,\quad 2=y,\quad 5z=z-8,$$

所以 $x=1,\ y=2,\ z=-2$.

定义 2.3　设矩阵

$$\boldsymbol{A}=\begin{bmatrix} a_{11} & a_{12} & \cdots & a_{1n} \\ a_{21} & a_{22} & \cdots & a_{2n} \\ \vdots & \vdots & & \vdots \\ a_{m1} & a_{m2} & \cdots & a_{mn} \end{bmatrix},\quad \boldsymbol{B}=\begin{bmatrix} b_{11} & b_{12} & \cdots & b_{1n} \\ b_{21} & b_{22} & \cdots & b_{2n} \\ \vdots & \vdots & & \vdots \\ b_{m1} & b_{m2} & \cdots & b_{mn} \end{bmatrix},$$

称矩阵

$$\begin{bmatrix} a_{11}+b_{11} & a_{12}+b_{12} & \cdots & a_{1n}+b_{1n} \\ a_{21}+b_{21} & a_{22}+b_{22} & \cdots & a_{2n}+b_{2n} \\ \vdots & \vdots & & \vdots \\ a_{m1}+b_{m1} & a_{m2}+b_{m2} & \cdots & a_{mn}+b_{mn} \end{bmatrix}$$

为 $\boldsymbol{A}$ 与 $\boldsymbol{B}$ 的和, 记作 $\boldsymbol{A}+\boldsymbol{B}$.

注　只有两个矩阵是同型矩阵时, 才能进行加法运算. 显然

$$\boldsymbol{A}_{m\times n}+\boldsymbol{O}_{m\times n}=\boldsymbol{A}_{m\times n}.$$

将矩阵 $\boldsymbol{A}=(a_{ij})_{m\times n}$ 的所有元素都换成其相反数, 得到的新矩阵 $(-a_{ij})_{m\times n}$, 称之为 $\boldsymbol{A}$ 的**负矩阵**, 记作 $-\boldsymbol{A}$. 由此规定**矩阵的减法**为

$$\boldsymbol{A}-\boldsymbol{B}=\boldsymbol{A}+(-\boldsymbol{B})=(a_{ij})_{m\times n}+(-b_{ij})_{m\times n}=(a_{ij}-b_{ij})_{m\times n}.$$

例 2.1.4　设矩阵 $\boldsymbol{A}=\begin{bmatrix} -1 & 2 & 3 \\ 0 & 3 & -2 \end{bmatrix}, \boldsymbol{B}=\begin{bmatrix} 4 & 3 & 2 \\ 5 & -3 & 0 \end{bmatrix}$, 求 $\boldsymbol{A}+\boldsymbol{B}$, $\boldsymbol{A}-\boldsymbol{B}$.

解

$$\begin{aligned}\boldsymbol{A}+\boldsymbol{B}&=\begin{bmatrix} -1 & 2 & 3 \\ 0 & 3 & -2 \end{bmatrix}+\begin{bmatrix} 4 & 3 & 2 \\ 5 & -3 & 0 \end{bmatrix}\\ &=\begin{bmatrix} -1+4 & 2+3 & 3+2 \\ 0+5 & 3+(-3) & -2+0 \end{bmatrix}=\begin{bmatrix} 3 & 5 & 5 \\ 5 & 0 & -2 \end{bmatrix},\end{aligned}$$

$$\begin{aligned}\boldsymbol{A}-\boldsymbol{B}&=\begin{bmatrix} -1 & 2 & 3 \\ 0 & 3 & -2 \end{bmatrix}-\begin{bmatrix} 4 & 3 & 2 \\ 5 & -3 & 0 \end{bmatrix}\\ &=\begin{bmatrix} -1-4 & 2-3 & 3-2 \\ 0-5 & 3-(-3) & -2-0 \end{bmatrix}=\begin{bmatrix} -5 & -1 & 1 \\ -5 & 6 & -2 \end{bmatrix}.\end{aligned}$$

定义 2.4 数 k 乘矩阵 $\boldsymbol{A}=(a_{ij})_{m\times n}$ 中每一个元素, 所得矩阵

$$\begin{bmatrix} ka_{11} & ka_{12} & \cdots & ka_{1n} \\ ka_{21} & ka_{22} & \cdots & ka_{2n} \\ \vdots & \vdots & & \vdots \\ ka_{m1} & ka_{m2} & \cdots & ka_{mn} \end{bmatrix}$$

称为数 k 与矩阵 $\boldsymbol{A}$ 的乘积, 记作 $k\boldsymbol{A}$.

例 2.1.5 设 3 个产地与 4 个销地之间的里程 (单位: 千米) 由矩阵 $\boldsymbol{A}$ 给出

$$\boldsymbol{A}=\begin{bmatrix} 120 & 180 & 75 & 85 \\ 175 & 125 & 35 & 45 \\ 140 & 190 & 85 & 95 \end{bmatrix}.$$

已知每吨货物每千米的运费为 1.5 元, 则各产地与各销地之间每吨货物的运费 (单位: 元/吨) 可用如下的矩阵形式来表示:

$$1.5\boldsymbol{A}=\begin{bmatrix} 1.5\times 120 & 1.5\times 180 & 1.5\times 75 & 1.5\times 85 \\ 1.5\times 175 & 1.5\times 125 & 1.5\times 35 & 1.5\times 45 \\ 1.5\times 140 & 1.5\times 190 & 1.5\times 85 & 1.5\times 95 \end{bmatrix}$$

$$=\begin{bmatrix} 180 & 270 & 112.5 & 127.5 \\ 262.5 & 187.5 & 52.5 & 67.5 \\ 210 & 285 & 127.5 & 142.5. \end{bmatrix}.$$

数与矩阵的乘积运算称为**数乘运算**.

矩阵的加法和数乘这两种运算统称为矩阵的**线性运算**.

例 2.1.6 已知矩阵

$$\boldsymbol{A}=\begin{bmatrix} 3 & -1 & 2 & 0 \\ 1 & 5 & 7 & 9 \\ 2 & 4 & 6 & 8 \end{bmatrix}, \quad \boldsymbol{B}=\begin{bmatrix} 7 & 5 & -2 & 4 \\ 5 & 1 & 9 & 7 \\ 3 & 2 & -1 & 6 \end{bmatrix}.$$

(1) 求 $\boldsymbol{A}-2\boldsymbol{B}$;

(2) 若矩阵 $\boldsymbol{X}$ 满足 $\boldsymbol{A}+2\boldsymbol{X}=\boldsymbol{B}$, 求 $\boldsymbol{X}$.

解 (1) $\boldsymbol{A}-2\boldsymbol{B}=\begin{bmatrix} 3 & -1 & 2 & 0 \\ 1 & 5 & 7 & 9 \\ 2 & 4 & 6 & 8 \end{bmatrix}-2\begin{bmatrix} 7 & 5 & -2 & 4 \\ 5 & 1 & 9 & 7 \\ 3 & 2 & -1 & 6 \end{bmatrix}$

$$=\begin{bmatrix}3&-1&2&0\\1&5&7&9\\2&4&6&8\end{bmatrix}-\begin{bmatrix}14&10&-4&8\\10&2&18&14\\6&4&-2&12\end{bmatrix}$$

$$=\begin{bmatrix}-11&-11&6&-8\\-9&3&-11&-5\\-4&0&8&-4\end{bmatrix}.$$

(2) $\boldsymbol{B}-\boldsymbol{A}=\begin{bmatrix}7&5&-2&4\\5&1&9&7\\3&2&-1&6\end{bmatrix}-\begin{bmatrix}3&-1&2&0\\1&5&7&9\\2&4&6&8\end{bmatrix}=\begin{bmatrix}4&6&-4&4\\4&-4&2&-2\\1&-2&-7&-2\end{bmatrix}$,

由 $\boldsymbol{A}+2\boldsymbol{X}=\boldsymbol{B}$ 知 $\boldsymbol{X}=\dfrac{1}{2}(\boldsymbol{B}-\boldsymbol{A})$, 于是

$$\boldsymbol{X}=\frac{1}{2}\begin{bmatrix}4&6&-4&4\\4&-4&2&-2\\1&-2&-7&-2\end{bmatrix}=\begin{bmatrix}2&3&-2&2\\2&-2&1&-1\\\frac{1}{2}&-1&-\frac{7}{2}&-1\end{bmatrix}.$$

设 $\boldsymbol{A},\boldsymbol{B},\boldsymbol{C},\boldsymbol{O}$ 都是 $m\times n$ 矩阵, 不难验证矩阵的线性运算满足以下八条运算规则:

(1) $\boldsymbol{A}+\boldsymbol{B}=\boldsymbol{B}+\boldsymbol{A}$;

(2) $\boldsymbol{A}+(\boldsymbol{B}+\boldsymbol{C})=(\boldsymbol{A}+\boldsymbol{B})+\boldsymbol{C}$;

(3) $\boldsymbol{A}+\boldsymbol{O}=\boldsymbol{A}$;

(4) $\boldsymbol{A}+(-\boldsymbol{A})=\boldsymbol{O}$;

(5) $1\cdot\boldsymbol{A}=\boldsymbol{A}$;

(6) $(k+l)\boldsymbol{A}=k\boldsymbol{A}+l\boldsymbol{A}$;

(7) $k(\boldsymbol{A}+\boldsymbol{B})=k\boldsymbol{A}+k\boldsymbol{B}$;

(8) $k(l\boldsymbol{A})=(kl)\boldsymbol{A}$.

2.1.3　矩阵的乘法

引例　甲需要苹果、橘子、梨的数量分别为 5 斤 (1 斤 = 0.5 千克)、10 斤、3 斤, 乙需要苹果、橘子、梨的数量分别为 4 斤、5 斤、5 斤. 商店 1 中苹果、橘子、梨的价格分别为每斤 1 元、2 元、3 元, 商店 2 中苹果、橘子、梨的价格分别为每斤 2 元、2 元、1 元, 问甲、乙两人在哪个商店中购买水果更划算?

甲、乙两人需要的水果数量可用如下的矩阵 $\boldsymbol{A}$ 表示, 商店 1 和商店 2 中的水果价格可用如下的矩阵 $\boldsymbol{B}$ 表示:

$$\begin{array}{c} \\ 甲 \\ 乙 \end{array}\begin{array}{c} \begin{array}{ccc} 苹果 & 橘子 & 梨 \end{array} \\ \left[\begin{array}{ccc} 5 & 10 & 3 \\ 4 & 5 & 5 \end{array}\right] \end{array} = \boldsymbol{A}, \qquad \begin{array}{c} \\ 苹果 \\ 橘子 \\ 梨 \end{array}\begin{array}{c} \begin{array}{cc} 商店1 & 商店2 \end{array} \\ \left[\begin{array}{cc} 1 & 2 \\ 2 & 2 \\ 3 & 1 \end{array}\right] \end{array} = \boldsymbol{B}.$$

甲在商店 1 中购买水果的费用为 $5 \times 1 + 10 \times 2 + 3 \times 3 = 34$ 元;

甲在商店 2 中购买水果的费用为 $5 \times 2 + 10 \times 2 + 3 \times 1 = 33$ 元;

乙在商店 1 中购买水果的费用为 $4 \times 1 + 2 \times 5 + 5 \times 3 = 29$ 元;

乙在商店 2 中购买水果的费用为 $4 \times 2 + 5 \times 2 + 5 \times 1 = 23$ 元,

则可以用如下的矩阵 $\boldsymbol{C}$ 表示甲、乙两人在两个商店中购买水果的总价:

$$\begin{array}{c} \\ 甲 \\ 乙 \end{array}\begin{array}{c} \begin{array}{cc} 商店\ 1 & 商店\ 2 \end{array} \\ \left[\begin{array}{cc} 34 & 33 \\ 29 & 23 \end{array}\right] \end{array} = \boldsymbol{C}.$$

在线性代数中, 把按照上述方式得到的矩阵 $\boldsymbol{C}$ 称为矩阵 $\boldsymbol{A}$ 与矩阵 $\boldsymbol{B}$ 的乘积. 由此给出矩阵乘法的定义.

定义 2.5 设 $\boldsymbol{A} = (a_{ij})$ 是 $m \times l$ 矩阵, $\boldsymbol{B} = (b_{ij})$ 是 $l \times n$ 矩阵. $\boldsymbol{A}$ 乘 $\boldsymbol{B}$ 的积记作 $\boldsymbol{AB}$, 规定 $\boldsymbol{AB} = \boldsymbol{C} = (c_{ij})$ 是 $m \times n$ 矩阵, 其中

$$c_{ij} = a_{i1}b_{1j} + a_{i2}b_{2j} + \cdots + a_{il}b_{lj} = \sum_{k=1}^{l} a_{ik}b_{kj} (i = 1, 2, \cdots, m; j = 1, 2, \cdots, n).$$

由定义可知, 只有当前一个矩阵 $\boldsymbol{A}$ 的列数等于后一个矩阵 $\boldsymbol{B}$ 的行数时, 两个矩阵才能相乘, 此时也称矩阵 $\boldsymbol{A}$ 与 $\boldsymbol{B}$ 具有可乘性, 矩阵 $\boldsymbol{C}$ 的行数与 $\boldsymbol{A}$ 的行数一致, 列数与 $\boldsymbol{B}$ 的列数相等. 矩阵 $\boldsymbol{C}$ 中第 i 行第 j 列元 c_{ij} 等于 $\boldsymbol{A}$ 的第 i 行与 $\boldsymbol{B}$ 的第 j 列元对应乘积之和, 即

$$(a_{i1}, a_{i2}, \cdots, a_{il}) \begin{bmatrix} b_{1j} \\ b_{2j} \\ \vdots \\ b_{lj} \end{bmatrix} = a_{i1}b_{1j} + a_{i2}b_{2j} + \cdots + a_{il}b_{lj} = c_{ij}.$$

例 2.1.7 设 $\boldsymbol{A} = \begin{bmatrix} 1 & 0 & 3 \\ 2 & -1 & 0 \end{bmatrix}, \boldsymbol{B} = \begin{bmatrix} 1 & -1 \\ 2 & 3 \\ 4 & 0 \end{bmatrix}$, 求 $\boldsymbol{AB}$ 及 $\boldsymbol{BA}$.

解

$$\boldsymbol{AB}=\begin{bmatrix}1&0&3\\2&-1&0\end{bmatrix}\begin{bmatrix}1&-1\\2&3\\4&0\end{bmatrix}$$

$$=\begin{bmatrix}1\times1+0\times2+3\times4 & 1\times(-1)+0\times3+3\times0\\2\times1+(-1)\times2+0\times4 & 2\times(-1)+(-1)\times3+0\times0\end{bmatrix}$$

$$=\begin{bmatrix}13&-1\\0&-5\end{bmatrix},$$

$$\boldsymbol{BA}=\begin{bmatrix}1&-1\\2&3\\4&0\end{bmatrix}\begin{bmatrix}1&0&3\\2&-1&0\end{bmatrix}$$

$$=\begin{bmatrix}1\times1+(-1)\times2 & 1\times0+(-1)\times(-1) & 1\times3+(-1)\times0\\2\times1+3\times2 & 2\times0+3\times(-1) & 2\times3+3\times0\\4\times1+0\times2 & 4\times0+0\times(-1) & 4\times3+0\times0\end{bmatrix}$$

$$=\begin{bmatrix}-1&1&3\\8&-3&6\\4&0&12\end{bmatrix}.$$

矩阵的乘法具有下列运算规律 (假设运算均有意义).

(1) **数乘结合律** $k(\boldsymbol{BC})=(k\boldsymbol{B})\boldsymbol{C}=\boldsymbol{B}(k\boldsymbol{C}), k$ 是常数;

(2) **左乘分配律** $\boldsymbol{A}(\boldsymbol{B}+\boldsymbol{C})=\boldsymbol{AB}+\boldsymbol{AC}$, **右乘分配律** $(\boldsymbol{A}+\boldsymbol{B})\boldsymbol{C}=\boldsymbol{AC}+\boldsymbol{BC}$;

(3) **乘法结合律** $(\boldsymbol{AB})\boldsymbol{C}=\boldsymbol{A}(\boldsymbol{BC})$.

例 2.1.8 设矩阵 $\boldsymbol{A}=\begin{bmatrix}2&4\\-3&-6\end{bmatrix}, \boldsymbol{B}=\begin{bmatrix}-2&4\\1&-2\end{bmatrix}$, 求 $\boldsymbol{AB}$ 和 $\boldsymbol{BA}$.

解 $$\boldsymbol{AB}=\begin{bmatrix}2&4\\-3&-6\end{bmatrix}\begin{bmatrix}-2&4\\1&-2\end{bmatrix}$$

$$=\begin{bmatrix}2\times(-2)+4\times1 & 2\times4+4\times(-2)\\(-3)\times(-2)+(-6)\times1 & (-3)\times4+(-6)\times(-2)\end{bmatrix}$$

$$=\begin{bmatrix}0&0\\0&0\end{bmatrix},$$

$$\boldsymbol{BA}=\begin{bmatrix}-2 & 4\\ 1 & -2\end{bmatrix}\begin{bmatrix}2 & 4\\ -3 & -6\end{bmatrix}$$
$$=\begin{bmatrix}(-2)\times 2+4\times(-3) & (-2)\times 4+4\times(-6)\\ 1\times 2+(-2)\times(-3) & 1\times 4+(-2)\times(-6)\end{bmatrix}$$
$$=\begin{bmatrix}-16 & -32\\ 8 & 16\end{bmatrix}.$$

在例 2.1.8 中, 可以看出矩阵的乘法一般不满足交换律, 即

$$\boldsymbol{AB}\neq\boldsymbol{BA}.$$

如果两个同阶方阵 $\boldsymbol{A}$ 与 $\boldsymbol{B}$ 满足 $\boldsymbol{AB}=\boldsymbol{BA}$, 则称 $\boldsymbol{A}$ 与 $\boldsymbol{B}$ 可交换, 当 $\boldsymbol{AB}\neq\boldsymbol{BA}$ 时, 则称 $\boldsymbol{A}$ 与 $\boldsymbol{B}$ **不可交换**.

从例 2.1.8 还可看出: 两个非零矩阵相乘, 可能是零矩阵, 所以不能从 $\boldsymbol{AB}=\boldsymbol{O}$ 得到 $\boldsymbol{A}=\boldsymbol{O}$ 或 $\boldsymbol{B}=\boldsymbol{O}$. 若 $\boldsymbol{A}\neq\boldsymbol{O}$, $\boldsymbol{B}\neq\boldsymbol{O}$, 但 $\boldsymbol{AB}=\boldsymbol{O}$, 则称 $\boldsymbol{A}$ 是 $\boldsymbol{B}$ 的左零因子, $\boldsymbol{B}$ 是 $\boldsymbol{A}$ 的右零因子.

由矩阵乘法的定义容易验证, 对于任意矩阵 $\boldsymbol{A}_{m\times n}$, 总有

$$\boldsymbol{E}_m\boldsymbol{A}_{m\times n}=\boldsymbol{A}_{m\times n}\boldsymbol{E}_n=\boldsymbol{A}_{m\times n},$$

可简记为 $\boldsymbol{EA}=\boldsymbol{AE}=\boldsymbol{A}$. 由此可知, 单位矩阵在矩阵乘法中的作用类似于数 1 在数的乘法中的作用.

此外, 矩阵的乘法一般也不满足消去律, 即由 $\boldsymbol{AX}=\boldsymbol{AY}$ 且 $\boldsymbol{A}\neq\boldsymbol{O}$ 不能得到 $\boldsymbol{X}=\boldsymbol{Y}$.

例如, 设

$$\boldsymbol{A}=\begin{bmatrix}1 & 2\\ 0 & 3\end{bmatrix},\quad \boldsymbol{B}=\begin{bmatrix}1 & 0\\ 0 & 4\end{bmatrix},\quad \boldsymbol{C}=\begin{bmatrix}1 & 1\\ 0 & 0\end{bmatrix},$$

虽然

$$\boldsymbol{AC}=\begin{bmatrix}1 & 2\\ 0 & 3\end{bmatrix}\begin{bmatrix}1 & 1\\ 0 & 0\end{bmatrix}=\begin{bmatrix}1 & 1\\ 0 & 0\end{bmatrix}=\begin{bmatrix}1 & 0\\ 0 & 4\end{bmatrix}\begin{bmatrix}1 & 1\\ 0 & 0\end{bmatrix}=\boldsymbol{BC},$$

但 $\boldsymbol{A}\neq\boldsymbol{B}$.

定义 2.6 设 $\boldsymbol{A}$ 是 n 阶方阵时, 规定

$$\boldsymbol{A}^m=\underbrace{\boldsymbol{AA}\cdots\boldsymbol{A}}_{m\text{个}},$$

称 $\boldsymbol{A}^m$ 为矩阵 $\boldsymbol{A}$ 的 m 次幂, 其中 m 是正整数.

当 $m=0$ 时, 规定 $\boldsymbol{A}^0=\boldsymbol{E}$. 显然有

$$\boldsymbol{A}^k\boldsymbol{A}^l=\boldsymbol{A}^{k+l},\quad (\boldsymbol{A}^k)^l=\boldsymbol{A}^{kl},$$

其中 k,l 是任意正整数. 矩阵乘法不满足交换律, 因此, 一般地有

$$(\boldsymbol{AB})^k\neq\boldsymbol{A}^k\boldsymbol{B}^k.$$

例 2.1.9　设 $\boldsymbol{A}=\begin{bmatrix}1&1\\0&1\end{bmatrix}$, 求所有与 $\boldsymbol{A}$ 可交换的矩阵.

解　设与 $\boldsymbol{A}$ 可交换的矩阵为 $\boldsymbol{B}=\begin{bmatrix}a&b\\c&d\end{bmatrix}$, 那么

$$\boldsymbol{AB}=\begin{bmatrix}1&1\\0&1\end{bmatrix}\begin{bmatrix}a&b\\c&d\end{bmatrix}=\begin{bmatrix}a+c&b+d\\c&d\end{bmatrix},$$

$$\boldsymbol{BA}=\begin{bmatrix}a&b\\c&d\end{bmatrix}\begin{bmatrix}1&1\\0&1\end{bmatrix}=\begin{bmatrix}a&a+b\\c&c+d\end{bmatrix}.$$

由 $\boldsymbol{AB}=\boldsymbol{BA}$, 有

$$\begin{cases}a+c=a,\\b+d=a+b,\\c+d=d,\end{cases}\quad \text{即}\quad \begin{cases}c=0,\\a=d.\end{cases}$$

可见与 $\boldsymbol{A}$ 可交换的矩阵为 $\begin{bmatrix}a&b\\0&a\end{bmatrix}$ $(a,b$ 为任意实数).

例 2.1.10　设矩阵 $\boldsymbol{A}=(1,2,3),\boldsymbol{B}=\begin{bmatrix}2\\-1\\1\end{bmatrix}$, 求 $\boldsymbol{AB}$ 和 $(\boldsymbol{BA})^{101}$.

解　$\boldsymbol{AB}=(1,2,3)\begin{bmatrix}2\\-1\\1\end{bmatrix}=1\times2+2\times(-1)+3\times1=3,$

$$\boldsymbol{BA}=\begin{bmatrix}2\\-1\\1\end{bmatrix}(1,2,3)=\begin{bmatrix}2&4&6\\-1&-2&-3\\1&2&3\end{bmatrix},$$

$$(\boldsymbol{BA})^{101}=\boldsymbol{B}(\boldsymbol{AB})^{100}\boldsymbol{A}=3^{100}\boldsymbol{BA}=3^{100}\begin{bmatrix}2&4&6\\-1&-2&-3\\1&2&3\end{bmatrix}.$$

定义 2.7 设 $f(x)=a_0+a_1x+a_2x^2+\cdots+a_kx^k$ 是 x 的 k 次多项式, $\boldsymbol{A}$ 是 n 阶方阵, 则

$$f(\boldsymbol{A})=a_0\boldsymbol{E}+a_1\boldsymbol{A}+a_2\boldsymbol{A}^2+\cdots+a_k\boldsymbol{A}^k$$

称为矩阵 $\boldsymbol{A}$ 的 k 次多项式.

例 2.1.11 设矩阵 $\boldsymbol{A}=\begin{bmatrix}-3&2&-1\\0&3&0\\1&4&-2\end{bmatrix}$. 已知 $f(x)=2x^2-3x+4$, 求 $f(\boldsymbol{A})$.

解 $f(\boldsymbol{A})=2\boldsymbol{A}^2-3\boldsymbol{A}+4\boldsymbol{E}$

$$=2\begin{bmatrix}-3&2&-1\\0&3&0\\1&4&-2\end{bmatrix}\begin{bmatrix}-3&2&-1\\0&3&0\\1&4&-2\end{bmatrix}$$

$$-3\begin{bmatrix}-3&2&-1\\0&3&0\\1&4&-2\end{bmatrix}+4\begin{bmatrix}1&0&0\\0&1&0\\0&0&1\end{bmatrix}$$

$$=\begin{bmatrix}16&-8&10\\0&18&0\\-10&12&6\end{bmatrix}-\begin{bmatrix}-9&6&-3\\0&9&0\\3&12&-6\end{bmatrix}+\begin{bmatrix}4&0&0\\0&4&0\\0&0&4\end{bmatrix}$$

$$=\begin{bmatrix}29&-14&13\\0&13&0\\-13&0&16\end{bmatrix}.$$

2.1.4 矩阵的转置

定义 2.8 设矩阵 $\boldsymbol{A}=(a_{ij})_{m\times n}$, $\boldsymbol{A}$ 的转置矩阵记作 $\boldsymbol{A}^{\mathrm{T}}$, 规定

$$\boldsymbol{A}^{\mathrm{T}}=\begin{bmatrix}a_{11}&a_{12}&\cdots&a_{1n}\\a_{21}&a_{22}&\cdots&a_{2n}\\\vdots&\vdots&&\vdots\\a_{m1}&a_{m2}&\cdots&a_{mn}\end{bmatrix}^{\mathrm{T}}=\begin{bmatrix}a_{11}&a_{21}&\cdots&a_{m1}\\a_{12}&a_{22}&\cdots&a_{m2}\\\vdots&\vdots&&\vdots\\a_{1n}&a_{2n}&\cdots&a_{mn}\end{bmatrix}.$$

由定义可知, 若 $\boldsymbol{A}$ 是 $m\times n$ 矩阵, $\boldsymbol{A}^{\mathrm{T}}$ 的 (i,j) 元素恰是 $\boldsymbol{A}$ 的 (j,i) 元素. 显然, $m\times n$ 矩阵的转置是 $n\times m$ 矩阵.

矩阵的转置满足以下运算规律 (假设运算都是可行的).

(1) $(\boldsymbol{A}^{\mathrm{T}})^{\mathrm{T}}=\boldsymbol{A}$;

(2) $(\boldsymbol{A}+\boldsymbol{B})^{\mathrm{T}}=\boldsymbol{A}^{\mathrm{T}}+\boldsymbol{B}^{\mathrm{T}}$;

(3) $(k\boldsymbol{A})^{\mathrm{T}}=k\boldsymbol{A}^{\mathrm{T}}$;

(4) $(\boldsymbol{AB})^{\mathrm{T}}=\boldsymbol{B}^{\mathrm{T}}\boldsymbol{A}^{\mathrm{T}}$.

例 2.1.12 设矩阵

$$\boldsymbol{A}=\begin{bmatrix}1&0&2\\-1&3&2\end{bmatrix},\quad \boldsymbol{B}=\begin{bmatrix}1&2&1\\3&-1&1\\2&0&1\end{bmatrix},$$

求 $(\boldsymbol{AB})^{\mathrm{T}}$.

解法一 因为

$$\boldsymbol{AB}=\begin{bmatrix}1&0&2\\-1&3&2\end{bmatrix}\begin{bmatrix}1&2&1\\3&-1&1\\2&0&1\end{bmatrix}=\begin{bmatrix}5&2&3\\12&-5&4\end{bmatrix},$$

故

$$(\boldsymbol{AB})^{\mathrm{T}}=\begin{bmatrix}5&12\\2&-5\\3&4\end{bmatrix}.$$

解法二

$$(\boldsymbol{AB})^{\mathrm{T}}=\boldsymbol{B}^{\mathrm{T}}\boldsymbol{A}^{\mathrm{T}}=\begin{bmatrix}1&3&2\\2&-1&0\\1&1&1\end{bmatrix}\begin{bmatrix}1&-1\\0&3\\2&2\end{bmatrix}=\begin{bmatrix}5&12\\2&-5\\3&4\end{bmatrix}.$$

定义 2.9 如果方阵 $\boldsymbol{A}$ 满足 $\boldsymbol{A}^{\mathrm{T}}=\boldsymbol{A}$, 则称 $\boldsymbol{A}$ 是**对称矩阵**, 如果方阵 $\boldsymbol{A}$ 满足 $\boldsymbol{A}^{\mathrm{T}}=-\boldsymbol{A}$, 则称 $\boldsymbol{A}$ 是**反对称矩阵**.

例如,

$$\boldsymbol{A}=\begin{bmatrix}5&2&3\\2&1&3\\3&3&0\end{bmatrix},\quad \boldsymbol{B}=\begin{bmatrix}0&3&2\\-3&0&-1\\-2&1&0\end{bmatrix}.$$

$\boldsymbol{A}$ 是对称矩阵, $\boldsymbol{B}$ 是反对称矩阵. 由定义 2.9 容易推知, 对称矩阵的元素关于主对角线对称, 反对称矩阵主对角线上的元素全为 0.

例 2.1.13 设 $\boldsymbol{A}$ 是 n 阶反对称矩阵, $\boldsymbol{B}$ 是 n 阶对称矩阵, 证明 $\boldsymbol{AB}+\boldsymbol{BA}$ 是 n 阶反对称矩阵.

证

$$\begin{aligned}(\boldsymbol{AB}+\boldsymbol{BA})^{\mathrm{T}} &= (\boldsymbol{AB})^{\mathrm{T}}+(\boldsymbol{BA})^{\mathrm{T}}\\ &= \boldsymbol{B}^{\mathrm{T}}\boldsymbol{A}^{\mathrm{T}}+\boldsymbol{A}^{\mathrm{T}}\boldsymbol{B}^{\mathrm{T}}\\ &= \boldsymbol{B}(-\boldsymbol{A})+(-\boldsymbol{A})\boldsymbol{B}\\ &= -(\boldsymbol{AB}+\boldsymbol{BA}),\end{aligned}$$

即 $\boldsymbol{AB}+\boldsymbol{BA}$ 为反对称矩阵.

2.2 矩阵的初等变换及初等矩阵

2.2.1 高斯消元法

设有线性方程组

$$\begin{cases} a_{11}x_1+a_{12}x_2+\cdots+a_{1n}x_n=b_1,\\ a_{21}x_1+a_{22}x_2+\cdots+a_{2n}x_n=b_2,\\ \qquad\cdots\cdots\\ a_{m1}x_1+a_{m2}x_2+\cdots+a_{mn}x_n=b_m,\end{cases} \tag{2.1}$$

其矩阵形式为

$$\boldsymbol{AX}=\boldsymbol{b}, \tag{2.2}$$

其中

$$\boldsymbol{A}=\begin{bmatrix} a_{11} & a_{12} & \cdots & a_{1n}\\ a_{21} & a_{22} & \cdots & a_{2n}\\ \vdots & \vdots & & \vdots\\ a_{m1} & a_{m2} & \cdots & a_{mn}\end{bmatrix},\quad \boldsymbol{X}=\begin{bmatrix} x_1\\ x_2\\ \vdots\\ x_n\end{bmatrix},\quad \boldsymbol{b}=\begin{bmatrix} b_1\\ b_2\\ \vdots\\ b_m\end{bmatrix}.$$

称 $\boldsymbol{A}$ 为方程组的**系数矩阵**. 称 $(\boldsymbol{A},\boldsymbol{b})$ 为线性方程组的**增广矩阵**, 记为 $\overline{\boldsymbol{A}}$,

$$\overline{\boldsymbol{A}}=\begin{bmatrix} a_{11} & a_{12} & \cdots & a_{1n} & b_1\\ a_{21} & a_{22} & \cdots & a_{2n} & b_2\\ \vdots & \vdots & & \vdots & \vdots\\ a_{m1} & a_{m2} & \cdots & a_{mn} & b_m\end{bmatrix}.$$

当 $b_i = 0\ (i = 1, 2, \cdots, m)$ 时, 线性方程组 (2.1) 称为**齐次线性方程组**; 否则称为**非齐次线性方程组**. 显然, 齐次线性方程组的矩阵形式为 $\boldsymbol{AX} = \boldsymbol{0}$, 非齐次线性方程组的矩阵形式为 $\boldsymbol{AX} = \boldsymbol{b}, \boldsymbol{b} \neq \boldsymbol{0}$. 对于一般的线性方程组, 我们要讨论的问题是: 它什么时候有解? 如果有解, 有多少解? 如何求出其全部解?

例 2.2.1 用消元法求解线性方程组

$$\begin{cases} 2x_1 + 2x_2 - x_3 = 6, \\ x_1 - 2x_2 + 4x_3 = 3, \\ 5x_1 + 7x_2 + x_3 = 28. \end{cases}$$

解 为观察消元过程, 将消元过程中每个步骤的方程组及其对应的矩阵一并列出

$$\begin{cases} 2x_1 + 2x_2 - x_3 = 6, \\ x_1 - 2x_2 + 4x_3 = 3, \\ 5x_1 + 7x_2 + x_3 = 28, \end{cases} ① \leftrightarrow \left[\begin{array}{ccc:c} 2 & 2 & -1 & 6 \\ 1 & -2 & 4 & 3 \\ 5 & 7 & 1 & 28 \end{array}\right] ①$$

$$\rightarrow \begin{cases} 2x_1 + 2x_1 - x_3 = 6, \\ -3x_2 + \dfrac{9}{2}x_3 = 0, \\ 2x_2 + \dfrac{7}{2}x_3 = 13, \end{cases} ② \leftrightarrow \left[\begin{array}{ccc:c} 2 & 2 & -1 & 6 \\ 0 & -3 & \dfrac{9}{2} & 0 \\ 0 & 2 & \dfrac{7}{2} & 13 \end{array}\right] ②$$

$$\rightarrow \begin{cases} 2x_1 + 2x_2 - x_3 = 6, \\ -3x_2 + \dfrac{9}{2}x_3 = 0, \\ \dfrac{13}{2}x_3 = 13, \end{cases} ③ \leftrightarrow \left[\begin{array}{ccc:c} 2 & 2 & -1 & 6 \\ 0 & -3 & \dfrac{9}{2} & 0 \\ 0 & 0 & \dfrac{13}{2} & 13 \end{array}\right] ③$$

$$\rightarrow \begin{cases} 2x_1 + 2x_2 - x_3 = 6, \\ -3x_2 + \dfrac{9}{2}x_3 = 0, \\ x_3 = 2, \end{cases} ④ \leftrightarrow \left[\begin{array}{ccc:c} 2 & 2 & -1 & 6 \\ 0 & -3 & \dfrac{9}{2} & 0 \\ 0 & 0 & 1 & 2 \end{array}\right] ④$$

$$\rightarrow \begin{cases} x_1 + x_2 - \dfrac{1}{2}x_3 = 3, \\ x_2 - \dfrac{3}{2}x_3 = 0, \\ x_3 = 2, \end{cases} ⑤ \leftrightarrow \left[\begin{array}{ccc:c} 1 & 1 & -\dfrac{1}{2} & 3 \\ 0 & 1 & -\dfrac{3}{2} & 0 \\ 0 & 0 & 1 & 2 \end{array}\right] ⑤$$

$$\rightarrow \begin{cases} x_1 = 1, \\ x_2 = 3, \\ x_3 = 2, \end{cases} ⑥ \leftrightarrow \left[\begin{array}{ccc:c} 1 & 0 & 0 & 1 \\ 0 & 1 & 0 & 3 \\ 0 & 0 & 1 & 2 \end{array}\right] ⑥$$

因此

$$\begin{cases} x_1 = 1, \\ x_2 = 3, \\ x_3 = 2. \end{cases}$$

通常①～⑥消元过程所用的消元法就是**高斯消元法**.

从上面可以看出, 用高斯消元法求解线性方程组的具体过程就是对方程组反复实施以下三种变换:

(1) 交换某两个方程的位置;

(2) 用一个非零数乘某个方程;

(3) 将一个方程的适当倍数加到另一个方程上去.

以上这三种变换称为**线性方程组的初等行变换**. 由于这三种变换都是可逆的, 因而变换前的方程组和变换后的方程组是同解方程组. 而在上述变换过程中, 实际上只对方程组的系数和常数项进行运算, 未知数并未参与运算, 因此求原方程组的同解方程组的过程实际上可完全简化成各个方程组对应的这些矩阵之间的变换, 我们把矩阵之间的这些变换称为矩阵的初等变换.

2.2.2 矩阵的初等变换

在例 2.2.1 解线性方程组的过程中, 线性方程组各个方程的系数和常数项能确定这个线性方程组的解, 因此解线性方程组时, 可将方程组的系数和常数项用矩阵表示, 整个消元的过程可在矩阵上进行. 把求原方程组的同解方程组的变换过程移植到矩阵上, 就得到矩阵的三种初等变换.

定义 2.10 下面三种变换称为矩阵的初等行 (列) 变换:

(1) 交换矩阵 $\boldsymbol{A}$ 的某两行 (列) 的位置, 如交换 i, j 两行 (列) 的初等行 (列) 变换记作 $r_i \leftrightarrow r_j (c_i \leftrightarrow c_j)$;

(2) 用非零常数乘矩阵 $\boldsymbol{A}$ 的某一行 (列), 如以 $k \neq 0$ 乘矩阵的第 i 行 (列) 的初等行 (列) 变换记作 $kr_i (kc_i)$;

(3) 将矩阵 $\boldsymbol{A}$ 的某一行 (列) 的适当倍数加到另一行 (列) 上去. 例如, 矩阵 $\boldsymbol{A}$ 的第 j 行 (列) 乘以常数 k, 再加到第 i 行 (列) 的初等行 (列) 变换记作 $r_i + kr_j (c_i + kc_j)$.

矩阵的初等行变换与初等列变换统称为矩阵的**初等变换**.

定义 2.11 如果矩阵 $\boldsymbol{A}$ 经过有限次初等变换变成矩阵 $\boldsymbol{B}$, 就称矩阵 $\boldsymbol{B}$ 与矩阵 $\boldsymbol{A}$ 等价, 记作 $\boldsymbol{A} \sim \boldsymbol{B}$, 特别地, 若使用的是行 (列) 初等变换, 则称 $\boldsymbol{A}$ 与 $\boldsymbol{B}$ 行 (列) 等价. 不难证明, 矩阵的等价关系具有以下性质:

(1) **反身性** $\boldsymbol{A} \sim \boldsymbol{A}$;

(2) **对称性** 若 $\boldsymbol{A} \sim \boldsymbol{B}$, 则 $\boldsymbol{B} \sim \boldsymbol{A}$;

(3) **传递性** 若 $\boldsymbol{A} \sim \boldsymbol{B}$, $\boldsymbol{B} \sim \boldsymbol{C}$, 则 $\boldsymbol{A} \sim \boldsymbol{C}$.

例 2.2.2 设矩阵 $\boldsymbol{A} = \begin{bmatrix} 1 & 2 & -1 & 4 \\ 2 & 4 & 3 & 3 \\ -1 & -2 & 6 & -9 \end{bmatrix}$, 对 $\boldsymbol{A}$ 作如下的初等行变换:

$$\boldsymbol{A} \xrightarrow[r_3+r_1]{r_2-2r_1} \begin{bmatrix} 1 & 2 & -1 & 4 \\ 0 & 0 & 5 & -5 \\ 0 & 0 & 5 & -5 \end{bmatrix} \xrightarrow{r_3-r_2} \begin{bmatrix} 1 & 2 & -1 & 4 \\ 0 & 0 & 5 & -5 \\ 0 & 0 & 0 & 0 \end{bmatrix} = \boldsymbol{B},$$

则矩阵 $\boldsymbol{A}$ 经过三次初等行变换变成了矩阵 $\boldsymbol{B}$, 因此 $\boldsymbol{A} \sim \boldsymbol{B}$.

定义 2.12 满足下列条件的矩阵称为**行阶梯形矩阵**:

(1) 零行 (元素全为零的行) 位于矩阵的下方;

(2) 各非零行 (元素不全为零的行) 的首非零元 (从左至右第一个不为零的元素) 的列标随着行标的增大而严格增大 (或说其列标一定不小于行标).

例 2.2.2 中的矩阵 $\boldsymbol{B}$ 即为行阶梯形矩阵.

行阶梯形矩阵的特点是：矩阵中可画出一条阶梯线, 线的下方元素全为 0; 每个台阶跨度只有一行, 阶梯线的竖线后面的第一个元素为该行的首非零元; 台阶数为矩阵非零行的行数.

下列矩阵均为行阶梯形矩阵:

$$\begin{bmatrix} 1 & 0 & -1 \\ 0 & 5 & 2 \\ 0 & 0 & 8 \end{bmatrix}, \quad \begin{bmatrix} 0 & 1 & -3 & -1 \\ 0 & 0 & 0 & 7 \\ 0 & 0 & 0 & 0 \end{bmatrix}, \quad \begin{bmatrix} 2 & 1 & 0 & 2 \\ 0 & -1 & 1 & 1 \\ 0 & 0 & 3 & 5 \end{bmatrix}.$$

定义 2.13 满足下列条件的行阶梯形矩阵为**行最简形矩阵** (也称为最简行阶梯形矩阵):

(1) 各非零行的首非零元都是 1;

(2) 每个首非零元所在列的其余元素都是零.

对例 2.2.2 中的行阶梯形矩阵 $\boldsymbol{B}$ 再作如下初等行变换：

$$\boldsymbol{B} = \begin{bmatrix} 1 & 2 & -1 & 4 \\ 0 & 0 & 5 & -5 \\ 0 & 0 & 0 & 0 \end{bmatrix} \xrightarrow{r_2 \times \frac{1}{5}} \begin{bmatrix} 1 & 2 & -1 & 4 \\ 0 & 0 & 1 & -1 \\ 0 & 0 & 0 & 0 \end{bmatrix} \xrightarrow{r_1+r_2} \begin{bmatrix} 1 & 2 & 0 & 3 \\ 0 & 0 & 1 & -1 \\ 0 & 0 & 0 & 0 \end{bmatrix} = \boldsymbol{C}.$$

矩阵 $\boldsymbol{C}$ 为**行最简形矩阵**.

下列矩阵均为行最简形矩阵:

$$\begin{bmatrix} 1 & 0 & -1 \\ 0 & 1 & 2 \\ 0 & 0 & 0 \end{bmatrix}, \quad \begin{bmatrix} 1 & 0 & 0 & -1 \\ 0 & 1 & 0 & 7 \\ 0 & 0 & 1 & 2 \end{bmatrix}, \quad \begin{bmatrix} 1 & 0 & 0 & 0 \\ 0 & 1 & 0 & 0 \\ 0 & 0 & 1 & 0 \\ 0 & 0 & 0 & 0 \end{bmatrix}.$$

显然, 对于任何矩阵 $\boldsymbol{A}$, 总可以经过有限次初等行变换化为行阶梯形矩阵, 并进而化为行最简形矩阵. 以后还会知道, 所得到的行最简形矩阵是唯一的.

例 2.2.3 解下列方程组:

$$(1)\begin{cases} x_1+2x_2+x_3=4, \\ 2x_1+2x_2-3x_3=9, \\ 3x_1+9x_2+2x_3=19; \end{cases} \quad (2)\begin{cases} x_1+x_2-x_3=4, \\ -x_1-x_2+x_3=1, \\ x_1-x_2+2x_3=-4. \end{cases}$$

解 (1) 对增广矩阵 $\overline{\boldsymbol{A}}$ 进行初等行变换, 得

$$\overline{\boldsymbol{A}}=\begin{bmatrix} 1 & 2 & 1 & 4 \\ 2 & 2 & -3 & 9 \\ 3 & 9 & 2 & 19 \end{bmatrix} \xrightarrow[r_3-3r_1]{r_2-2r_1} \begin{bmatrix} 1 & 2 & 1 & 4 \\ 0 & -2 & -5 & 1 \\ 0 & 3 & -1 & 7 \end{bmatrix}$$

$$\xrightarrow[r_3+\frac{3}{2}r_2]{r_1+r_2} \begin{bmatrix} 1 & 0 & -4 & 5 \\ 0 & -2 & -5 & 1 \\ 0 & 0 & -\dfrac{17}{2} & \dfrac{17}{2} \end{bmatrix}$$

$$\xrightarrow[\left(-\frac{1}{2}\right)\times r_2]{\left(-\frac{2}{17}\right)\times r_3} \begin{bmatrix} 1 & 0 & -4 & 5 \\ 0 & 1 & \dfrac{5}{2} & -\dfrac{1}{2} \\ 0 & 0 & 1 & -1 \end{bmatrix} \xrightarrow[r_1+4r_3]{r_2-\frac{5}{2}r_3} \begin{bmatrix} 1 & 0 & 0 & 1 \\ 0 & 1 & 0 & 2 \\ 0 & 0 & 1 & -1 \end{bmatrix}.$$

方程组有唯一解: $x_1=1, x_2=2, x_3=-1$.

(2) 对增广矩阵 $\overline{\boldsymbol{A}}$ 进行初等行变换, 得

$$\overline{\boldsymbol{A}}=\begin{bmatrix} 1 & 1 & -1 & 4 \\ -1 & -1 & 1 & 1 \\ 1 & -1 & 2 & -4 \end{bmatrix} \xrightarrow[r_3-r_1]{r_2+r_1} \begin{bmatrix} 1 & 1 & -1 & 4 \\ 0 & 0 & 0 & 5 \\ 0 & -2 & 3 & -8 \end{bmatrix}$$

$$\xrightarrow{r_2\leftrightarrow r_3} \begin{bmatrix} 1 & 1 & -1 & 4 \\ 0 & -2 & 3 & -8 \\ 0 & 0 & 0 & 5 \end{bmatrix}.$$

可见, 最后一个方程为矛盾方程, 所以方程组无解.

从上面的例子可以看出, 对于一般方程组 $\boldsymbol{AX}=\boldsymbol{b}$, 通过消元步骤, 即对增广矩阵作三种初等行变换, 可将其化为行最简形矩阵.

2.2.3 初等矩阵

定义 2.14 将单位矩阵 $\boldsymbol{E}$ 作一次初等变换得到的矩阵称为**初等矩阵**.

三种初等变换分别对应着三种初等矩阵.

(1) 交换 $\boldsymbol{E}$ 的 i,j 两行或是 i,j 两列得到的初等矩阵记作 $\boldsymbol{E}_{ij}$:

$$
\boldsymbol{E}_{ij}=\begin{bmatrix}
1 &&&&&&&&& \\
& \ddots &&&&&&&& \\
&& 1 &&&&&&& \\
&&& 0 & \cdots & \cdots & \cdots & 1 &&& \\
&&& \vdots & 1 &&& \vdots &&& \\
&&& \vdots && \ddots && \vdots &&& \\
&&& \vdots &&& 1 & \vdots &&& \\
&&& 1 & \cdots & \cdots & \cdots & 0 &&& \\
&&&&&&&& 1 && \\
&&&&&&&&& \ddots & \\
&&&&&&&&&& 1
\end{bmatrix}
\begin{matrix} \\ \\ \\ \text{第 } i \text{ 行} \\ \\ \\ \\ \text{第 } j \text{ 行} \\ \\ \\ \\ \end{matrix}.
$$

第 i 列　　　　第 j 列

(2) 用一个非零数 k 乘以 $\boldsymbol{E}$ 的第 i 行或第 j 列, 得到的初等矩阵记作 $\boldsymbol{E}_i(c)$:

$$
\boldsymbol{E}_i(c)=\begin{bmatrix}
1 &&&&&& \\
& \ddots &&&&& \\
&& 1 &&&& \\
&&& c &&& \\
&&&& 1 && \\
&&&&& \ddots & \\
&&&&&& 1
\end{bmatrix}
\begin{matrix} \\ \\ \\ \text{第 } i \text{ 行}. \\ \\ \\ \\ \end{matrix}
$$

第 j 列

(3) 将 $\boldsymbol{E}$ 的第 j 行的 k 倍加到第 i 行上去, 或将 $\boldsymbol{E}$ 的第 i 列的 k 倍加到第 j 列上去, 得到的初等矩阵记作 $\boldsymbol{E}_{ij}(c)$:

$$\boldsymbol{E}_{ij}(c)=\begin{bmatrix}1 & & & & & & \\ & \ddots & & & & & \\ & & 1 & \cdots & c & & \\ & & & \ddots & \vdots & & \\ & & & & 1 & & \\ & & & & & \ddots & \\ & & & & & & 1\end{bmatrix}\begin{matrix} \\ \\ 第\ i\ 行 \\ \\ 第\ j\ 行 \\ \\ \\ \end{matrix}.$$

$$\qquad\qquad 第\ i\ 列 \qquad\qquad 第\ j\ 列$$

设矩阵 $\boldsymbol{A}_{3\times 4}$ 和三阶初等矩阵 $\boldsymbol{E}_{23}$, 四阶初等矩阵 $\boldsymbol{E}'_{23}$ 如下:

$$\boldsymbol{A}_{3\times 4}=\begin{bmatrix}a_{11} & a_{12} & a_{13} & a_{14}\\ a_{21} & a_{22} & a_{23} & a_{24}\\ a_{31} & a_{32} & a_{33} & a_{34}\end{bmatrix},\quad \boldsymbol{E}_{23}=\begin{bmatrix}1 & 0 & 0\\ 0 & 0 & 1\\ 0 & 1 & 0\end{bmatrix},\quad \boldsymbol{E}'_{23}=\begin{bmatrix}1 & 0 & 0 & 0\\ 0 & 0 & 1 & 0\\ 0 & 1 & 0 & 0\\ 0 & 0 & 0 & 1\end{bmatrix}.$$

根据矩阵的乘法, 有如下的结果:

$$\boldsymbol{E}_{23}\boldsymbol{A}_{3\times 4}=\begin{bmatrix}1 & 0 & 0\\ 0 & 0 & 1\\ 0 & 1 & 0\end{bmatrix}\begin{bmatrix}a_{11} & a_{12} & a_{13} & a_{14}\\ a_{21} & a_{22} & a_{23} & a_{24}\\ a_{31} & a_{32} & a_{33} & a_{34}\end{bmatrix}=\begin{bmatrix}a_{11} & a_{12} & a_{13} & a_{14}\\ a_{31} & a_{32} & a_{33} & a_{34}\\ a_{21} & a_{22} & a_{23} & a_{24}\end{bmatrix},$$

$$\boldsymbol{A}_{3\times 4}\boldsymbol{E}'_{23}=\begin{bmatrix}a_{11} & a_{12} & a_{13} & a_{14}\\ a_{21} & a_{22} & a_{23} & a_{24}\\ a_{31} & a_{32} & a_{33} & a_{34}\end{bmatrix}\begin{bmatrix}1 & 0 & 0 & 0\\ 0 & 0 & 1 & 0\\ 0 & 1 & 0 & 0\\ 0 & 0 & 0 & 1\end{bmatrix}=\begin{bmatrix}a_{11} & a_{13} & a_{12} & a_{14}\\ a_{21} & a_{23} & a_{22} & a_{24}\\ a_{31} & a_{33} & a_{32} & a_{34}\end{bmatrix}.$$

初等矩阵 $\boldsymbol{E}_{23}$ 是由单位矩阵交换第 2, 3 两行 (列) 得到的. 由以上结果知, 在可乘的条件下, 如果在矩阵 $\boldsymbol{A}_{3\times 4}$ 的左边乘以 $\boldsymbol{E}_{23}$, 其结果相当于对矩阵 $\boldsymbol{A}_{3\times 4}$ 交换了第 2, 3 两行; 如果在矩阵 $\boldsymbol{A}_{3\times 4}$ 的右边乘以 $\boldsymbol{E}'_{23}$, 其结果相当于对矩阵 $\boldsymbol{A}_{3\times 4}$ 交换了第 2, 3 两列. 事实上, 对于另外两种初等矩阵也有类似的结论. 因此, 对矩阵施行初等行 (列) 变换, 其结果与初等矩阵之间有如下关系.

定理 2.1　设矩阵 $\boldsymbol{A}=(a_{ij})_{m\times n}$, 对 $\boldsymbol{A}$ 施以一次初等行变换相当于在 $\boldsymbol{A}$ 的左侧乘上相应的初等矩阵; 对 $\boldsymbol{A}$ 施以一次初等列变换相当于在 $\boldsymbol{A}$ 的右侧乘上相应的初等矩阵.

2.3　逆　矩　阵

2.3.1　逆矩阵的概念及性质

2.1 节中给出了矩阵的加法、减法和乘法运算, 自然地, 我们也要考虑矩阵的 “除法” 运算.

在数的运算中, 当数 $a\neq 0$ 时, 总存在唯一的数 b, 使得 $ab=ba=1$, 称数 b 为数 a 的倒数. 由于单位矩阵在矩阵乘法中的作用类似于数 1 在数的乘法中的作用, 因此在矩阵中不禁会思考, 对于矩阵 $\boldsymbol{A}$, 是否存在唯一的矩阵 $\boldsymbol{B}$, 使得 $\boldsymbol{AB}=\boldsymbol{BA}=\boldsymbol{E}$. 为此引入逆矩阵的概念.

定义 2.15　对于 n 阶方阵 $\boldsymbol{A}$, 如果有一个 n 阶方阵 $\boldsymbol{B}$, 使 $\boldsymbol{AB}=\boldsymbol{BA}=\boldsymbol{E}$, 则称方阵 $\boldsymbol{A}$ 是**可逆**的, 并把矩阵 $\boldsymbol{B}$ 称为 $\boldsymbol{A}$ 的**逆矩阵**, 简称 $\boldsymbol{A}$ 的逆.

定理 2.2　若方阵 $\boldsymbol{A}$ 是可逆的, 则 $\boldsymbol{A}$ 的逆矩阵是唯一的.

事实上, 设 $\boldsymbol{B},\boldsymbol{C}$ 都是 $\boldsymbol{A}$ 的逆矩阵, 则有

$$\boldsymbol{AB}=\boldsymbol{BA}=\boldsymbol{E},\quad \boldsymbol{AC}=\boldsymbol{CA}=\boldsymbol{E},$$

$$\boldsymbol{B}=\boldsymbol{EB}=(\boldsymbol{CA})\boldsymbol{B}=\boldsymbol{C}(\boldsymbol{AB})=\boldsymbol{CE}=\boldsymbol{C},$$

所以 $\boldsymbol{A}$ 的逆矩阵是唯一的, 记为 $\boldsymbol{A}^{-1}$.

后面将证明: 如果 $\boldsymbol{A},\boldsymbol{B}$ 为 n 阶方阵, 且 $\boldsymbol{AB}=\boldsymbol{E}$ (或 $\boldsymbol{BA}=\boldsymbol{E}$), 则 $\boldsymbol{B}=\boldsymbol{A}^{-1}$, 于是检验矩阵是否可逆时, 就不需要按照定义去验证 $\boldsymbol{AB}=\boldsymbol{BA}=\boldsymbol{E}$, 只需要验证 $\boldsymbol{AB}=\boldsymbol{E}$ (或 $\boldsymbol{BA}=\boldsymbol{E}$).

例 2.3.1　设方阵 $\boldsymbol{A}$ 满足 $\boldsymbol{A}^2-\boldsymbol{A}-2\boldsymbol{E}=\boldsymbol{O}$, 证明 $\boldsymbol{A}$ 可逆, 并求其逆矩阵.

证　由 $\boldsymbol{A}^2-\boldsymbol{A}-2\boldsymbol{E}=\boldsymbol{O}$ 得 $\boldsymbol{A}^2-\boldsymbol{A}=2\boldsymbol{E}$, 即 $\boldsymbol{A}(\boldsymbol{A}-\boldsymbol{E})=2\boldsymbol{E}$, 因此

$$\boldsymbol{A}\left(\frac{1}{2}(\boldsymbol{A}-\boldsymbol{E})\right)=\boldsymbol{E}.$$

故由逆矩阵的定义知 $\boldsymbol{A}$ 可逆, 且 $\boldsymbol{A}^{-1}=\dfrac{1}{2}(\boldsymbol{A}-\boldsymbol{E})$.

例 2.3.2　设矩阵 $\boldsymbol{A}=\begin{bmatrix} 2 & 1\\ -1 & 0\end{bmatrix}$, 求 $\boldsymbol{A}$ 的逆矩阵.

解 设 $\boldsymbol{A}$ 的逆矩阵 $\boldsymbol{B}=\begin{bmatrix} a & b \\ c & d \end{bmatrix}$, 则 $\boldsymbol{AB}=\boldsymbol{E}$. 于是

$$\boldsymbol{AB}=\begin{bmatrix} 2 & 1 \\ -1 & 0 \end{bmatrix}\begin{bmatrix} a & b \\ c & d \end{bmatrix}=\begin{bmatrix} 2a+c & 2b+d \\ -a & -b \end{bmatrix}=\begin{bmatrix} 1 & 0 \\ 0 & 1 \end{bmatrix},$$

根据相等矩阵的定义知

$$\begin{cases} 2a+c=1, \\ 2b+d=0, \\ -a=0, \\ -b=1, \end{cases}$$

即 $a=0, b=-1, c=1, d=2$. 故 $\boldsymbol{A}^{-1}=\boldsymbol{B}=\begin{bmatrix} 0 & -1 \\ 1 & 2 \end{bmatrix}$.

此法为矩阵求逆的**待定系数法**.

由逆矩阵的定义不难验证, 初等矩阵都是可逆矩阵, 且其逆矩阵是同类型的初等矩阵. 对于 n 阶对角矩阵 $\boldsymbol{A}=\mathrm{diag}(a_1, a_2, \cdots, a_n)$, 若 $a_i \neq 0\ (i=1,2,\cdots,n)$, 则 $\boldsymbol{A}$ 可逆, 且 $\boldsymbol{A}^{-1}=\mathrm{diag}\left(\dfrac{1}{a_1}, \dfrac{1}{a_2}, \cdots, \dfrac{1}{a_n}\right)$. 此外, 可逆矩阵还有如下几个重要性质.

性质 2.1 若 $\boldsymbol{A}$ 可逆, 则 $\boldsymbol{A}^{-1}$ 也可逆, 且 $(\boldsymbol{A}^{-1})^{-1}=\boldsymbol{A}$.

性质 2.2 若 $\boldsymbol{A}$ 可逆, 数 $\lambda \neq 0$, 则 $\lambda\boldsymbol{A}$ 可逆, 且 $(\lambda\boldsymbol{A})^{-1}=\dfrac{1}{\lambda}\boldsymbol{A}^{-1}$.

性质 2.3 若 $\boldsymbol{A}, \boldsymbol{B}$ 均为可逆矩阵, 则 $\boldsymbol{AB}$ 也可逆, 且

$$(\boldsymbol{AB})^{-1}=\boldsymbol{B}^{-1}\boldsymbol{A}^{-1}.$$

证 由于 $(\boldsymbol{AB})(\boldsymbol{B}^{-1}\boldsymbol{A}^{-1})=\boldsymbol{A}(\boldsymbol{BB}^{-1})\boldsymbol{A}^{-1}=\boldsymbol{AEA}^{-1}=\boldsymbol{AA}^{-1}=\boldsymbol{E}$, 即有 $(\boldsymbol{AB})^{-1}=\boldsymbol{B}^{-1}\boldsymbol{A}^{-1}$.

这一结果可以推广为: 若 n 阶矩阵 $\boldsymbol{A}_1, \boldsymbol{A}_2, \cdots, \boldsymbol{A}_s$ 都可逆, 则它们的乘积 $\boldsymbol{A}_1\boldsymbol{A}_2\cdots\boldsymbol{A}_s$ 也可逆, 且

$$(\boldsymbol{A}_1\boldsymbol{A}_2\cdots\boldsymbol{A}_s)^{-1}=\boldsymbol{A}_s^{-1}\cdots\boldsymbol{A}_2^{-1}\boldsymbol{A}_1^{-1}.$$

性质 2.4 若 $\boldsymbol{A}$ 可逆, 则 $\boldsymbol{A}^{\mathrm{T}}$ 也可逆, 且 $(\boldsymbol{A}^{\mathrm{T}})^{-1}=(\boldsymbol{A}^{-1})^{\mathrm{T}}$.

证 由于 $\boldsymbol{A}^{\mathrm{T}}(\boldsymbol{A}^{-1})^{\mathrm{T}}=(\boldsymbol{A}^{-1}\boldsymbol{A})^{\mathrm{T}}=\boldsymbol{E}^{\mathrm{T}}=\boldsymbol{E}$, 因此

$$(\boldsymbol{A}^{\mathrm{T}})^{-1}=(\boldsymbol{A}^{-1})^{\mathrm{T}}.$$

2.3.2　初等变换求逆矩阵

例 2.3.2 给出了一种求逆矩阵的方法——待定系数法, 但对于高阶矩阵, 此种方法计算量太大, 下面介绍一种较为简单的方法——初等变换法.

定理 2.3　一个 $m\times n$ 矩阵 $\boldsymbol{A}$ 总可以表示为

$$\boldsymbol{A}=\boldsymbol{E}_1\boldsymbol{E}_2\cdots\boldsymbol{E}_s\boldsymbol{R}$$

的形式, 其中 $\boldsymbol{E}_1,\boldsymbol{E}_2,\cdots,\boldsymbol{E}_s$ 为 m 阶初等矩阵, $\boldsymbol{R}$ 为 $m\times n$ 的行最简形矩阵.

定理 2.4　一个 n 阶矩阵可逆的充分必要条件是存在有限个初等矩阵 $\boldsymbol{E}_1,\boldsymbol{E}_2,\cdots,\boldsymbol{E}_s$ 使 $\boldsymbol{A}=\boldsymbol{E}_1\boldsymbol{E}_2\cdots\boldsymbol{E}_s$.

从上述定理可以得到, 若 $\boldsymbol{A}$ 可逆, 则 $\boldsymbol{A}$ 与 $\boldsymbol{E}$ 行等价, 因此, 如果用一系列初等行变换将 $\boldsymbol{A}$ 化为 $\boldsymbol{E}$, 则用同样的初等行变换就将 $\boldsymbol{E}$ 变换为 $\boldsymbol{A}^{-1}$, 于是得到一个计算 $\boldsymbol{A}^{-1}$ 的有效方法: 若对 $(\boldsymbol{A},\boldsymbol{E})$ 施以初等行变换将 $\boldsymbol{A}$ 变为 $\boldsymbol{E}$, 则 $\boldsymbol{E}$ 就变为 $\boldsymbol{A}^{-1}$,

$$(\boldsymbol{A},\boldsymbol{E})\xrightarrow{\text{初等行变换}}(\boldsymbol{E},\boldsymbol{A}^{-1}).$$

例 2.3.3　设矩阵 $\boldsymbol{A}=\begin{bmatrix}0&2&-1\\1&1&2\\-1&-1&-1\end{bmatrix}$, 求 $\boldsymbol{A}$ 的逆矩阵.

解

$$(\boldsymbol{A},\boldsymbol{E})=\left[\begin{array}{ccc:ccc}0&2&-1&1&0&0\\1&1&2&0&1&0\\-1&-1&-1&0&0&1\end{array}\right]\xrightarrow{r_1\leftrightarrow r_2}\left[\begin{array}{ccc:ccc}1&1&2&0&1&0\\0&2&-1&1&0&0\\-1&-1&-1&0&0&1\end{array}\right]$$

$$\xrightarrow{r_3+r_1}\left[\begin{array}{ccc:ccc}1&1&2&0&1&0\\0&2&-1&1&0&0\\0&0&1&0&1&1\end{array}\right]\xrightarrow{r_2+r_3}\left[\begin{array}{ccc:ccc}1&1&2&0&1&0\\0&2&0&1&1&1\\0&0&1&0&1&1\end{array}\right]$$

$$\xrightarrow{r_1+(-2)\times r_3}\left[\begin{array}{ccc:ccc}1&1&0&0&-1&-2\\0&2&0&1&1&1\\0&0&1&0&1&1\end{array}\right]\xrightarrow{r_2\times\frac{1}{2}}\left[\begin{array}{ccc:ccc}1&1&0&0&-1&-2\\0&1&0&\frac{1}{2}&\frac{1}{2}&\frac{1}{2}\\0&0&1&0&1&1\end{array}\right]$$

$$\xrightarrow{r_1+(-1)\times r_2}\left[\begin{array}{ccc:ccc}1&0&0&-\frac{1}{2}&-\frac{3}{2}&-\frac{5}{2}\\0&1&0&\frac{1}{2}&\frac{1}{2}&\frac{1}{2}\\0&0&1&0&1&1\end{array}\right]$$

故 $A^{-1}=\begin{bmatrix}-\frac{1}{2} & -\frac{3}{2} & -\frac{5}{2}\\ \frac{1}{2} & \frac{1}{2} & \frac{1}{2}\\ 0 & 1 & 1\end{bmatrix}$.

例 2.3.4 设矩阵 $A=\begin{bmatrix}2 & 1 & -4\\ -4 & -1 & 6\\ -2 & 2 & -2\end{bmatrix}$, 求 A 的逆矩阵.

解

$$
\begin{aligned}
(A,E)&=\left[\begin{array}{ccc:ccc}2 & 1 & -4 & 1 & 0 & 0\\ -4 & -1 & 6 & 0 & 1 & 0\\ -2 & 2 & -2 & 0 & 0 & 1\end{array}\right]\\
&\xrightarrow[r_3+r_1]{r_2+2r_1}\left[\begin{array}{ccc:ccc}2 & 1 & -4 & 1 & 0 & 0\\ 0 & 1 & -2 & 2 & 1 & 0\\ 0 & 3 & -6 & 1 & 0 & 1\end{array}\right]\\
&\xrightarrow{r_3-3r_2}\left[\begin{array}{ccc:ccc}2 & 1 & -4 & 1 & 0 & 0\\ 0 & 1 & -2 & 2 & 1 & 0\\ 0 & 0 & 0 & -5 & -3 & 1\end{array}\right].
\end{aligned}
$$

注意到左边的部分最后一行元素全为 0, 即矩阵 A 不可能经过初等行变换化为单位矩阵, 因此矩阵 A 不可逆.

以上介绍的方法是用初等行变换求逆矩阵, 事实上, 初等列变换也可以求逆矩阵. 如果用一系列初等列变换将矩阵 A 化为 E, 则用同样的初等列变换就将 E 化为 A^{-1}, 即

$$\begin{pmatrix}A\\ E\end{pmatrix}\xrightarrow{\text{初等列变换}}\begin{pmatrix}E\\ A^{-1}\end{pmatrix}.$$

但需要注意的是, 在用初等变换法求逆矩阵的过程中, 如果选定初等行变换, 必须始终作初等行变换, 其间不能作任何列变换; 如果选定初等列变换, 必须始终作初等列变换, 其间不能作任何行变换.

2.3.3 矩阵方程

设矩阵 A 可逆, 则求解矩阵方程 $AX=B$, 即是求 $X=A^{-1}B$. 为此, 可采用类似于初等变换法求逆矩阵的方法, 构造矩阵 (A,B), 对其施以初等行变换将

矩阵 $\boldsymbol{A}$ 化为单位矩阵 $\boldsymbol{E}$, 则用同样的初等行变换就将矩阵 $\boldsymbol{B}$ 化为 $\boldsymbol{A}^{-1}\boldsymbol{B}$, 即

$$(\boldsymbol{A},\boldsymbol{B})\xrightarrow{\text{初等行变换}}\left(\boldsymbol{E},\boldsymbol{A}^{-1}\boldsymbol{B}\right).$$

于是, 给出了用初等行变换求解矩阵方程 $\boldsymbol{AX}=\boldsymbol{B}$ 的方法. 类似地, 求解矩阵方程 $\boldsymbol{XA}=\boldsymbol{B}$, 即求 $\boldsymbol{X}=\boldsymbol{BA}^{-1}$, 也可利用初等列变换求解, 即

$$\begin{pmatrix}\boldsymbol{A}\\ \boldsymbol{B}\end{pmatrix}\xrightarrow{\text{初等列变换}}\begin{pmatrix}\boldsymbol{E}\\ \boldsymbol{BA}^{-1}\end{pmatrix}.$$

例 2.3.5　求解矩阵方程 $\boldsymbol{AX}=\boldsymbol{B}$, 其中 $\boldsymbol{A}=\begin{bmatrix}1&2&3\\2&2&1\\3&4&3\end{bmatrix}$, $\boldsymbol{B}=\begin{bmatrix}2&5\\3&1\\4&3\end{bmatrix}$.

解　若 $\boldsymbol{A}$ 可逆, 则 $\boldsymbol{X}=\boldsymbol{A}^{-1}\boldsymbol{B}$.

$$(\boldsymbol{A},\boldsymbol{B})=\left[\begin{array}{ccc:cc}1&2&3&2&5\\2&2&1&3&1\\3&4&3&4&3\end{array}\right]\xrightarrow[r_3-3r_1]{r_2-2r_1}\left[\begin{array}{ccc:cc}1&2&3&2&5\\0&-2&-5&-1&-9\\0&-2&-6&-2&-12\end{array}\right]$$

$$\xrightarrow[r_3-r_2]{r_1+r_2}\left[\begin{array}{ccc:cc}1&0&-2&1&-4\\0&-2&-5&-1&-9\\0&0&-1&-1&-3\end{array}\right]\xrightarrow[r_2-5r_3]{r_1-2r_3}\left[\begin{array}{ccc:cc}1&0&0&3&2\\0&-2&0&4&6\\0&0&-1&-1&-3\end{array}\right]$$

$$\xrightarrow[r_3\times(-1)]{r_2\times\left(-\frac{1}{2}\right)}\left[\begin{array}{ccc:cc}1&0&0&3&2\\0&1&0&-2&-3\\0&0&1&1&3\end{array}\right].$$

故 $\boldsymbol{X}=\begin{bmatrix}3&2\\-2&-3\\1&3\end{bmatrix}$.

设矩阵 $\boldsymbol{A}$, $\boldsymbol{B}$ 均为可逆矩阵, 则求解矩阵方程 $\boldsymbol{AXB}=\boldsymbol{C}$, 只需在方程两边同时左乘 $\boldsymbol{A}^{-1}$, 右乘 $\boldsymbol{B}^{-1}$, 即得 $\boldsymbol{X}=\boldsymbol{A}^{-1}\boldsymbol{C}\boldsymbol{B}^{-1}$. 利用初等变换法求出逆矩阵, 结合矩阵的乘法运算, 即可求出未知矩阵 $\boldsymbol{X}$. 对于其他形式的矩阵方程, 可通过矩阵的相关性质转化为以上矩阵方程后进行求解.

2.4 分块矩阵

2.4.1 分块矩阵的概念

对于行数和列数较高的矩阵, 为了简化运算, 经常采用分块法, 使大矩阵的运算化成若干小矩阵间的运算, 同时也使原矩阵的结构显得简单而清晰, 具体的做法是: 将大矩阵用若干条纵线和横线分成多个小矩阵. 每个小矩阵称为 $\boldsymbol{A}$ 的子块, 以子块为元素的形式上的矩阵称为**分块矩阵**.

矩阵的分块有多种方式, 可根据具体需要而定, 如

$$\boldsymbol{A}=\left[\begin{array}{cc:cc} 4 & -5 & 7 & -1 \\ -1 & 2 & 6 & 3 \\ -3 & 1 & 8 & 4 \\ \hdashline 0 & 0 & 1 & 0 \\ 0 & 0 & 0 & 1 \end{array}\right]=\begin{bmatrix} \boldsymbol{A}_1 & \boldsymbol{A}_2 \\ \boldsymbol{O} & \boldsymbol{E}_2 \end{bmatrix},$$

其中

$$\boldsymbol{A}_1=\begin{bmatrix} 4 & -5 \\ -1 & 2 \\ -3 & 1 \end{bmatrix}, \quad \boldsymbol{A}_2=\begin{bmatrix} 7 & -1 \\ 6 & 3 \\ 8 & 4 \end{bmatrix},$$

$$\boldsymbol{O}=\begin{bmatrix} 0 & 0 \\ 0 & 0 \end{bmatrix}, \quad \boldsymbol{E}_2=\begin{bmatrix} 1 & 0 \\ 0 & 1 \end{bmatrix}.$$

2.4.2 分块矩阵的运算

分块矩阵的运算与普通矩阵的运算规则相似. 分块时要特别注意, 运算的两个矩阵按照块能运算, 并且参与运算的子块也能运算, 即内外都能运算.

设矩阵 $\boldsymbol{A}$ 与 $\boldsymbol{B}$ 的行数、列数相同, 采用相同的分块法, 若

$$\boldsymbol{A}=(\boldsymbol{A}_{pq})_{s\times l}=\begin{bmatrix} \boldsymbol{A}_{11} & \boldsymbol{A}_{12} & \cdots & \boldsymbol{A}_{1l} \\ \boldsymbol{A}_{21} & \boldsymbol{A}_{22} & \cdots & \boldsymbol{A}_{2l} \\ \vdots & \vdots & & \vdots \\ \boldsymbol{A}_{s1} & \boldsymbol{A}_{s2} & \cdots & \boldsymbol{A}_{sl} \end{bmatrix},$$

$$\boldsymbol{B}=(\boldsymbol{B}_{pq})_{s\times l}=\begin{bmatrix} \boldsymbol{B}_{11} & \boldsymbol{B}_{12} & \cdots & \boldsymbol{B}_{1l} \\ \boldsymbol{B}_{21} & \boldsymbol{B}_{22} & \cdots & \boldsymbol{B}_{2l} \\ \vdots & \vdots & & \vdots \\ \boldsymbol{B}_{s1} & \boldsymbol{B}_{s2} & \cdots & \boldsymbol{B}_{sl} \end{bmatrix},$$

其中对应子块 $\boldsymbol{A}_{pq}$ 与 $\boldsymbol{B}_{pq}$ 也是同型矩阵, 则

$$\begin{aligned}\boldsymbol{A}+\boldsymbol{B}&=\boldsymbol{A}_{pq}+\boldsymbol{B}_{pq}=\boldsymbol{A}_{pq}+\boldsymbol{B}_{pq}\\&=\begin{bmatrix}\boldsymbol{A}_{11}+\boldsymbol{B}_{11} & \boldsymbol{A}_{12}+\boldsymbol{B}_{12} & \cdots & \boldsymbol{A}_{1l}+\boldsymbol{B}_{1l}\\ \boldsymbol{A}_{21}+\boldsymbol{B}_{21} & \boldsymbol{A}_{22}+\boldsymbol{B}_{22} & \cdots & \boldsymbol{A}_{2l}+\boldsymbol{B}_{2l}\\ \vdots & \vdots & & \vdots\\ \boldsymbol{A}_{s1}+\boldsymbol{B}_{s1} & \boldsymbol{A}_{s2}+\boldsymbol{B}_{s2} & \cdots & \boldsymbol{A}_{sl}+\boldsymbol{B}_{sl}\end{bmatrix},\end{aligned}$$

即可以把子块看成“数”, 也就是说以子块为元素进行通常的矩阵加法运算.

注　同型矩阵可以进行分块加法运算的条件是: 两个矩阵分块方法必须一致.

设 $\boldsymbol{A}=\begin{bmatrix}\boldsymbol{A}_{11} & \cdots & \boldsymbol{A}_{1t}\\ \vdots & & \vdots\\ \boldsymbol{A}_{s1} & \cdots & \boldsymbol{A}_{st}\end{bmatrix}$, k 为实数, 则 $k\boldsymbol{A}=\begin{bmatrix}k\boldsymbol{A}_{11} & \cdots & k\boldsymbol{A}_{1l}\\ \vdots & & \vdots\\ k\boldsymbol{A}_{s1} & \cdots & k\boldsymbol{A}_{st}\end{bmatrix}$.

设 $\boldsymbol{A}$ 为 $m\times l$ 矩阵, $\boldsymbol{B}$ 为 $l\times n$ 矩阵, 分块成

$$\boldsymbol{A}=\begin{bmatrix}\boldsymbol{A}_{11} & \cdots & \boldsymbol{A}_{1l}\\ \vdots & & \vdots\\ \boldsymbol{A}_{s1} & \cdots & \boldsymbol{A}_{st}\end{bmatrix},\quad \boldsymbol{B}=\begin{bmatrix}\boldsymbol{B}_{11} & \cdots & \boldsymbol{B}_{1r}\\ \vdots & & \vdots\\ \boldsymbol{B}_{t1} & \cdots & \boldsymbol{b}_{tr}\end{bmatrix},$$

其中 $\boldsymbol{A}_{p1},\boldsymbol{A}_{p2},\cdots,\boldsymbol{A}_{pt}$ 的列数分别等于 $\boldsymbol{B}_{1q},\boldsymbol{B}_{2q},\cdots,\boldsymbol{B}_{tq}$ 的行数, 则

$$\boldsymbol{AB}=\begin{bmatrix}\boldsymbol{C}_{11} & \cdots & \boldsymbol{C}_{1r}\\ \vdots & & \vdots\\ \boldsymbol{C}_{s1} & \cdots & \boldsymbol{C}_{sr}\end{bmatrix},$$

其中

$$\boldsymbol{C}_{pq}=\sum_{k=1}^{t}\boldsymbol{A}_{pk}\boldsymbol{B}_{kq}(p=1,2,\cdots,s;q=1,2,\cdots,r).$$

注　可乘的两个矩阵可以进行分块乘法运算的条件是：左乘的矩阵分块的列分法与右乘的矩阵分块的行分法必须要一致.

例 2.4.1　设矩阵

$$\boldsymbol{A}=\begin{bmatrix}1 & 1 & -1 & 0\\ -1 & 0 & 1 & 0\\ 0 & 0 & 0 & 1\\ 0 & 0 & 0 & 2\end{bmatrix},\quad \boldsymbol{B}=\begin{bmatrix}1 & 2 & 0 & 0\\ 1 & -1 & 0 & 0\\ 1 & 0 & 0 & 0\\ 0 & 1 & 1 & 2\end{bmatrix},$$

求 $\boldsymbol{A}+\boldsymbol{B}$ 和 $\boldsymbol{AB}$.

解 将矩阵 $\boldsymbol{A}$, $\boldsymbol{B}$ 分块为

$$\boldsymbol{A}=\left[\begin{array}{cc:cc} 1 & 1 & -1 & 0 \\ -1 & 0 & 1 & 0 \\ \hdashline 0 & 0 & 0 & 1 \\ 0 & 0 & 0 & 2 \end{array}\right]=\begin{bmatrix} \boldsymbol{A}_{11} & \boldsymbol{A}_{12} \\ \boldsymbol{O} & \boldsymbol{A}_{22} \end{bmatrix},$$

$$\boldsymbol{B}=\left[\begin{array}{cc:cc} 1 & 2 & 0 & 0 \\ 1 & -1 & 0 & 0 \\ \hdashline 1 & 0 & 0 & 0 \\ 0 & 1 & 1 & 2 \end{array}\right]=\begin{bmatrix} \boldsymbol{B}_{11} & \boldsymbol{O} \\ \boldsymbol{E} & \boldsymbol{B}_{22} \end{bmatrix},$$

则

$$\boldsymbol{A}+\boldsymbol{B}=\begin{bmatrix} \boldsymbol{A}_{11} & \boldsymbol{A}_{12} \\ \boldsymbol{O} & \boldsymbol{A}_{22} \end{bmatrix}+\begin{bmatrix} \boldsymbol{B}_{11} & \boldsymbol{O} \\ \boldsymbol{E} & \boldsymbol{B}_{22} \end{bmatrix}=\begin{bmatrix} \boldsymbol{A}_{11}+\boldsymbol{B}_{11} & \boldsymbol{A}_{12} \\ \boldsymbol{E} & \boldsymbol{A}_{22}+\boldsymbol{B}_{22} \end{bmatrix}$$

$$=\begin{bmatrix} 2 & 3 & -1 & 0 \\ 0 & -1 & 1 & 0 \\ 1 & 0 & 0 & 1 \\ 0 & 1 & 1 & 4 \end{bmatrix},$$

$$\boldsymbol{AB}=\begin{bmatrix} \boldsymbol{A}_{11} & \boldsymbol{A}_{12} \\ \boldsymbol{O} & \boldsymbol{A}_{22} \end{bmatrix}\begin{bmatrix} \boldsymbol{B}_{11} & \boldsymbol{O} \\ \boldsymbol{E} & \boldsymbol{B}_{22} \end{bmatrix}=\begin{bmatrix} \boldsymbol{A}_{11}\boldsymbol{B}_{11}+\boldsymbol{A}_{12} & \boldsymbol{A}_{12}\boldsymbol{B}_{22} \\ \boldsymbol{A}_{22} & \boldsymbol{A}_{22}\boldsymbol{B}_{22} \end{bmatrix},$$

由于

$$\boldsymbol{A}_{11}\boldsymbol{B}_{11}+\boldsymbol{A}_{12}=\begin{bmatrix} 1 & 1 \\ -1 & 0 \end{bmatrix}\begin{bmatrix} 1 & 2 \\ 1 & -1 \end{bmatrix}+\begin{bmatrix} -1 & 0 \\ 1 & 0 \end{bmatrix}$$

$$=\begin{bmatrix} 2 & 1 \\ -1 & -2 \end{bmatrix}+\begin{bmatrix} -1 & 0 \\ 1 & 0 \end{bmatrix}=\begin{bmatrix} 1 & 1 \\ 0 & -2 \end{bmatrix},$$

$$\boldsymbol{A}_{12}\boldsymbol{B}_{22}=\begin{bmatrix} -1 & 0 \\ 1 & 0 \end{bmatrix}\begin{bmatrix} 0 & 0 \\ 1 & 2 \end{bmatrix}=\begin{bmatrix} 0 & 0 \\ 0 & 0 \end{bmatrix},$$

$$\boldsymbol{A}_{22}\boldsymbol{B}_{22}=\begin{bmatrix} 0 & 1 \\ 0 & 2 \end{bmatrix}\begin{bmatrix} 0 & 0 \\ 1 & 2 \end{bmatrix}=\begin{bmatrix} 1 & 2 \\ 2 & 4 \end{bmatrix},$$

于是

$$AB = \begin{bmatrix} 1 & 1 & 0 & 0 \\ 0 & -2 & 0 & 0 \\ 0 & 1 & 1 & 2 \\ 0 & 2 & 2 & 4 \end{bmatrix}.$$

2.4.3 分块矩阵的转置

设分块矩阵

$$\boldsymbol{A} = (\boldsymbol{A}_{pq})_{s\times l} = \begin{bmatrix} \boldsymbol{A}_{11} & \boldsymbol{A}_{12} & \cdots & \boldsymbol{A}_{1l} \\ \boldsymbol{A}_{21} & \boldsymbol{A}_{22} & \cdots & \boldsymbol{A}_{2l} \\ \vdots & \vdots & & \vdots \\ \boldsymbol{A}_{s1} & \boldsymbol{A}_{s2} & \cdots & \boldsymbol{A}_{sl} \end{bmatrix},$$

则

$$\boldsymbol{A}^{\mathrm{T}} = \left(\boldsymbol{A}_{pq}^{\mathrm{T}}\right)_{ls} = \begin{bmatrix} \boldsymbol{A}_{11}^{\mathrm{T}} & \boldsymbol{A}_{21}^{\mathrm{T}} & \cdots & \boldsymbol{A}_{s1}^{\mathrm{T}} \\ \boldsymbol{A}_{12}^{\mathrm{T}} & \boldsymbol{A}_{22}^{\mathrm{T}} & \cdots & \boldsymbol{A}_{s2}^{\mathrm{T}} \\ \vdots & \vdots & & \vdots \\ \boldsymbol{A}_{1l}^{\mathrm{T}} & \boldsymbol{A}_{2l}^{\mathrm{T}} & \cdots & \boldsymbol{A}_{sl}^{\mathrm{T}} \end{bmatrix}.$$

这就是说, 分块矩阵 $\boldsymbol{A}$ 的转置, 不仅要把分块矩阵 $\boldsymbol{A}$ 的每一“行”变为同序号的“列”, 还要把 $\boldsymbol{A}$ 的每一个子块 $\boldsymbol{A}_{pq}$ 取转置.

2.4.4 分块对角矩阵

设 $\boldsymbol{A}$ 为 n 阶矩阵, 若 $\boldsymbol{A}$ 的分块矩阵只有在主对角线上有非零子块, 且非零子块都是方阵, 其余子块都为零矩阵, 即

$$\boldsymbol{A} = \begin{bmatrix} \boldsymbol{A}_1 & & & \\ & \boldsymbol{A}_2 & & \\ & & \ddots & \\ & & & \boldsymbol{A}_s \end{bmatrix},$$

其中 $\boldsymbol{A}_i\ (i = 1, 2, \cdots, s)$ 都是方阵, 则称 $\boldsymbol{A}$ 为**分块对角矩阵**.

分块对角矩阵 $\boldsymbol{A}$ 可逆的充分必要条件是 $\boldsymbol{A}_i (i = 1, 2, \cdots, s)$ 均可逆. 并且, 当 $\boldsymbol{A}$ 可逆时, 显然有

$$A^{-1}=\begin{bmatrix} A_1^{-1} & & & \\ & A_2^{-1} & & \\ & & \ddots & \\ & & & A_s^{-1} \end{bmatrix}.$$

例 2.4.2 设矩阵 $A=\begin{bmatrix} 2 & 3 & 0 & 0 & 0 \\ 1 & 2 & 0 & 0 & 0 \\ 0 & 0 & 3 & 0 & 0 \\ 0 & 0 & 0 & 1 & 1 \\ 0 & 0 & 0 & 1 & 2 \end{bmatrix}$, 求 A^{-1}.

解 将矩阵 A 分块为

$$A=\left[\begin{array}{cc:c:cc} 2 & 3 & 0 & 0 & 0 \\ 1 & 2 & 0 & 0 & 0 \\ \hdashline 0 & 0 & 3 & 0 & 0 \\ \hdashline 0 & 0 & 0 & 1 & 1 \\ 0 & 0 & 0 & 1 & 2 \end{array}\right]=\begin{bmatrix} A_1 & & \\ & A_2 & \\ & & A_3 \end{bmatrix},$$

其中 $A_1=\begin{bmatrix} 2 & 3 \\ 1 & 2 \end{bmatrix}, A_2=[3], A_3=\begin{bmatrix} 1 & 1 \\ 1 & 2 \end{bmatrix}$. 容易求出

$$A_1^{-1}=\begin{bmatrix} 2 & -3 \\ -1 & 2 \end{bmatrix},\quad A_2^{-1}=\begin{bmatrix} \frac{1}{3} \end{bmatrix},\quad A_3^{-1}=\begin{bmatrix} 2 & -1 \\ -1 & 1 \end{bmatrix}.$$

因此

$$A=\begin{bmatrix} A_1^{-1} & & \\ & A_2^{-1} & \\ & & A_3^{-1} \end{bmatrix}=\begin{bmatrix} 2 & -3 & 0 & 0 & 0 \\ -1 & 2 & 0 & 0 & 0 \\ 0 & 0 & \frac{1}{3} & 0 & 0 \\ 0 & 0 & 0 & 2 & -1 \\ 0 & 0 & 0 & -1 & 1 \end{bmatrix}.$$

2.5 行列式的定义

2.5.1 二阶与三阶行列式

解方程是线性代数中的一个基本问题, 行列式则是由求解线性方程组而产生的, 接下来我们将从解二元及三元线性方程组引出二阶及三阶行列式的概念及相

关运算.

用消元法解二元线性方程组

$$\begin{cases} a_{11}x_1 + a_{12}x_2 = b_1, & ① \\ a_{21}x_1 + a_{22}x_2 = b_2. & ② \end{cases}$$

① $\times a_{22} -$ ② $\times a_{12}$:

$$(a_{11}a_{22} - a_{12}a_{21})x_1 = b_1a_{22} - b_2a_{12}.$$

② $\times a_{11} -$ ① $\times a_{21}$:

$$(a_{11}a_{22} - a_{12}a_{21})x_2 = b_2a_{11} - b_1a_{21}.$$

当 $a_{11}a_{22} - a_{12}a_{21} \neq 0$ 时, 方程组有唯一解为

$$x_1 = \frac{b_1a_{22} - b_2a_{12}}{a_{11}a_{22} - a_{12}a_{21}}, \quad x_2 = \frac{b_2a_{11} - b_1a_{21}}{a_{11}a_{22} - a_{12}a_{21}}.$$

记 $a_{11}a_{22} - a_{12}a_{21} = \begin{vmatrix} a_{11} & a_{12} \\ a_{21} & a_{22} \end{vmatrix}$, 称之为**二阶行列式**.

对于二阶行列式的计算可采用下面的对角线法则:

$$\begin{vmatrix} a_{11} & a_{12} \\ a_{21} & a_{22} \end{vmatrix} = a_{11}a_{22} - a_{12}a_{21},$$

即主对角线元素乘积减去次对角线元素乘积. 于是上述二元线性方程组的解可以叙述为以下形式.

当二阶行列式

$$\begin{vmatrix} a_{11} & a_{12} \\ a_{21} & a_{22} \end{vmatrix} \neq 0$$

时, 二元线性方程组有唯一解为

$$x_1 = \frac{\begin{vmatrix} b_1 & a_{12} \\ b_2 & a_{22} \end{vmatrix}}{\begin{vmatrix} a_{11} & a_{12} \\ a_{21} & a_{22} \end{vmatrix}}, \quad x_2 = \frac{\begin{vmatrix} a_{11} & b_1 \\ a_{21} & b_2 \end{vmatrix}}{\begin{vmatrix} a_{11} & a_{12} \\ a_{21} & a_{22} \end{vmatrix}}.$$

对于三元线性方程组也有相似的结论.

设有三元线性方程组

$$\begin{cases} a_{11}x_1 + a_{12}x_2 + a_{13}x_3 = b_1, \\ a_{21}x_1 + a_{22}x_2 + a_{23}x_3 = b_2, \\ a_{31}x_1 + a_{32}x_2 + a_{33}x_3 = b_3, \end{cases}$$

称

$$a_{11}a_{22}a_{33} + a_{12}a_{23}a_{31} + a_{13}a_{21}a_{32} - a_{13}a_{22}a_{31} - a_{11}a_{23}a_{32} - a_{12}a_{21}a_{33}$$

$$= \begin{vmatrix} a_{11} & a_{12} & a_{13} \\ a_{21} & a_{22} & a_{23} \\ a_{31} & a_{32} & a_{33} \end{vmatrix}$$

为**三阶行列式**.

对于三阶的计算可采用下面的对角线法则.

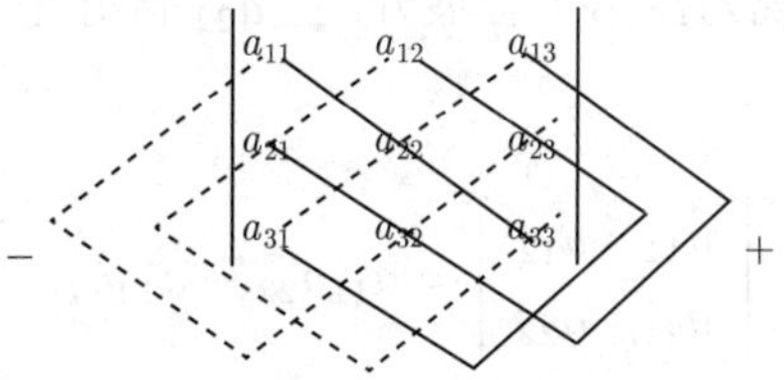

于是上述三元线性方程组的解可以叙述为以下形式.

当三阶行列式

$$D = \begin{vmatrix} a_{11} & a_{12} & a_{13} \\ a_{21} & a_{22} & a_{23} \\ a_{31} & a_{32} & a_{33} \end{vmatrix} \neq 0$$

时, 上述三元线性方程组有唯一解

$$x_1 = \frac{D_1}{D}, \quad x_2 = \frac{D_2}{D}, \quad x_3 = \frac{D_3}{D},$$

其中

$$D_1 = \begin{vmatrix} b_1 & a_{12} & a_{13} \\ b_2 & a_{22} & a_{23} \\ b_3 & a_{32} & a_{33} \end{vmatrix}, \quad D_2 = \begin{vmatrix} a_{11} & b_1 & a_{13} \\ a_{21} & b_2 & a_{23} \\ a_{31} & b_3 & a_{33} \end{vmatrix}, \quad D_3 = \begin{vmatrix} a_{11} & a_{12} & b_1 \\ a_{21} & a_{22} & b_2 \\ a_{31} & a_{32} & b_3 \end{vmatrix}.$$

2.7 节将把这个结果推广到 n 元线性方程组的情形. 为此, 本节首先给出 n 阶行列式的定义并讨论它的性质.

2.5.2 n 阶行列式的定义

定义 2.16 在 n 阶行列式中, 把元素 a_{ij} 所在的第 i 行和第 j 列分别去掉后所得到的 $n-1$ 阶行列式称为元素 a_{ij} 的**余子式**, 记为 M_{ij}; 称 $A_{ij}=(-1)^{i+j}M_{ij}$ 为 a_{ij} 的**代数余子式**.

例如, 三阶行列式 $\begin{vmatrix} 1 & 0 & 2 \\ -3 & 8 & 5 \\ 6 & 1 & 9 \end{vmatrix}$ 中, 元素 $a_{12}=0$ 的, 去掉第一行和第二列后所得到的二阶行列式 $M_{12}=\begin{vmatrix} -3 & 5 \\ 6 & 9 \end{vmatrix}=-57$ 为 a_{12} 的余子式, 其代数余子式为

$$A_{12}=(-1)^{1+2}\begin{vmatrix} -3 & 5 \\ 6 & 9 \end{vmatrix}=57.$$

对于二阶行列式可视为按第 1 行展开, 且 a_{22} 恰好是 a_{11} 的代数余子式, $-a_{21}$ 恰为 a_{12} 的代数余子式,

$$\begin{vmatrix} a_{11} & a_{12} \\ a_{21} & a_{22} \end{vmatrix}=a_{11}a_{22}-a_{12}a_{21},$$

即

$$\begin{vmatrix} a_{11} & a_{12} \\ a_{21} & a_{22} \end{vmatrix}=a_{11}A_{11}+a_{12}A_{12}, \tag{2.3}$$

其中 A_{11},A_{12} 分别是 a_{11},a_{12} 的代数余子式.

对于三阶行列式写成如下展开形式:

$$\begin{aligned}\begin{vmatrix} a_{11} & a_{12} & a_{13} \\ a_{21} & a_{22} & a_{23} \\ a_{31} & a_{32} & a_{33} \end{vmatrix} &= a_{11}\begin{vmatrix} a_{22} & a_{23} \\ a_{32} & a_{33} \end{vmatrix}-a_{12}\begin{vmatrix} a_{21} & a_{23} \\ a_{31} & a_{33} \end{vmatrix}+a_{13}\begin{vmatrix} a_{21} & a_{22} \\ a_{31} & a_{32} \end{vmatrix} \\ &= a_{11}A_{11}+a_{12}A_{12}+a_{13}A_{13}, \end{aligned} \tag{2.4}$$

其中 A_{11},A_{12},A_{13} 分别为 a_{11},a_{12},a_{13} 的代数余子式.

如果把式 (2.3) 和式 (2.4) 作为二阶和三阶行列式的定义, 共同特点都是通过低阶行列式定义高一阶的行列式, 按此方式可以定义一般的 n 阶行列式.

定义 2.17 设 $\boldsymbol{A}$ 为 n 阶矩阵, $\boldsymbol{A}$ 的行列式

$$\det \boldsymbol{A} = \begin{vmatrix} a_{11} & a_{12} & \cdots & a_{1n} \\ a_{21} & a_{22} & \cdots & a_{2n} \\ \vdots & \vdots & & \vdots \\ a_{n1} & a_{n2} & \cdots & a_{nn} \end{vmatrix}$$

是由 $\boldsymbol{A}$ 确定的一个数:

(1) 当 $n=1$ 时, $\det \boldsymbol{A} = \det(a_{11}) = a_{11}$;

(2) 当 $n \geqslant 2$ 时,

$$\det\boldsymbol{A} = a_{11}A_{11} + a_{12}A_{12} + \cdots + a_{1n}A_{1n},$$

其中 $A_{ij} = (-1)^{i+j}M_{ij}$.

为了书写方便, 在不引起混淆的时候, 也用 $|\boldsymbol{A}|$ 表示矩阵 $\boldsymbol{A}$ 的行列式, 这里的定义方式称为按行列式的第 1 行展开.

例 2.5.1 计算行列式 $D = \begin{vmatrix} 5 & 6 \\ 7 & 8 \end{vmatrix}$.

解 按对角线法则, 有

$$D = 5 \times 8 - 6 \times 7 = -2.$$

例 2.5.2 计算行列式 $D = \begin{vmatrix} 1 & 0 & 4 \\ 2 & 3 & 5 \\ -1 & 0 & 1 \end{vmatrix}$.

解 按对角线法则, 有

$$D = 1\times3\times1 + 0\times5\times(-1) + 2\times0\times4 - 4\times3\times(-1) - 5\times0\times1 - 0\times2\times1 = 15.$$

例 2.5.3 计算左下三角行列式 $D_n = \begin{vmatrix} a_{11} & & & 0 \\ a_{21} & a_{22} & & \\ \vdots & \vdots & \ddots & \\ a_{n1} & a_{n2} & \cdots & a_{nn} \end{vmatrix}$.

解

$$D_n = a_{11}\begin{vmatrix} a_{22} & & & \\ a_{32} & a_{33} & & \\ \vdots & \vdots & \ddots & \\ a_{n2} & a_{n3} & \cdots & a_{nn} \end{vmatrix} = a_{11}a_{22}\begin{vmatrix} a_{33} & & & \\ a_{43} & a_{44} & & \\ \vdots & \vdots & \ddots & \\ a_{n3} & a_{n4} & \cdots & a_{nn} \end{vmatrix}$$

$$= \cdots = a_{11}a_{22}\cdots a_{nn}.$$

单位矩阵 $\boldsymbol{E}$ 和数量矩阵的行列式分别为 $\det(\boldsymbol{E}) = 1$, $\det(k\boldsymbol{E}) = k^n$.

例 2.5.4 计算右下三角形行列式 $D_n = \begin{vmatrix} 0 & & & a_n \\ & & \iddots & \\ & a_2 & & \\ a_1 & & & * \end{vmatrix}$.

解 $$D_n = a_n(-1)^{1+n}\begin{vmatrix} 0 & & & a_{n-1} \\ & & \iddots & \\ & a_2 & & \\ a_1 & & & * \end{vmatrix} = (-1)^{n-1}a_nD_{n-1}$$

$$= (-1)^{n-1}a_n(-1)^{n-2}D_{n-2} = \cdots$$

$$= (-1)^{(n-1)+(n-2)+\cdots+1}a_na_{n-1}\cdots a_1$$

$$= (-1)^{\frac{n(n-1)}{2}}a_1a_2\cdots a_n.$$

2.6 行列式的性质与计算

当阶数 n 比较大时, 直接根据行列式定义按照第一行展开来计算是非常烦琐的, 因此本节将给出行列式的 5 条相关性质, 利用这些性质可以简化行列式的计算.

2.6.1 行列式的性质

性质 2.5 行列式按任一行展开, 其值相等, 即

$$\det\boldsymbol{A} = a_{i1}A_{i1} + a_{i2}A_{i2} + \cdots + a_{in}A_{in}, \quad i = 1, 2, \cdots, n.$$

推论 若行列式的某一行全为零, 则行列式等于零.

例如, 计算行列式 $D = \begin{vmatrix} 4 & 0 & 0 & 1 \\ 2 & -1 & 3 & 1 \\ 0 & 0 & 0 & 2 \\ 7 & 4 & 3 & 2 \end{vmatrix}$.

解 根据性质 2.5 有 $D = -2\begin{vmatrix} 4 & 0 & 0 \\ 2 & -1 & 3 \\ 7 & 4 & 3 \end{vmatrix} = -2\times 4\begin{vmatrix} -1 & 3 \\ 4 & 3 \end{vmatrix} = 120.$

例 2.6.1 计算 $D_n = \begin{vmatrix} a_{11} & a_{12} & \cdots & a_{1n} \\ & a_{22} & \cdots & a_{2n} \\ & & \ddots & \vdots \\ 0 & & & a_{nn} \end{vmatrix}$.

解

$$D_n = a_{nn}\begin{vmatrix} a_{11} & a_{12} & \cdots & a_{1,n-1} \\ & a_{22} & \cdots & a_{2,n-1} \\ & & \ddots & \vdots \\ 0 & & & a_{n-1,n-1} \end{vmatrix}$$

$$= a_{nn}a_{n-1,n-1}\begin{vmatrix} a_{11} & a_{12} & \cdots & a_{1,n-2} \\ & a_{22} & \cdots & a_{2,n-2} \\ & & \ddots & \vdots \\ 0 & & & a_{n-2,n-2} \end{vmatrix}$$

$$= \cdots = a_{11}a_{22}\cdots a_{nn}.$$

性质 2.6 若 n 阶行列式某两行对应元素全相等, 则行列式值为零.

性质 2.6 可用数学归纳法证明, 此处证明略.

性质 2.7 若行列式 D 中某行 (列) 的元素都是两数之和, 则 D 可依此行 (列) 拆成两个行列式 D_1 与 D_2 之和, 即

$$D = \begin{vmatrix} a_{11} & a_{12} & \cdots & a_{1n} \\ \vdots & \vdots & & \vdots \\ b_{i1}+c_{i1} & b_{i2}+c_{i2} & \cdots & b_{in}+c_{in} \\ \vdots & \vdots & & \vdots \\ a_{n1} & a_{n2} & \cdots & a_{nn} \end{vmatrix}$$

$$= \begin{vmatrix} a_{11} & a_{12} & \cdots & a_{1n} \\ \vdots & \vdots & & \vdots \\ b_{i1} & b_{i2} & \cdots & b_{in} \\ \vdots & \vdots & & \vdots \\ a_{n1} & a_{n2} & \cdots & a_{nn} \end{vmatrix} + \begin{vmatrix} a_{11} & a_{12} & \cdots & a_{1n} \\ \vdots & \vdots & & \vdots \\ c_{i1} & c_{i2} & \cdots & c_{in} \\ \vdots & \vdots & & \vdots \\ a_{n1} & a_{n2} & \cdots & a_{nn} \end{vmatrix} = D_1 + D_2.$$

证　左式 $\xlongequal{\text{按第}i\text{行展开}}(b_{i1}+c_{i1})A_{i1}+\cdots+(b_{in}+c_{in})A_{in}$

$$=(b_{i1}A_{i1}+\cdots+b_{in}A_{in})+(c_{i1}A_{i1}+\cdots+c_{in}A_{in})$$

$$=\begin{vmatrix} a_{11} & a_{12} & \cdots & a_{1n} \\ \vdots & \vdots & & \vdots \\ b_{i1} & b_{i2} & \cdots & b_{in} \\ \vdots & \vdots & & \vdots \\ a_{n1} & a_{n2} & \cdots & a_{nn} \end{vmatrix}+\begin{vmatrix} a_{11} & a_{12} & \cdots & a_{1n} \\ \vdots & \vdots & & \vdots \\ c_{i1} & c_{i2} & \cdots & c_{in} \\ \vdots & \vdots & & \vdots \\ a_{n1} & a_{n2} & \cdots & a_{nn} \end{vmatrix}=D_1+D_2$$

= 右式.

计算行列式 $D=\begin{vmatrix} 1 & 2 & 3 \\ 4 & 5 & 6 \\ 5 & 7 & 9 \end{vmatrix}$.

解　根据性质 2.7 和性质 2.6 有

$$D=\begin{vmatrix} 1 & 2 & 3 \\ 4 & 5 & 6 \\ 1+4 & 2+5 & 3+6 \end{vmatrix}=\begin{vmatrix} 1 & 2 & 3 \\ 4 & 5 & 6 \\ 1 & 2 & 3 \end{vmatrix}+\begin{vmatrix} 1 & 2 & 3 \\ 4 & 5 & 6 \\ 4 & 5 & 6 \end{vmatrix}=0+0=0.$$

性质 2.8 (行列式的初等变换)　若把初等行变换施于 n 阶矩阵 $\boldsymbol{A}$ 上:

(1) 将 $\boldsymbol{A}$ 的某一行乘以数 k 得到 $\boldsymbol{A}_1$, 则 $|\boldsymbol{A}_1|=k|\boldsymbol{A}|$;

(2) 将 $\boldsymbol{A}$ 的某一行的 $k(\neq 0)$ 倍加到另一行得到 $\boldsymbol{A}_2$, 则 $|\boldsymbol{A}_2|=|\boldsymbol{A}|$;

(3) 交换 $\boldsymbol{A}$ 的两行得到 $\boldsymbol{A}_3$, 则 $|\boldsymbol{A}_3|=-|\boldsymbol{A}|$.

证　(1) 按乘以数 k 的那一行展开, 即得结论成立.

(2)

$$|\boldsymbol{A}_2|=\begin{vmatrix} a_{11} & \cdots & a_{1n} \\ \vdots & & \vdots \\ a_{i1} & \cdots & a_{in} \\ \vdots & & \vdots \\ a_{j1}+ka_{i1} & \cdots & a_{jn}+ka_{in} \\ \vdots & & \vdots \\ a_{n1} & \cdots & a_{nn} \end{vmatrix}=\begin{vmatrix} a_{11} & \cdots & a_{1n} \\ \vdots & & \vdots \\ a_{i1} & \cdots & a_{in} \\ \vdots & & \vdots \\ a_{j1} & \cdots & a_{jn} \\ \vdots & & \vdots \\ a_{n1} & \cdots & a_{nn} \end{vmatrix}$$

$$
+\begin{vmatrix} a_{11} & \cdots & a_{1n} \\ \vdots & & \vdots \\ a_{i1} & \cdots & a_{in} \\ \vdots & & \vdots \\ ka_{i1} & \cdots & ka_{in} \\ \vdots & & \vdots \\ a_{n1} & \cdots & a_{nn} \end{vmatrix} = |\boldsymbol{A}|.
$$

(3)

$$
|\boldsymbol{A}_3| = \begin{vmatrix} a_{11} & \cdots & a_{1n} \\ \vdots & & \vdots \\ a_{j1} & \cdots & a_{jn} \\ \vdots & & \vdots \\ a_{i1} & \cdots & a_{in} \\ \vdots & & \vdots \\ a_{n1} & \cdots & a_{nn} \end{vmatrix} = \begin{vmatrix} a_{11} & \cdots & a_{1n} \\ \vdots & & \vdots \\ a_{j1} & \cdots & a_{jn} \\ \vdots & & \vdots \\ a_{j1}+a_{i1} & \cdots & a_{jn}+a_{in} \\ \vdots & & \vdots \\ a_{n1} & \cdots & a_{nn} \end{vmatrix}
$$

$$
= \begin{vmatrix} a_{11} & \cdots & a_{1n} \\ \vdots & & \vdots \\ -a_{i1} & \cdots & -a_{in} \\ \vdots & & \vdots \\ a_{j1}+a_{i1} & \cdots & a_{jn}+a_{in} \\ \vdots & & \vdots \\ a_{n1} & \cdots & a_{nn} \end{vmatrix} = \begin{vmatrix} a_{11} & \cdots & a_{1n} \\ \vdots & & \vdots \\ -a_{i1} & \cdots & -a_{in} \\ \vdots & & \vdots \\ a_{j1} & \cdots & a_{jn} \\ \vdots & & \vdots \\ a_{n1} & \cdots & a_{nn} \end{vmatrix} = -|\boldsymbol{A}|.
$$

从性质 2.8 可知下列常用结论成立, 设 $\boldsymbol{A}$ 为 n 阶矩阵, 则

$$
|k\boldsymbol{A}| = k^n|\boldsymbol{A}|.
$$

推论 若行列式某两行对应元素成比例, 则行列式的值为零.

为了研究矩阵转置的行列式, 先讨论初等矩阵的行列式. 对于三个初等矩阵, 由性质 2.8 可以有

$$
|\boldsymbol{E}_{ij}| = |\boldsymbol{E}_{ij}\boldsymbol{E}| = -|\boldsymbol{E}| = -1; \quad |\boldsymbol{E}_i(c)| = c \neq 0; \quad |\boldsymbol{E}_{ij}(c)| = 1.
$$

于是, 设 $\boldsymbol{A}$ 为 n 阶矩阵, 由性质 2.8 可以得到

$$|\boldsymbol{E}_{ij}\boldsymbol{A}| = -|\boldsymbol{A}| = |\boldsymbol{E}_{ij}||\boldsymbol{A}|; |\boldsymbol{E}_i(c)\boldsymbol{A}| = c|\boldsymbol{A}| = |\boldsymbol{E}_i(c)||\boldsymbol{A}|;$$

$$|\boldsymbol{E}_{ij}(c)\boldsymbol{A}| = |\boldsymbol{A}| = |\boldsymbol{E}_{ij}(c)||\boldsymbol{A}|.$$

故对于任一初等矩阵 $\boldsymbol{E}, |\boldsymbol{E}\boldsymbol{A}| = |\boldsymbol{E}||\boldsymbol{A}|$, 更一般地, 设 $\boldsymbol{E}_1, \boldsymbol{E}_2, \cdots, \boldsymbol{E}_t$ 为初等矩阵, 则

$$|\boldsymbol{E}_1\boldsymbol{E}_2\cdots\boldsymbol{E}_t\boldsymbol{A}| = |\boldsymbol{E}_1||\boldsymbol{E}_2|\cdots|\boldsymbol{E}_t||\boldsymbol{A}|.$$

将行列式 D 的行与列互换后得到的行列式称为 D 的**转置行列式**, 记为 D^{T}, 即

$$D = \begin{vmatrix} a_{11} & a_{12} & \cdots & a_{1n} \\ a_{21} & a_{22} & \cdots & a_{2n} \\ \vdots & \vdots & & \vdots \\ a_{n1} & a_{n2} & \cdots & a_{nn} \end{vmatrix},$$

则

$$D^{\mathrm{T}} = \begin{vmatrix} a_{11} & a_{21} & \cdots & a_{n1} \\ a_{12} & a_{22} & \cdots & a_{n2} \\ \vdots & \vdots & & \vdots \\ a_{1n} & a_{2n} & \cdots & a_{nn} \end{vmatrix}.$$

性质 2.9　行列式与其转置行列式的值相等, 即 $D = D^{\mathrm{T}}$.

注 1　性质 2.9 表明, 行列式中的行与列具有相同的地位. 因而, 上面给出的有关行列式行的性质, 对列也成立, 不再一一说明.

注 2　以 r_i 表示行列式的第 i 行, c_i 表示第 i 列, 交换 i, j 两行记作 $r \leftrightarrow r_j$, 交换 i, j 两列记作 $c_i \leftrightarrow c_j$.

注 3　不能把矩阵的初等变换与行列式的初等变换混淆. 首先矩阵是数表, 行列式是数; 其次前者保持两个矩阵的等价关系, 不是相等, 后者保持两行列式的等值关系.

2.6.2　行列式的计算

利用行列式的性质计算行列式的一般方法是：利用行列式的性质, 把行列式化成上 (下) 三角形行列式.

例 2.6.2 计算 $D=\begin{vmatrix} 2 & -1 & 0 & 1 \\ 1 & 0 & 2 & 3 \\ -3 & 1 & 1 & -1 \\ 3 & 2 & 0 & 2 \end{vmatrix}$.

解

$$D \xlongequal{r_1 \leftrightarrow r_2} -\begin{vmatrix} 1 & 0 & 2 & 3 \\ 2 & -1 & 0 & 1 \\ -3 & 1 & 1 & -1 \\ 3 & 2 & 0 & 2 \end{vmatrix} \xlongequal{r_2-2r_1, r_3+3r_1, r_4-3r_1} -\begin{vmatrix} 1 & 0 & 2 & 3 \\ 0 & -1 & -4 & -5 \\ 0 & 1 & 7 & 8 \\ 0 & 2 & -6 & -7 \end{vmatrix}$$

$$\xlongequal{r_3+r_2, r_4+2r_2} -\begin{vmatrix} 1 & 0 & 2 & 3 \\ 0 & -1 & -4 & -5 \\ 0 & 0 & 3 & 3 \\ 0 & 0 & -14 & -17 \end{vmatrix} = 3\begin{vmatrix} 1 & 0 & 2 & 3 \\ 0 & 1 & 4 & 5 \\ 0 & 0 & 1 & 1 \\ 0 & 0 & -14 & -17 \end{vmatrix}$$

$$\xrightarrow{r_4+14r_3} 3\begin{vmatrix} 1 & 0 & 2 & 3 \\ 0 & 1 & 4 & 5 \\ 0 & 0 & 1 & 1 \\ 0 & 0 & 0 & -3 \end{vmatrix} = -9.$$

例 2.6.3 计算 $D=\begin{vmatrix} 1 & -4 & 2 \\ -3 & 10 & -5 \\ 5 & -16 & 8 \end{vmatrix}$.

解 因为第二列与第三列对应元素成比例, 根据性质 2.8 推论知, $D=0$.

例 2.6.4 计算 $D=\begin{vmatrix} 3 & 1 & 1 & 1 \\ 1 & 3 & 1 & 1 \\ 1 & 1 & 3 & 1 \\ 1 & 1 & 1 & 3 \end{vmatrix}$.

解 注意到此行列式中各行 (列)4 个元素之和都为 6. 故可把 2, 3, 4 行同时加到第 1 行, 提出公因子 6, 然后各行减去第 1 行化为上三角行列式来计算:

$$D \xlongequal{r_1+r_2+r_3+r_4} \begin{vmatrix} 6 & 6 & 6 & 6 \\ 1 & 3 & 1 & 1 \\ 1 & 1 & 3 & 1 \\ 1 & 1 & 1 & 3 \end{vmatrix} \xlongequal{\frac{1}{6}r_1} 6\begin{vmatrix} 1 & 1 & 1 & 1 \\ 1 & 3 & 1 & 1 \\ 1 & 1 & 3 & 1 \\ 1 & 1 & 1 & 3 \end{vmatrix} \xlongequal[r_4-r_1]{\substack{r_2-r_1 \\ r_3-r_1}} 6\begin{vmatrix} 1 & 1 & 1 & 1 \\ 0 & 2 & 0 & 0 \\ 0 & 0 & 2 & 0 \\ 0 & 0 & 0 & 2 \end{vmatrix} = 48.$$

注 仿照上述方法可得到更一般的结果：

$$\begin{vmatrix} a & b & b & \cdots & b \\ b & a & b & \cdots & b \\ \vdots & \vdots & \vdots & & \vdots \\ b & b & b & \cdots & a \end{vmatrix} = [a+(n-1)b](a-b)^{n-1}.$$

例 2.6.5 设 $\begin{vmatrix} a_{11} & a_{12} & a_{13} \\ a_{21} & a_{22} & a_{23} \\ a_{31} & a_{32} & a_{33} \end{vmatrix} = 1$, 求 $\begin{vmatrix} -4a_{11} & 2a_{12} & 6a_{13} \\ 2a_{21} & -a_{22} & -3a_{23} \\ 2a_{31} & -a_{32} & -3a_{33} \end{vmatrix}$.

解

$$\begin{aligned} \begin{vmatrix} -4a_{11} & 2a_{12} & 6a_{13} \\ 2a_{21} & -a_{22} & -3a_{23} \\ 2a_{31} & -a_{32} & -3a_{33} \end{vmatrix} &= -2 \begin{vmatrix} 2a_{11} & -a_{12} & -3a_{13} \\ 2a_{21} & -a_{22} & -3a_{23} \\ 2a_{31} & -a_{32} & -3a_{33} \end{vmatrix} \\ &= (-2)2(-1)(-3) \begin{vmatrix} a_{11} & a_{12} & a_{13} \\ a_{21} & a_{22} & a_{23} \\ a_{31} & a_{32} & a_{33} \end{vmatrix} \\ &= (-2)2(-1)(-3)1 = -12. \end{aligned}$$

例 2.6.6 计算 $D = \begin{vmatrix} a_1 & -a_1 & 0 & 0 \\ 0 & a_2 & -a_2 & 0 \\ 0 & 0 & a_3 & -a_3 \\ 1 & 1 & 1 & 1 \end{vmatrix}$.

解 为使 D 中的零元素增多, 可将第 1 列加到第 2 列, 然后第 2 列加到第 3 列, 再将第 3 列加到第 4 列.

$$D \xlongequal{c_2+c_1} \begin{vmatrix} a_1 & 0 & 0 & 0 \\ 0 & a_2 & -a_2 & 0 \\ 0 & 0 & a_3 & -a_3 \\ 1 & 2 & 1 & 1 \end{vmatrix} \xlongequal{c_3+c_2} \begin{vmatrix} a_1 & 0 & 0 & 0 \\ 0 & a_2 & 0 & 0 \\ 0 & 0 & a_2 & -a_3 \\ 1 & 2 & 3 & 1 \end{vmatrix}$$

$$\xlongequal{c_4+c_3} \begin{vmatrix} a_1 & 0 & 0 & 0 \\ 0 & a_2 & 0 & 0 \\ 0 & 0 & a_3 & 0 \\ 1 & 2 & 3 & 4 \end{vmatrix} = 4a_1a_2a_3.$$

例 2.6.7 计算 n 阶行列式 $D_n = \begin{vmatrix} 1 & 1 & 1 & \cdots & 1 \\ 1 & 2 & 0 & \cdots & 0 \\ 1 & 0 & 3 & \cdots & 0 \\ \vdots & \vdots & \vdots & & \vdots \\ 1 & 0 & 0 & \cdots & n \end{vmatrix}$.

解 将第 $i\,(i=2,3,\cdots,n)$ 列乘以 $-\dfrac{1}{i}$ 依次加到第 1 列, 得

$$D_n = \begin{vmatrix} 1-\sum\limits_{i=2}^{n}\dfrac{1}{i} & 1 & 1 & \cdots & 1 \\ 0 & 2 & 0 & \cdots & 0 \\ 0 & 0 & 3 & \cdots & 0 \\ \vdots & \vdots & \vdots & & \vdots \\ 0 & 0 & 0 & \cdots & n \end{vmatrix} = n!\left(1-\sum_{i=2}^{n}\frac{1}{i}\right).$$

把行列式化成上三角行列式是一般方法, 计算比较复杂, 方法也比较多. 我们应针对行列式的特点选取合适的方法.

例 2.6.8 证明范德蒙德行列式 $(n \geqslant 2)$

$$V_n = \begin{vmatrix} 1 & 1 & 1 & \cdots & 1 \\ x_1 & x_2 & x_3 & \cdots & x_n \\ x_1^2 & x_2^2 & x_3^2 & \cdots & x_n^2 \\ x_1^3 & x_2^3 & x_3^3 & \cdots & x_n^3 \\ \vdots & \vdots & \vdots & & \vdots \\ x_1^{n-1} & x_2^{n-1} & x_3^{n-1} & \cdots & x_n^{n-1} \end{vmatrix} = \prod_{1\leqslant j<i\leqslant n}(x_i - x_j),$$

其中连乘积

$$\begin{aligned} &\prod_{1\leqslant j<i\leqslant n}(x_i - x_j) \\ =&(x_2-x_1)(x_3-x_1)\cdots(x_n-x_1)(x_3-x_2)\cdots(x_n-x_2) \\ &\cdots\cdots(x_{n-1}-x_{n-2})(x_n-x_1)(x_n-x_{n-1}). \end{aligned}$$

证 用数学归纳法.

当 $n=2$ 时, $\begin{vmatrix} 1 & 1 \\ x_1 & x_2 \end{vmatrix} = x_2 - x_1$, 结论成立.

假设对于 $n-1$ 阶结论成立, 对于 n 阶:

$$V_n=\begin{vmatrix}1&1&1&\cdots&1\\0&x_2-x_1&x_3-x_1&\cdots&x_n-x_1\\0&x_2\left(x_2-x_1\right)&x_3\left(x_3-x_1\right)&\cdots&x_n\left(x_n-x_1\right)\\\vdots&\vdots&\vdots&&\vdots\\0&x_2^{n-2}\left(x_2-x_1\right)&x_3^{n-2}\left(x_3-x_1\right)&\cdots&x_n^{n-2}\left(x_n-x_1\right)\end{vmatrix}$$

$$=\begin{vmatrix}x_2-x_1&x_3-x_1&\cdots&x_n-x_1\\x_2\left(x_2-x_1\right)&x_3\left(x_3-x_1\right)&\cdots&x_n\left(x_n-x_1\right)\\\vdots&\vdots&&\vdots\\x_2^{n-2}\left(x_2-x_1\right)&x_3^{n-2}\left(x_3-x_1\right)&\cdots&x_n^{n-2}\left(x_n-x_1\right)\end{vmatrix}$$

$$=\left(x_2-x_1\right)\left(x_3-x_1\right)\cdots\left(x_n-x_1\right)\begin{vmatrix}1&1&\cdots&1\\x_2&x_3&\cdots&x_n\\\vdots&\vdots&&\vdots\\x_2^{n-2}&x_3^{n-2}&\cdots&x_n^{n-2}\end{vmatrix}$$

$$=\left(x_2-x_1\right)\left(x_3-x_1\right)\cdots\left(x_n-x_1\right)\prod_{2\leqslant j<i\leqslant n}\left(x_i-x_j\right)$$

$$=\prod_{1\leqslant j<i\leqslant n}\left(x_i-x_j\right).$$

例 2.6.9　利用范德蒙德行列式计算四阶行列式

$$D=\begin{vmatrix}a&b&c&d\\a^2&b^2&c^2&d^2\\a^3&b^3&c^3&d^3\\b+c+d&a+c+d&a+b+d&a+b+c\end{vmatrix}.$$

解　$$D=\begin{vmatrix}a&b&c&d\\a^2&b^2&c^2&d^2\\a^3&b^3&c^3&d^3\\a+b+c+d&a+b+c+d&a+b+c+d&a+b+c+d\end{vmatrix}$$

$$=(a+b+c+d)\begin{vmatrix}a&b&c&d\\a^2&b^2&c^2&d^2\\a^3&b^3&c^3&d^3\\1&1&1&1\end{vmatrix}.$$

把上式等号右边的行列式的最后一行依次与前面的行交换, 共交换 3 次, 得

$$D=-(a+b+c+d)\begin{vmatrix}1&1&1&1\\a&b&c&d\\a^2&b^2&c^2&d^2\\a^3&b^3&c^3&d^3\end{vmatrix}.$$

此为范德蒙德行列式, 由计算公式得

$$D=-(a+b+c+d)(d-a)(d-b)(d-c)(c-a)(c-b)(b-a).$$

定义 2.18 设 n 阶方阵 $\boldsymbol{A}=(a_{ij})$, 元素 a_{ij} 在 $|\boldsymbol{A}|$ 中的代数余子式为 $A_{ij}(i,j=1,2,\cdots,n)$, 则矩阵

$$\boldsymbol{A}^*=\begin{bmatrix}A_{11}&A_{21}&\cdots&A_{n1}\\A_{12}&A_{22}&\cdots&A_{n2}\\\vdots&\vdots&&\vdots\\A_{1n}&A_{2n}&\cdots&A_{nn}\end{bmatrix}$$

称为 $\boldsymbol{A}$ 的**伴随矩阵**.

例 2.6.10 设 $\boldsymbol{A}=\begin{bmatrix}1&2&-1\\0&4&2\\-1&0&1\end{bmatrix}$, 试求 $\boldsymbol{A}^*$.

解 通过计算可得

$$A_{11}=4,\quad A_{12}=-2,\quad A_{13}=4,\quad A_{21}=-2,\quad A_{22}=0,$$

$$A_{23}=-2,\quad A_{31}=8,\quad A_{32}=-2,\quad A_{33}=4,$$

所以 $\boldsymbol{A}^*=\begin{bmatrix}4&-2&8\\-2&0&-2\\4&-2&4\end{bmatrix}$.

定义 2.19 如果 n 阶矩阵 $\boldsymbol{A}$ 的行列式 $|\boldsymbol{A}|\neq 0$, 则称 $\boldsymbol{A}$ 为**非奇异矩阵**, 否则称 $\boldsymbol{A}$ 为**奇异矩阵**.

引理 2.1 设 $\boldsymbol{A}=(a_{ij})_{n\times n}, A_{ij}$ 表示 a_{ij} 的代数余子式, 则

$$\begin{cases}a_{i1}A_{j1}+a_{i2}A_{j2}+\cdots+a_{in}A_{jn}=0, & i\neq j,\\a_{1i}A_{1j}+a_{2i}A_{2j}+\cdots+a_{ni}A_{nj}=0, & i\neq j.\end{cases}$$

证 行列式按照第 j 行展开得 $\det(\boldsymbol{A})=\sum\limits_{k=1}^{n}a_{jk}A_{jk}$. 将行列式第 j 行的元 a_{j1}, $a_{j2},\cdots,a_{jn}$ 换为 $a_{i1},a_{i2},\cdots,a_{in}$ 后所得的行列式, 其展开为 $\sum\limits_{k=1}^{n}a_{ik}A_{jk}$, 即

$$\sum_{k=1}^{n}a_{ik}A_{jk}=\begin{vmatrix} a_{11} & a_{12} & \cdots & a_{1n} \\ \vdots & \vdots & & \vdots \\ a_{i1} & a_{i2} & \cdots & a_{in} \\ \vdots & \vdots & & \vdots \\ a_{i1} & a_{i2} & \cdots & a_{in} \\ \vdots & \vdots & & \vdots \\ a_{n1} & a_{n2} & \cdots & a_{nn} \end{vmatrix}\begin{matrix} \\ \\ \text{第 } i \text{ 行} \\ \\ \text{第 } j \text{ 行} \\ \\ \\ \end{matrix}=0.$$

定理 2.5 n 阶矩阵 $\boldsymbol{A}$ 可逆的充分必要条件是行列式 $|\boldsymbol{A}|\neq 0$, 且当其可逆时, 有

$$\boldsymbol{A}^{-1}=\frac{1}{|\boldsymbol{A}|}\boldsymbol{A}^*,$$

其中 $\boldsymbol{A}^*$ 为 $\boldsymbol{A}$ 的伴随矩阵.

证 必要性. 由 $\boldsymbol{A}$ 可逆, 知存在 n 阶矩阵 $\boldsymbol{B}$ 满足 $\boldsymbol{AB}=\boldsymbol{E}$, 从而

$$|\boldsymbol{AB}|=|\boldsymbol{A}||\boldsymbol{B}|=|\boldsymbol{E}|=1\neq 0.$$

因此 $|\boldsymbol{A}|\neq 0$, 同时 $|\boldsymbol{B}|\neq 0$.

充分性. 设 $\boldsymbol{A}=(a_{ij})_{n\times n}$, 则

$$\begin{aligned}\boldsymbol{AA}^*&=\begin{bmatrix} a_{11} & a_{12} & \cdots & a_{1n} \\ a_{21} & a_{22} & \cdots & a_{2n} \\ \vdots & \vdots & & \vdots \\ a_{n1} & a_{n2} & \cdots & a_{nn} \end{bmatrix}\begin{bmatrix} A_{11} & A_{21} & \cdots & A_{n1} \\ A_{12} & A_{22} & \cdots & A_{n2} \\ \vdots & \vdots & & \vdots \\ A_{1n} & A_{2n} & \cdots & A_{nn} \end{bmatrix} \\ &=\begin{bmatrix} |\boldsymbol{A}| & 0 & \cdots & 0 \\ 0 & |\boldsymbol{A}| & \cdots & 0 \\ \vdots & \vdots & & \vdots \\ 0 & 0 & \cdots & |\boldsymbol{A}| \end{bmatrix}=|\boldsymbol{A}|\boldsymbol{E},\end{aligned}$$

且当 $|\boldsymbol{A}| \neq 0$ 时, 有 $\boldsymbol{A}\left(\dfrac{1}{|\boldsymbol{A}|}\boldsymbol{A}^*\right) = \boldsymbol{E}$.

类似地, 可得 $\boldsymbol{A}^*\boldsymbol{A} = |\boldsymbol{A}|\boldsymbol{E}$, 且当 $|\boldsymbol{A}| \neq 0$ 时, 有 $\left(\dfrac{1}{|\boldsymbol{A}|}\boldsymbol{A}^*\right)\boldsymbol{A} = \boldsymbol{E}$.

由定义知, 矩阵 $\boldsymbol{A}$ 可逆, 且 $\boldsymbol{A}^{-1} = \dfrac{1}{|\boldsymbol{A}|}\boldsymbol{A}^*$.

此定理不仅给出了方阵 $\boldsymbol{A}$ 可逆的充分必要条件, 而且提供了求 $\boldsymbol{A}^{-1}$ 的一种方法.

例 2.6.11 求矩阵 $\boldsymbol{A} = \begin{bmatrix} 1 & 2 & -1 \\ 0 & 4 & 2 \\ -1 & 0 & 1 \end{bmatrix}$ 的逆矩阵.

解 因 $|\boldsymbol{A}| = \begin{vmatrix} 1 & 2 & -1 \\ 0 & 4 & 2 \\ -1 & 0 & 1 \end{vmatrix} = -4 \neq 0$, 故矩阵 $\boldsymbol{A}$ 可逆, 由例 2.6.10 的结果可知 $\boldsymbol{A}^* = \begin{bmatrix} 4 & -2 & 8 \\ -2 & 0 & -2 \\ 4 & -2 & 4 \end{bmatrix}$. 于是

$$\boldsymbol{A}^{-1} = \frac{1}{|\boldsymbol{A}|}\boldsymbol{A}^* = -\begin{bmatrix} 1 & -\frac{1}{2} & 2 \\ -\frac{1}{2} & 0 & -\frac{1}{2} \\ 1 & -\frac{1}{2} & 1 \end{bmatrix} = \begin{bmatrix} -1 & \frac{1}{2} & -2 \\ \frac{1}{2} & 0 & \frac{1}{2} \\ -1 & \frac{1}{2} & -1 \end{bmatrix}.$$

例 2.6.12 设 $\boldsymbol{A} = \begin{bmatrix} 1 & 3 & 3 \\ 1 & 4 & 3 \\ 1 & 3 & 4 \end{bmatrix}$, 验证 $\boldsymbol{A}$ 是否可逆, 若可逆求其逆.

解 因 $|\boldsymbol{A}| = 1 \neq 0$, 故 $\boldsymbol{A}$ 可逆, 再计算

$$\boldsymbol{A}^* = \begin{bmatrix} 7 & -3 & -3 \\ -1 & 1 & 0 \\ -1 & 0 & 1 \end{bmatrix},$$

所以

$$\boldsymbol{A}^{-1} = \frac{1}{|\boldsymbol{A}|}\boldsymbol{A}^* = \begin{bmatrix} 7 & -3 & -3 \\ -1 & 1 & 0 \\ -1 & 0 & 1 \end{bmatrix}.$$

定理 2.6　设 $\boldsymbol{A},\boldsymbol{B}$ 为 n 阶矩阵, 则 $\det(\boldsymbol{AB})=\det(\boldsymbol{A})\cdot\det(\boldsymbol{B})$.

证　设 $\boldsymbol{A}$ 经过行初等变换化为简化行阶梯形矩阵 $\boldsymbol{R}$, 即存在初等矩阵 $\boldsymbol{E}_1,\boldsymbol{E}_2,\cdots,\boldsymbol{E}_s$, 使得 $\boldsymbol{A}=\boldsymbol{E}_1\boldsymbol{E}_2\cdots\boldsymbol{E}_s\boldsymbol{R}$, 则

$$\det(\boldsymbol{AB})=\det(\boldsymbol{E}_1)\det(\boldsymbol{E}_2)\cdots\det(\boldsymbol{RB}).$$

若 $\boldsymbol{A}$ 可逆, 则 $\boldsymbol{R}=\boldsymbol{I}$. 此时 $\boldsymbol{A}=\boldsymbol{E}_1\boldsymbol{E}_2\cdots\boldsymbol{E}_s$, 于是

$$\det\boldsymbol{A}=\det(\boldsymbol{E}_1)\det(\boldsymbol{E}_2)\cdots\det(\boldsymbol{E}_s),$$

故 $\det(\boldsymbol{AB})=\det(\boldsymbol{A})\det(\boldsymbol{EB})=\det(\boldsymbol{A})\det(\boldsymbol{B})$.

若 $\boldsymbol{A}$ 不可逆, 则 $\boldsymbol{R}$ 最后一行全为 0, 因而 $R(\boldsymbol{B})$ 最后一行也全为零, 所以 $\det(\boldsymbol{RB})=0$. 从而 $\det(\boldsymbol{AB})=0$. 又因为 $\det\boldsymbol{A}=0$, 故

$$\det(\boldsymbol{AB})=\det(\boldsymbol{A})\det(\boldsymbol{B}).$$

将定理 2.6 推广到有限个 n 阶方阵乘积的情况, 可得如下推论.

推论　设 $\boldsymbol{A}_i\ (i=1,2,\cdots,s)$ 均为 n 阶可逆阵, 则

$$\det(\boldsymbol{A}_1\boldsymbol{A}_2\cdots\boldsymbol{A}_s)=\det(\boldsymbol{A}_1)\det(\boldsymbol{A}_2)\cdots\det(\boldsymbol{A}_s).$$

2.7　克拉默法则

二阶和三阶行列式是为求解线性方程组而引入的, 同样地, n 阶行列式可用来求解 n 元线性方程组.

本节将介绍求解线性方程组的克拉默法则及其相关定理.

如果线性方程组

$$\begin{cases} a_{11}x_1+a_{12}x_2+\cdots+a_{1n}x_n=b_1, \\ a_{21}x_1+a_{22}x_2+\cdots+a_{2n}x_n=b_2, \\ \qquad\cdots\cdots \\ a_{n1}x_1+a_{n2}x_2+\cdots+a_{nn}x_n=b_n \end{cases} \tag{2.5}$$

的系数矩阵 $\boldsymbol{A}=\begin{bmatrix} a_{11} & a_{12} & \cdots & a_{1n} \\ a_{21} & a_{22} & \cdots & a_{2n} \\ \vdots & \vdots & & \vdots \\ a_{n1} & a_{2n} & \cdots & a_{nn} \end{bmatrix}$ 构成的行列式称为该方程组的**系数行列式**, 即

$$D=\begin{vmatrix} a_{11} & a_{12} & \cdots & a_{1n} \\ a_{21} & a_{22} & \cdots & a_{2n} \\ \vdots & \vdots & & \vdots \\ a_{n1} & a_{n2} & \cdots & a_{nn} \end{vmatrix}$$

与二元、三元线性方程组类似, n 元线性方程组的解可以用 n 阶行列式表示.

定理 2.7(克拉默法则) 若线性方程组 (2.5) 的系数行列式 $D\neq 0$, 则线性方程组 (2.5) 有唯一解, 其解为

$$x_1=\frac{D_1}{D},x_2=\frac{D_2}{D},\cdots,x_n=\frac{D_n}{D},$$

其中 $D_j(j=1,2,\cdots,n)$ 是把系数行列式 D 中的第 j 列元素依次换成方程组 (2.5) 的常数项所得到的行列式, 即

$$D_j=\begin{vmatrix} a_{11} & \cdots & a_{1,j-1} & b_1 & a_{1,j+1} & \cdots & a_{1n} \\ a_{21} & \cdots & a_{2,j-1} & b_2 & a_{2,j+1} & \cdots & a_{2n} \\ \vdots & & \vdots & \vdots & \vdots & & \vdots \\ a_{n1} & \cdots & a_{n,j-1} & b_n & a_{n,j+1} & \cdots & a_{nn} \end{vmatrix}.$$

例 2.7.1 用克拉默法则解方程组 $\begin{cases} 2x_1+x_2-5x_3+x_4=8, \\ x_1-3x_2-6x_4=9, \\ 2x_2-x_3+2x_4=-5, \\ x_1+4x_2-7x_3+6x_4=0. \end{cases}$

解 计算行列式

$$D=\begin{vmatrix} 2 & 1 & -5 & 1 \\ 1 & -3 & 0 & -6 \\ 0 & 2 & -1 & 2 \\ 1 & 4 & -7 & 6 \end{vmatrix}=27\neq 0,$$

$$D_1=\begin{vmatrix} 8 & 1 & -5 & 1 \\ 9 & -3 & 0 & -6 \\ -5 & 2 & -1 & 2 \\ 0 & 4 & -7 & 6 \end{vmatrix}=81,\quad D_2=\begin{vmatrix} 2 & 8 & -5 & 1 \\ 1 & 9 & 0 & -6 \\ 0 & -5 & -1 & 2 \\ 1 & 0 & -7 & 6 \end{vmatrix}=-108,$$

$$D_3=\begin{vmatrix} 2 & 1 & 8 & 1 \\ 1 & -3 & 9 & -6 \\ 0 & 2 & -5 & 2 \\ 1 & 4 & 0 & 6 \end{vmatrix}=-27,\quad D_4=\begin{vmatrix} 2 & 1 & -5 & 8 \\ 1 & -3 & 0 & 9 \\ 0 & 2 & -1 & -5 \\ 1 & 4 & -7 & 0 \end{vmatrix}=27.$$

所以, 原方程组的解为

$$x_1 = \frac{D_1}{D} = \frac{81}{27} = 3, \quad x_2 = \frac{D_2}{D} = \frac{-108}{27} = -4,$$
$$x_3 = \frac{D_3}{D} = \frac{-27}{27} = -1, \quad x_4 = \frac{D_4}{D} = \frac{27}{27} = 1.$$

一般地, 用克拉默法则求解方程组, 计算量是比较大的, 对具体的数字方程组, 当未知数较多时, 可以借助软件利用计算机求解. 另外, 对于方程个数与未知数个数不相等及系数行列式为零时此法则就不能使用.

克拉默法则给出了在一定条件下线性方程组解的存在性、唯一性, 在理论分析上具有十分重要的意义.

克拉默法则可叙述为下面的定理.

定理 2.8　如果线性方程组 (2.5) 的系数行列式 $D \neq 0$, 那么方程组 (2.5) 一定有解, 且解是唯一的.

定理 2.9　如果线性方程组 (2.5) 无解或解不是唯一的, 那么它的系数行列式必为零.

当常数项全部为零的线性方程组称为齐次线性方程组. 对于 n 个方程 n 个未知数的齐次线性方程组, 显然 $x_1 = x_2 = \cdots = x_n = 0$ 是方程组的解, 此时把这个解称为齐次线性方程组的**零解**, 把克拉默法则应用到齐次线性方程组, 可得如下结论.

定理 2.10　如果齐次线性方程组的系数行列式 $D \neq 0$, 那么齐次线性方程组没有非零解, 即只有零解.

定理 2.11　如果齐次线性方程组有非零解, 那么它的系数行列式必为零.

例 2.7.2　若齐次线性方程组

$$\begin{cases} \lambda x_1 + x_2 + x_3 = 0, \\ x_1 + \lambda x_2 + x_3 = 0, \\ x_1 + x_2 + x_3 = 0 \end{cases}$$

只有零解, 则 λ 应满足什么条件?

解　当

$$\begin{vmatrix} \lambda & 1 & 1 \\ 1 & \lambda & 1 \\ 1 & 1 & 1 \end{vmatrix} = \begin{vmatrix} \lambda - 1 & 0 & 0 \\ 0 & \lambda - 1 & 0 \\ 1 & 1 & 1 \end{vmatrix} = (\lambda - 1)^2 \neq 0,$$

即 $\lambda \neq 1$ 时, 齐次线性方程组只有零解.

例 2.7.3 问 λ 取何值时, 齐次线性方程组 $\begin{cases} (5-\lambda)x+2y+2z=0, \\ 2x+(6-\lambda)y=0, \\ 2x+(4-\lambda)z=0 \end{cases}$ 有非零解?

解 系数行列式为

$$D=\begin{vmatrix} 5-\lambda & 2 & 2 \\ 2 & 6-\lambda & 0 \\ 2 & 0 & 4-\lambda \end{vmatrix}=(5-\lambda)(2-\lambda)(8-\lambda),$$

而齐次线性方程组若有非零解, 其系数行列式一定为 0, 所以当 $\lambda=2, \lambda=5$ 或 $\lambda=8$ 时此方程组有非零解.

克拉默法则解决方程个数与未知数个数相等的线性方程组解的问题, 在第 3 章, 我们将讨论方程组个数与未知量个数不相等的情形即求解 m 个方程组成的 n 元线性方程的更一般方法.

2.8 矩阵的秩

任意矩阵可经矩阵的初等行变换化为行阶梯形矩阵, 这个行阶梯形矩阵所含非零行的行数实际上就是本节要讨论的矩阵的秩. 它是矩阵的一个数字特征, 是矩阵在初等行变换中的一个不变量, 对研究矩阵的性质有着重要的作用.

定义 2.20 在 $m\times n$ 矩阵 $\boldsymbol{A}$ 中, 任取 k 行 k 列 $(1\leqslant k\leqslant m, 1\leqslant k\leqslant n)$, 位于这些行、列交叉点的 k^2 个元素, 按照原来的相对位置组成的 k 阶行列式, 称为 $\boldsymbol{A}$ 的一个 k **阶子式**.

注 $m\times n$ 矩阵 $\boldsymbol{A}$ 的 k 阶子式共有 $\mathrm{C}_m^k\mathrm{C}_n^k$ 个.

例如, 设矩阵 $\boldsymbol{A}=\begin{bmatrix} 1 & 3 & 4 & 5 \\ -1 & 0 & 2 & 3 \\ 0 & 1 & -1 & 0 \end{bmatrix}$, 取第 1, 3 行和第 2, 4 列交叉点上的元, 组成的二阶子式 $\begin{vmatrix} 3 & 5 \\ 1 & 0 \end{vmatrix}$ 为 $\boldsymbol{A}$ 的一个二阶子式.

定义 2.21 如果矩阵 $\boldsymbol{A}$ 中有一个 r 阶子式 $D_r\neq 0$, 而所有 $r+1$ 阶子式 (如果存在的话) 的值全为 0, 那么称 D_r 为矩阵 $\boldsymbol{A}$ 的一个**最高阶非零子式**, 其阶数 r 称为**矩阵 $\boldsymbol{A}$ 的秩**, 记作 $R(\boldsymbol{A})$(或 $r(\boldsymbol{A})$). 并规定零矩阵的秩为 0.

例 2.8.1　求矩阵 $\boldsymbol{A}=\begin{bmatrix}1&2&3\\2&3&-5\\4&7&1\end{bmatrix}$ 的秩.

解　在 $\boldsymbol{A}$ 中, 有一个二阶子式 $\begin{vmatrix}1&3\\2&-5\end{vmatrix}\neq 0$, $\boldsymbol{A}$ 的三阶子式只有一个 $|\boldsymbol{A}|$, 且

$$|\boldsymbol{A}|=\begin{vmatrix}1&2&3\\2&3&-5\\4&7&1\end{vmatrix}=\begin{vmatrix}1&2&3\\0&-1&-11\\0&-1&-11\end{vmatrix}=0,$$

故 $R(\boldsymbol{A})=2$.

例 2.8.2　求矩阵 $\boldsymbol{A}=\begin{bmatrix}1&-1&0&2&3\\0&2&1&-1&0\\0&0&0&2&-1\\0&0&0&0&0\end{bmatrix}$ 的秩.

解　$\boldsymbol{A}$ 是一个行阶梯形矩阵, 其非零行有三行, 即知 $\boldsymbol{A}$ 的所有四阶子式全为零. 而以三个非零行的首非零元为对角元的三阶行列式

$$\begin{vmatrix}1&-1&2\\0&2&-1\\0&0&2\end{vmatrix}$$

是一个上三角形行列式, 它的值显然不等于 0, 因此 $R(\boldsymbol{A})=3$.

矩阵的秩具有下列性质:

(1) 若矩阵 $\boldsymbol{A}$ 有一个 s 阶子式不为 0, 则 $R(\boldsymbol{A})\geqslant s$;

(2) 若 $\boldsymbol{A}$ 中所有的 t 阶子式全为 0, 则 $R(\boldsymbol{A})<t$;

(3) 若 $\boldsymbol{A}$ 为 $m\times n$ 矩阵, 则 $0\leqslant R(\boldsymbol{A})\leqslant\min\{m,n\}$;

(4) $R(\boldsymbol{A})=R(\boldsymbol{A}^{\mathrm{T}})$.

当 $R(\boldsymbol{A})=\min\{m,n\}$ 时, 称矩阵 $\boldsymbol{A}$ 为**满秩矩阵**, 否则称为**降秩矩阵**.

例如, 求矩阵

$$\boldsymbol{A}=\begin{bmatrix}3&1&0&2\\1&-1&2&-1\\1&3&-4&4\end{bmatrix}$$

的秩.

解 $\boldsymbol{A}$ 有 12 个一阶子式, 例如, 第 1 行第 1 列交叉点上的元构成的一阶子式

$$\det(3)=3\neq 0.$$

对于 $\boldsymbol{A}$ 的二阶子式, 我们知道 $\boldsymbol{A}$ 有

$$\mathrm{C}_3^2\mathrm{C}_4^2=18$$

个二阶子式, 其中由第 1, 2 行、第 1, 2 列交叉点上的元构成的二阶行列式

$$\begin{vmatrix} 3 & 1 \\ 1 & -1 \end{vmatrix}=-4\neq 0.$$

最后, 再考察一下 $\boldsymbol{A}$ 的三阶子式, $\boldsymbol{A}$ 有 4 个三阶子式, 分别为

$$\begin{vmatrix} 3 & 1 & 0 \\ 1 & -1 & 2 \\ 1 & 3 & -4 \end{vmatrix}=0,\quad \begin{vmatrix} 3 & 1 & 2 \\ 1 & -1 & 1 \\ 1 & 3 & 4 \end{vmatrix}=0,\quad \begin{vmatrix} 3 & 0 & 2 \\ 1 & 2 & -1 \\ 1 & -4 & 4 \end{vmatrix}=0,$$

$$\begin{vmatrix} 1 & 0 & 2 \\ -1 & 2 & -1 \\ 3 & -4 & 4 \end{vmatrix}=0.$$

故由定义知, $R(\boldsymbol{A})=2$.

由上面的例子可知, 利用定义计算矩阵的秩是很困难的, 特别是, 当行数与列数较高时, 按定义求秩是非常麻烦的.

由于行阶梯形矩阵的秩很容易判断, 而任意矩阵都可以经过有限次初等行变换化为行阶梯形矩阵, 因而可考虑使用初等变换法求矩阵的秩.

定理 2.12 初等变换不改变矩阵的秩.

根据这个定理, 可得到利用初等行变换求矩阵秩的方法: 用初等行变换把矩阵化成行阶梯形矩阵, 行阶梯形矩阵中非零行的行数就是该矩阵的秩.

例 2.8.3 求矩阵 $\boldsymbol{A}=\begin{bmatrix} 1 & 0 & 0 & 1 \\ -1 & 2 & 0 & -1 \\ 3 & -1 & 0 & 3 \\ -1 & 2 & 3 & -1 \end{bmatrix}$ 的秩.

解

$$\boldsymbol{A}\xrightarrow[r_4+r_1]{\substack{r_2+r_1\\ r_3-3r_1}}\begin{pmatrix} 1 & 0 & 0 & 1 \\ 0 & 2 & 0 & 0 \\ 0 & -1 & 0 & 0 \\ 0 & 2 & 3 & 0 \end{pmatrix}\xrightarrow[r_4-r_2]{\substack{r_2\div 2\\ r_3+r_2}}\begin{pmatrix} 1 & 0 & 0 & 1 \\ 0 & 2 & 0 & 0 \\ 0 & 0 & 0 & 0 \\ 0 & 0 & 3 & 0 \end{pmatrix}\xrightarrow{r_3\leftrightarrow r_4}\begin{pmatrix} 1 & 0 & 0 & 1 \\ 0 & 2 & 0 & 0 \\ 0 & 0 & 3 & 0 \\ 0 & 0 & 0 & 0 \end{pmatrix},$$

所以 $R(\boldsymbol{A})=3$.

例 2.8.4 设 $\boldsymbol{A}=\begin{bmatrix}3&2&0&5&0\\3&-2&3&6&-1\\2&0&1&5&-3\\1&6&-4&-1&4\end{bmatrix}$, 求矩阵 $\boldsymbol{A}$ 的秩, 并求 $\boldsymbol{A}$ 的一个最高阶非零子式.

解 对 $\boldsymbol{A}$ 作初等行变换, 变成行阶梯形矩阵, 即

$$\boldsymbol{A}\xrightarrow{r_1\leftrightarrow r_4}\begin{bmatrix}1&6&-4&-1&4\\3&-2&3&6&-1\\2&0&1&5&-3\\3&2&0&5&0\end{bmatrix}\xrightarrow{r_2-r_4}\begin{bmatrix}1&6&-4&-1&4\\0&-4&3&1&-1\\2&0&1&5&-3\\3&2&0&5&0\end{bmatrix}$$

$$\xrightarrow[r_4-3r_1]{r_3-2r_1}\begin{bmatrix}1&6&-4&-1&4\\0&-4&3&1&-1\\0&-12&9&7&-11\\0&-16&12&8&-12\end{bmatrix}\xrightarrow[r_4-4r_2]{r_3-3r_2}\begin{bmatrix}1&6&-4&-1&4\\0&-4&3&1&-1\\0&0&0&4&-8\\0&0&0&4&-8\end{bmatrix}$$

$$\xrightarrow{r_4-r_3}\begin{bmatrix}1&6&-4&-1&4\\0&-4&3&1&-1\\0&0&0&4&-8\\0&0&0&0&0\end{bmatrix},$$

由行阶梯形矩阵有三个非零行可知 $R(\boldsymbol{A})=3$.

再求 $\boldsymbol{A}$ 的一个最高阶子式. 由 $R(\boldsymbol{A})=3$ 知, $\boldsymbol{A}$ 的最高阶非零子式为三阶. $\boldsymbol{A}$ 的三阶子式共有 $\mathrm{C}_4^3\mathrm{C}_5^3$=40 个.

取 $\boldsymbol{A}$ 的第 1, 2, 4 列, 第 1, 2, 3 行, 可得到 $\boldsymbol{A}$ 的一个三阶子式.

$$\boldsymbol{B}=\begin{vmatrix}3&2&5\\3&-2&6\\2&0&5\end{vmatrix}=\begin{vmatrix}3&2&5\\6&0&11\\2&0&5\end{vmatrix}=-2\begin{vmatrix}6&11\\2&5\end{vmatrix}=-16\neq 0,$$

则这个子式便是 $\boldsymbol{A}$ 的一个最高阶非零子式.

例 2.8.5 设 $\boldsymbol{A}=\begin{bmatrix}2&-1&1&1\\6&\lambda&-1&1\\10&3&\mu&3\end{bmatrix}$, 已知 $R(\boldsymbol{A})=2$, 求 λ 与 μ 的值.

解 $\boldsymbol{A}\xrightarrow[r_3-5r_1]{r_2-3r_1}\begin{bmatrix}2&-1&1&2\\0&\lambda+3&-4&-2\\0&8&\mu-5&2\end{bmatrix}\xrightarrow{r_3-r_2}\begin{bmatrix}2&-1&1&2\\0&\lambda+3&-4&-2\\0&\lambda+11&\mu-9&0\end{bmatrix}$,

因 $R(\boldsymbol{A})=2$, 故 $\lambda+11=0,\mu-9=0$, 即 $\lambda=-11,\mu=9$.

2.9 矩阵与行列式模型应用实例

线性代数是一门实用性非常强的学科, 在科学技术及国防经济的各个领域都有着非常普遍的应用, 其中矩阵在这些方面的应用最为广泛.

2.9.1 逻辑判断问题

矩阵的概念在解决逻辑判断问题时有着很大的优势, 某些逻辑判断问题的条件给得较多, 错综复杂, 但如果恰当地设计一些矩阵, 则能在很大程度上帮我们理清头绪, 在此基础之上进行推理, 便能达到简化问题的目的.

例 2.9.1 甲、乙、丙、丁、戊五人各从图书馆借来一本小说, 他们约定读完后互相交换阅读. 这五本书的厚度以及他们五人的阅读速度差不多, 因此, 五人总是同时交换书. 经过四次交换以后, 他们五人读完了这五本书. 现已知:

(1) 甲最后读的书是乙读的第二本书;

(2) 丙最后读的书是乙读的第四本书;

(3) 丙读的第二本书甲在一开始就读了;

(4) 丁最后读的书是丙读的第三本书;

(5) 乙读的第四本书是戊读的第三本书;

(6) 丁读的第三本书是丙一开始读的那本书.

试根据以上情况说出丁读的第二本书是谁最先读的书.

解 设甲、乙、丙、丁、戊最后读的书的代号依次是 A,B,C,D,E, 则根据题设条件可以列出下列初始矩阵:

$$\begin{array}{c} \\ 1\\2\\3\\4\\5\end{array}\begin{array}{c}\begin{array}{ccccc}\text{甲}&\text{乙}&\text{丙}&\text{丁}&\text{戊}\end{array}\\ \begin{bmatrix}x&&y&&\\&A&x&&\\&&D&y&C\\&C&&&\\A&B&C&D&E\end{bmatrix}\end{array}.$$

上述矩阵中的 x,y 表示尚未确定的书名代号, 同一字母代表同一本书.

由题意知, 经过 5 次阅读后每人将五本书全都阅读了, 则从上述矩阵可以看出, 乙读的第三本书不可能是 A, B 或 C. 另外由于丙读的第三本书是 D, 所以乙读的第三本书也不可能是 D. 因此, 乙读的第三本书是 E, 从而乙读的第一本书是 D. 同理可推出甲读的第三本书是 B. 因此上述矩阵中的 y 为 A, x 为 E. 由此可得到每个人的阅读顺序, 如下述矩阵所示.

$$\begin{array}{c} \\ 1 \\ 2 \\ 3 \\ 4 \\ 5 \end{array}\begin{array}{c} \begin{array}{ccccc} \text{甲} & \text{乙} & \text{丙} & \text{丁} & \text{戊} \end{array} \\ \begin{bmatrix} E & D & A & C & B \\ C & A & E & B & D \\ B & E & D & A & C \\ D & C & B & E & A \\ A & B & C & D & E \end{bmatrix} \end{array}.$$

由此矩阵知, 丁读的第二本书是戊最先读的书.

2.9.2　团队分工问题

在团队分工问题上, 合理利用矩阵的概念, 也会带来极大的便利.

例 2.9.2　一个大型的软件开发通常需要一个团队采用分工合作的方式来完成. 因此, 需要将软件划分为多个模块, 交给团队中不同的软件开发小组进行开发. 假设一个大型软件可以分解为 m 个模块, 一个软件公司共有 n $(n \leqslant m)$ 个开发小组, 根据模块的大小和复杂程度以及开发小组的力量, 每个开发小组承担一个或多个模块的开发任务, 为了清晰地描述任务分配情况并且将其存储在计算机里, 可以采用如下的排成 m 行 n 列的矩阵来表示:

$$\begin{bmatrix} a_{11} & a_{12} & \cdots & a_{1n} \\ a_{21} & a_{22} & \cdots & a_{2n} \\ \vdots & \vdots & & \vdots \\ a_{m1} & a_{m2} & \cdots & a_{mn} \end{bmatrix},$$

其中, $a_{ij} = \begin{cases} 1, & \text{如果第} i \text{ 个模块分配给第} j \text{ 个开发小组}, \\ 0, & \text{否则}. \end{cases}$

利用这种方法, 很容易知道哪个模块由哪个开发小组负责开发, 也很清楚某个开发小组承担哪几个模块. 例如, 分工方式如下列矩阵所示:

$$\begin{bmatrix} 1 & 0 & 0 \\ 0 & 1 & 0 \\ 1 & 0 & 0 \\ 0 & 0 & 1 \end{bmatrix},$$

则由此可以清楚地看出, 该公司有 3 个开发小组, 该软件可以分解成 4 个模块. 其中, 第 1 个开发小组承担模块 1 和模块 3 的开发, 第 2 个开发小组承担模块 2 的开发, 第 3 个开发小组承担模块 4 的开发.

2.9.3 信息编码问题

一个通用的传递信息的方法是, 将一个字母与一个整数相对应, 然后传输一串整数. 例如, 信息 "How are you" 可以编码为

$$7,\ 10,\ 6,\ 18,\ 5,\ 21,\ 8,\ 10,\ 9,$$

其中 H 表示为 7, e 表示为 21, 等等. 但是这种编码很容易被破译. 在一段较长的信息中, 我们可以根据数字出现的相对频率猜测每个数字表示的字母. 例如, 若 21 为编码信息中最常出现的数字, 则它最有可能表示字母 e, 因为 e 在英文中是最常出现的字母.

但可以利用矩阵乘法对信息进行进一步的加密. 设 $\boldsymbol{A}$ 是所有元素均为整数的矩阵, 且 $|\boldsymbol{A}| = \pm 1$, 此时 $\boldsymbol{A}^{-1}$ 的元素也是整数. 可以用这个矩阵对信息进行变换, 且变换后的信息将很难被破译. 为演示这个技术, 令

$$\boldsymbol{A} = \begin{bmatrix} 1 & 2 & 1 \\ 1 & 3 & 1 \\ 2 & 5 & 3 \end{bmatrix}, \quad \boldsymbol{A}^{-1} = \begin{bmatrix} 4 & -1 & -1 \\ -1 & 1 & 0 \\ -1 & -1 & 1 \end{bmatrix},$$

现将需要编码的信息放置在三阶矩阵 $\boldsymbol{B}$ 的各列上, 即

$$\boldsymbol{B} = \begin{bmatrix} 7 & 18 & 8 \\ 10 & 5 & 10 \\ 6 & 21 & 9 \end{bmatrix},$$

通过矩阵乘积可以得到伪码, 即

$$\boldsymbol{AB} = \begin{bmatrix} 1 & 2 & 1 \\ 1 & 3 & 1 \\ 2 & 5 & 3 \end{bmatrix} \begin{bmatrix} 7 & 18 & 8 \\ 10 & 5 & 10 \\ 6 & 21 & 9 \end{bmatrix} = \begin{bmatrix} 33 & 49 & 37 \\ 43 & 54 & 47 \\ 82 & 124 & 93 \end{bmatrix}.$$

这样传输的编码信息就变为

$$33,\ 43,\ 82,\ 49,\ 54,\ 124,\ 37,\ 47,\ 93.$$

接收到信息的人可以通过左乘 $\boldsymbol{A}^{-1}$ 进行译码, 即

$$\begin{bmatrix} 4 & -1 & -1 \\ -1 & 1 & 0 \\ -1 & -1 & 1 \end{bmatrix}\begin{bmatrix} 33 & 49 & 37 \\ 43 & 54 & 47 \\ 82 & 124 & 93 \end{bmatrix}=\begin{bmatrix} 7 & 18 & 8 \\ 10 & 5 & 10 \\ 6 & 21 & 9 \end{bmatrix}.$$

为构造编码矩阵 $\boldsymbol{A}$, 可以从单位矩阵 $\boldsymbol{E}$ 开始, 利用合适的初等行变换或初等列变换, 就可以得到所有元素均为整数的矩阵 $\boldsymbol{A}$, 且能使得 $|\boldsymbol{A}|=\pm|\boldsymbol{E}|=\pm1$, 因此 $\boldsymbol{A}^{-1}$ 中的所有元素也将均为整数.

习 题 2

1. 设矩阵 $\boldsymbol{A}_{5\times3},\boldsymbol{B}_{m\times n},\boldsymbol{C}_{5\times4}$ 满足 $\boldsymbol{C}=\boldsymbol{AB}$, 则 m,n 分别为多少?

2. 设 $\boldsymbol{A}=\begin{bmatrix} 1 & 2 \\ -1 & 3 \end{bmatrix},\boldsymbol{B}=\begin{bmatrix} 3 & -2 \\ 2 & 1 \end{bmatrix}$, 求 $3\boldsymbol{A}+2\boldsymbol{B},\boldsymbol{AB}$.

3. 设矩阵

$$\boldsymbol{A}=\begin{bmatrix} 1 & 2 & 1 & 2 \\ 2 & 1 & 2 & 1 \\ 1 & 2 & 3 & 4 \end{bmatrix},\quad \boldsymbol{B}=\begin{bmatrix} 4 & 3 & 2 & 1 \\ -2 & 1 & -2 & 1 \\ 0 & -1 & 0 & -1 \end{bmatrix}.$$

(1) 求 $3\boldsymbol{A}-\boldsymbol{B}$;

(2) 若 $\boldsymbol{X}$ 满足 $\boldsymbol{A}+\boldsymbol{X}=\boldsymbol{B}$, 求 $\boldsymbol{X}$.

4. 计算:

(1) $(2,3,-1)\begin{bmatrix} 1 \\ -1 \\ -1 \end{bmatrix},\begin{bmatrix} 1 \\ -1 \\ -1 \end{bmatrix}(2,3,-1)$; (2) $\begin{bmatrix} 3 & 1 & 1 \\ 2 & 1 & 2 \\ 1 & 2 & 3 \end{bmatrix}\begin{bmatrix} 1 & 1 & -1 \\ 2 & -1 & 0 \\ 1 & 0 & 1 \end{bmatrix}$;

(3) $\begin{bmatrix} -1 & 3 & 1 \\ 0 & 4 & 2 \end{bmatrix}\begin{bmatrix} 4 & 1 \\ 2 & 5 \\ 3 & 4 \end{bmatrix}$; (4) $\begin{bmatrix} 2 & 1 & 1 \\ 3 & 1 & 0 \\ 0 & 1 & 2 \end{bmatrix}^2$.

5. 设 $\boldsymbol{A}=\begin{bmatrix} 1 \\ 2 \\ 3 \end{bmatrix}\left(1,\dfrac{1}{2},\dfrac{1}{3}\right)$, 计算 $\boldsymbol{A}^{11}$.

6. (1) 已知 $f(x)=x^2-5x+3,\boldsymbol{A}=\begin{bmatrix} 2 & -1 \\ -3 & 3 \end{bmatrix}$, 求 $f(\boldsymbol{A})$;

(2) 已知 $f(x)=x^2-x-1, \boldsymbol{A}=\begin{bmatrix} 2 & 1 & 1 \\ 3 & 1 & 2 \\ 1 & -1 & 0 \end{bmatrix}$, 求 $f(\boldsymbol{A})$.

7. 将下列矩阵化成行最简形矩阵:

(1) $\begin{bmatrix} 2 & 1 & 2 & 3 \\ 4 & 1 & 3 & 5 \\ 2 & 0 & 1 & 2 \end{bmatrix}$; (2) $\begin{bmatrix} 1 & 1 & 1 & 4 & 3 \\ 1 & -1 & 3 & -2 & 1 \\ 2 & 1 & 3 & 5 & 5 \\ 3 & 1 & 5 & 6 & 7 \end{bmatrix}$.

8. 用初等行变换求下列矩阵的逆:

(1) $\begin{bmatrix} 1 & 1 & -1 \\ 2 & 1 & 0 \\ 1 & -1 & 0 \end{bmatrix}$; (2) $\begin{bmatrix} 2 & 2 & 3 \\ 1 & -1 & 0 \\ -1 & 2 & 1 \end{bmatrix}$; (3) $\begin{bmatrix} 1 & 2 & 3 & 4 \\ 2 & 3 & 1 & 2 \\ 1 & 1 & 1 & -1 \\ 1 & 0 & -2 & -6 \end{bmatrix}$.

9. 设方阵 $\boldsymbol{A}$ 满足 $\boldsymbol{A}^2+3\boldsymbol{A}-2\boldsymbol{E}=\boldsymbol{O}$, 证明 $\boldsymbol{A}$ 及 $\boldsymbol{A}+3\boldsymbol{E}$ 均可逆, 并求 $\boldsymbol{A}^{-1}$ 及 $(\boldsymbol{A}+3\boldsymbol{E})^{-1}$.

10. 用逆矩阵解下列矩阵方程:

(1) $\begin{bmatrix} 1 & 1 & -1 \\ 0 & 2 & 2 \\ 1 & -1 & 0 \end{bmatrix}\boldsymbol{X}=\begin{bmatrix} 1 & -1 & 1 \\ 1 & 1 & 0 \\ 2 & 1 & 1 \end{bmatrix}$;

(2) $\boldsymbol{X}\begin{bmatrix} 1 & 1 & -1 \\ 0 & 2 & 2 \\ 1 & -1 & 0 \end{bmatrix}=\begin{bmatrix} 1 & -1 & 1 \\ 1 & 1 & 0 \\ 2 & 1 & 1 \end{bmatrix}$.

11. 已知矩阵 $\boldsymbol{A}=\begin{bmatrix} 2 & 0 & -1 \\ 1 & 3 & 2 \end{bmatrix}, \boldsymbol{B}=\begin{bmatrix} 1 & 7 & -1 \\ 4 & 2 & 3 \\ 2 & 0 & 1 \end{bmatrix}$, 求 $(\boldsymbol{AB})^{\mathrm{T}}$.

12. 用分块法求下列矩阵的逆:

(1) $\begin{bmatrix} 2 & 1 & 0 & 0 \\ 3 & 2 & 0 & 0 \\ 0 & 0 & 2 & 1 \\ 0 & 0 & 0 & 1 \end{bmatrix}$; (2) $\begin{bmatrix} 5 & 0 & 0 & 0 & 0 \\ 0 & 2 & 1 & 0 & 0 \\ 0 & 1 & 1 & 0 & 0 \\ 0 & 0 & 0 & 2 & 5 \\ 0 & 0 & 0 & 1 & 3 \end{bmatrix}$.

13. 设矩阵 $\boldsymbol{A}=\begin{bmatrix} 1 & -1 & -1 & -1 \\ -1 & 1 & -1 & -1 \\ -1 & -1 & 1 & -1 \\ -1 & -1 & -1 & 1 \end{bmatrix}$, 求 $\boldsymbol{A}^n$.

14. 证明：任何方阵都可以表示成一对称矩阵与一反对称矩阵之和.

15. 计算下列行列式:

(1) $\begin{vmatrix} 6 & 9 \\ 7 & 5 \end{vmatrix}$; (2) $\begin{vmatrix} -1 & 4 \\ -2 & 8 \end{vmatrix}$; (3) $\begin{vmatrix} \cos x & -\sin x \\ \sin x & \cos x \end{vmatrix}$;

(4) $\begin{vmatrix} 3 & 1 & 2 \\ 2 & -1 & 3 \\ 2 & 5 & 4 \end{vmatrix}$;　(5) $\begin{vmatrix} 2 & -2 & 2 \\ 1 & -2 & 1 \\ 2 & 3 & 0 \end{vmatrix}$;　(6) $\begin{vmatrix} 0 & a & 0 \\ y & 0 & z \\ 0 & t & 0 \end{vmatrix}$.

16. 解下列关于 a 的方程:

(1) $\begin{vmatrix} 1 & 1 & 1 \\ 1 & 2 & a \\ 1 & a & 6 \end{vmatrix} = 1$;　(2) $\begin{vmatrix} a & a & 2 \\ 0 & -1 & 1 \\ 1 & 2 & a \end{vmatrix} = 0$.

17. 计算下列行列式:

(1) $\begin{vmatrix} 3 & 2 & 2 \\ 2 & 1 & 2 \\ 1 & 0 & 2 \end{vmatrix}$;　(2) $\begin{vmatrix} 1 & 0 & 3 & -2 \\ 2 & -3 & 5 & -2 \\ 4 & 2 & 0 & -1 \\ 3 & 0 & 2 & -1 \end{vmatrix}$;

(3) $\begin{vmatrix} 1 & 2 & 3 & 4 \\ 2 & 3 & 4 & 1 \\ 3 & 4 & 1 & 2 \\ 4 & 1 & 2 & 3 \end{vmatrix}$;　(4) $\begin{vmatrix} x & -y & -y & -y \\ x & -y & 0 & 0 \\ x & 0 & z & 0 \\ x & 0 & 0 & -z \end{vmatrix}$;

(5) $\begin{vmatrix} -ab & ac & ae \\ bd & -cd & de \\ bf & cf & -ef \end{vmatrix}$;　(6) $\begin{vmatrix} 1+a & 1 & 1 & 1 \\ 1 & 1-a & 1 & 1 \\ 1 & 1 & 1+b & 1 \\ 1 & 1 & 1 & 1-b \end{vmatrix}$.

18. 证明下列等式:

(1) $\begin{vmatrix} a^2 & ab & b^2 \\ 2a & a+b & 2b \\ 1 & 1 & 1 \end{vmatrix} = (a-b)^3 \begin{vmatrix} x^2 & xy & y^2 \\ 2x & x+y & 2y \\ 1 & 1 & 1 \end{vmatrix} = (x-y)^3$;

(2) $\begin{vmatrix} y+z & z+x & x+y \\ y_1+z_1 & z_1+x_1 & x_1+y_1 \\ y_2+z_2 & z_2+x_2 & x_2+y_2 \end{vmatrix} = 2\begin{vmatrix} x & y & z \\ x_1 & y_1 & z_1 \\ x_2 & y_2 & z_2 \end{vmatrix}$.

19. 计算下列行列式:

(1) $\begin{vmatrix} 1 & -2 & 3 & 4 \\ 4 & 1 & 2 & 3 \\ 3 & 0 & 1 & 0 \\ 2 & -4 & 2 & 0 \end{vmatrix}$;　(2) $\begin{vmatrix} 2 & 3 & -2 & 2 \\ 1 & 0 & 2 & 3 \\ 2 & -2 & 3 & 2 \\ 2 & 0 & 1 & -3 \end{vmatrix}$.

20. 计算下列 n 阶行列式:

(1) $\begin{vmatrix} 0 & 2 & 2 & \dots & 2 & 2 \\ 2 & 0 & 2 & \dots & 2 & 2 \\ 2 & 2 & 0 & \dots & 2 & 2 \\ \vdots & \vdots & \vdots & & \vdots & \vdots \\ 2 & 2 & 2 & \dots & 0 & 2 \\ 2 & 2 & 2 & \dots & 2 & 0 \end{vmatrix}$; (2) $\begin{vmatrix} 1 & 1 & 1 & \dots & 1 \\ 1 & 2 & 1 & \dots & 1 \\ 1 & 1 & 3 & \cdots & 1 \\ \vdots & \vdots & \vdots & & \vdots \\ 1 & 1 & 1 & \dots & n \end{vmatrix}$.

21. 当 x 为何值时, 方程组 $\begin{cases} xa+b+c=0, \\ a+xb-c=0, \\ 2a-b+c=0 \end{cases}$ 仅有零解?

22. 当 β 取何值时, 方程组 $\begin{cases} (1-\beta)a_1-2a_2+4a_3=0, \\ 2a_1+(3-\beta)a_2+a_3=0, \\ a_1+a_2+(1-\beta)a_3=0 \end{cases}$ 有非零解?

23. 设矩阵 $\boldsymbol{A}=\begin{bmatrix} 2 & -5 & 2 & -2 \\ 4 & -1 & 1 & -2 \\ -2 & 4 & 1 & 0 \end{bmatrix}$, 试计算矩阵 $\boldsymbol{A}$ 的秩.

24. 求下列矩阵的秩, 并给出一个最高阶非零子式:

(1) $\begin{bmatrix} 2 & 1 & 1 & 3 \\ 1 & -1 & 0 & -1 \\ 1 & 4 & -2 & -2 \end{bmatrix}$; (2) $\begin{bmatrix} 1 & 2 & -1 & -3 & -1 \\ 2 & -1 & 3 & 2 & 0 \\ -5 & 0 & 4 & -1 & -3 \end{bmatrix}$.

矩阵测试题

行列式测试题

第 3 章　线性方程组

线性方程组的理论是线性代数的重要内容之一, 是解决很多实际问题的有力工具, 在科学技术和经济管理的许多领域 (如物理、化学、网络理论、最优化方法和投入产出模型等) 中都有广泛应用. 为深入讨论线性方程组解的存在与结构问题, 必须了解方程组中各个方程之间的关系, 即研究有序数组之间的关系. 在这一章里引入了 n 维向量 (有序数组) 的概念并定义它的线性运算, 从理论上研究向量组之间的线性相关性, 最终得到线性方程组解的结构及解的存在性定理.

3.1　向量与向量组的线性组合

3.1.1　n 维向量及其运算

在许多理论研究与实际应用中经常会涉及有序数组. 例如, 一个线性方程组的系数与常数项即对应一个有序数组, 一个矩阵的一行或一列也对应一个有序数组, 一张采购清单对应一个有序数组, 体育比赛的名次排名也对应一个有序数组, 凡此种种, 不胜枚举. 我们把这些有序的数组称为向量. n 维向量是二维、三维向量的推广.

例 3.1.1　确定空中飞机的状态, 需要 6 个参数: 飞机重心在空间的位置 x, y, z, 机身的水平转角 θ $(0 \leqslant \theta \leqslant \pi)$、机身的仰角 φ $\left(-\dfrac{\pi}{2} \leqslant \varphi \leqslant \dfrac{\pi}{2}\right)$、机翼 (以机身为轴) 的转角 ψ $(-\pi < \psi \leqslant \pi)$, 这 6 个参数构成一个有序数组 $(x, y, z, \theta, \varphi, \psi)$, 即为 6 维向量.

下面给出 n 维向量的定义.

定义 3.1　n 个数 $a_1, a_2, \cdots, a_n$ 所组成的有序数组称为 n **维向量**, 记为 $(a_1, a_2, \cdots, a_n)$, 通常用小写的希腊字母 $\boldsymbol{\alpha}, \boldsymbol{\beta}, \boldsymbol{\gamma}$ 等表示. 而这 n 个数称为该向量的 n 个分量, 第 i 个数 a_i 称为第 i 个分量.

分量为实数的向量称为**实向量**, 分量为复数的向量称为**复向量**.

一般称 $\boldsymbol{\alpha} = (a_1, a_2, \cdots, a_n)$ 为 n 维行向量, $\boldsymbol{\beta} = \begin{bmatrix} b_1 \\ b_2 \\ \vdots \\ b_n \end{bmatrix}$ 为 n 维列向量.

由于向量可以看成特殊矩阵, 行向量可以看成行矩阵, 因此, 把 n 维列向量 $\boldsymbol{\beta}=\begin{bmatrix} b_1 \\ b_2 \\ \vdots \\ b_n \end{bmatrix}$ 与 n 维行向量 $\boldsymbol{\beta}^{\mathrm{T}}=(b_1,b_2,\cdots,b_n)$ 视为两个不同的向量.

所有分量均为零的向量称为**零向量**, 零向量记为 $\mathbf{0}=(0,0,\cdots,0)$.

称 $-\boldsymbol{\alpha}=(-a_1,-a_2,\cdots,-a_n)$ 为向量 $\boldsymbol{\alpha}=(a_1,a_2,\cdots,a_n)$ 的负向量.

两个 n 维向量相等的充要条件为它们各对应的分量相等, 即 $\boldsymbol{\alpha}=(a_1,a_2,\cdots,a_n),\boldsymbol{\beta}=(b_1,b_2,\cdots,b_n),\boldsymbol{\alpha}=\boldsymbol{\beta}$ 的充分必要条件是 $a_i=b_i(i=1,2,\cdots,n)$.

设 n 维向量 $\boldsymbol{\alpha}=(a_1,a_2,\cdots,a_n)$ 与 $\boldsymbol{\beta}=(b_1,b_2,\cdots,b_n)$, 则有如下定义.

定义 3.2 $\boldsymbol{\alpha}$ 与 $\boldsymbol{\beta}$ 的和记为 $\boldsymbol{\alpha}+\boldsymbol{\beta}$, 且 $\boldsymbol{\alpha}+\boldsymbol{\beta}=(a_1+b_1,a_2+b_2,\cdots,a_n+b_n)$. $\boldsymbol{\alpha}$ 与 $\boldsymbol{\beta}$ 的差记为 $\boldsymbol{\alpha}-\boldsymbol{\beta}$, 即 $\boldsymbol{\alpha}-\boldsymbol{\beta}=\boldsymbol{\alpha}+(-\boldsymbol{\beta})=(a_1-b_1,a_2-b_2,\cdots,a_n-b_n)$. 常数 λ 与向量 $\boldsymbol{\alpha}$ 的数乘向量记为 $\lambda\boldsymbol{\alpha}$, 即 $\lambda\boldsymbol{\alpha}=(\lambda a_1,\lambda a_2,\cdots,\lambda a_n)$.

显然向量的加法与数乘和矩阵的加法与数乘类似, 向量的加法与数乘运算统称为向量的线性运算.

定义 3.3 所有 n 维实向量构成的集合记为 $\mathbf{R}^n$, 称 $\mathbf{R}^n$ 为**实 n 维向量空间**, 它是指在 $\mathbf{R}^n$ 中定义了加法和数乘这两种运算, 且这两种运算满足下面 8 条运算规律:

(1) $\boldsymbol{\alpha}+\boldsymbol{\beta}=\boldsymbol{\beta}+\boldsymbol{\alpha}$ (加法交换律);

(2) $(\boldsymbol{\alpha}+\boldsymbol{\beta})+\boldsymbol{\gamma}=\boldsymbol{\alpha}+(\boldsymbol{\beta}+\boldsymbol{\gamma})$ (加法结合律);

(3) $\boldsymbol{\alpha}+\mathbf{0}=\boldsymbol{\alpha}$;

(4) $\boldsymbol{\alpha}+(-\boldsymbol{\alpha})=\mathbf{0}$;

(5) $1\cdot\boldsymbol{\alpha}=\boldsymbol{\alpha}$;

(6) $(\lambda\mu)\boldsymbol{\alpha}=\lambda(\mu\boldsymbol{\alpha})$ (数乘结合律);

(7) $(\lambda+\mu)\boldsymbol{\alpha}=\lambda\boldsymbol{\alpha}+\mu\boldsymbol{\alpha}$ (数乘分配律);

(8) $\lambda(\boldsymbol{\alpha}+\boldsymbol{\beta})=\lambda\boldsymbol{\alpha}+\lambda\boldsymbol{\beta}$ (数乘分配律).

设 V 是 n 维向量空间 $\mathbf{R}^n$ 上的一个非空子集, 对于 $\mathbf{R}^n$ 的运算, V 在一定条件下也构成一个 n 维向量空间, 因为 V 中的向量经过线性运算会产生另一个 n 维向量. 为了使 V 为向量空间, V 中的向量经过线性运算所得的新向量必须仍在 V 中.

定义 3.4 设 V 是 $\mathbf{R}^n$ 上的一个非空子集, 若 V 关于 $\mathbf{R}^n$ 所定义的加法和数乘满足 $\forall\ \boldsymbol{\alpha},\boldsymbol{\beta}\in V,k\in\mathbf{R}$, 有 $k\,\boldsymbol{\alpha}\in V$, $\boldsymbol{\alpha}+\boldsymbol{\beta}\in V$, 则称 V 是 $\mathbf{R}^n$ 上的一个**子空间**.

例 3.1.2 设 $\boldsymbol{\alpha}=(2,k,0)^{\mathrm{T}},\boldsymbol{\beta}=(-1,0,\lambda)^{\mathrm{T}},\boldsymbol{\gamma}=(\mu,-5,4)^{\mathrm{T}}$, 且有 $2\boldsymbol{\alpha}-\boldsymbol{\beta}+\boldsymbol{\gamma}=\mathbf{0}$, 求参数 k,λ,μ.

解　由向量相等及运算有 $4+1+\mu=0$, $2k-0-5=0$, $0-\lambda+4=0$, 所以 $k=2.5, \lambda=4, \mu=-5$.

例 3.1.3　$V=\{(x_1,x_2,x_3)|\ x_1-x_2+x_3=1\}\subset \mathbf{R}^3$.

可以验证 V 不是 $\mathbf{R}^3$ 上的一个子空间, 实际上, 若取 $(1,0,0)\in V$, 显然 $k(1,0,0)\notin V(k\neq 1)$.

下面我们将进一步研究向量之间的关系.

3.1.2　向量组的线性组合

例 3.1.4　某企业生产两种产品, 生产 1 美元价值的产品 A, 公司需耗费 0.45 美元材料费用、0.15 美元劳务费用、0.09 美元管理费用; 生产 1 美元价值的产品 B, 公司需耗费 0.40 美元材料费用、0.25 美元劳务费用、0.10 美元管理费用. 设

$$\boldsymbol{\alpha}=\begin{bmatrix}0.45\\0.15\\0.09\end{bmatrix},\quad \boldsymbol{\beta}=\begin{bmatrix}0.40\\0.25\\0.10\end{bmatrix},$$

向量 $\boldsymbol{\alpha}$ 和 $\boldsymbol{\beta}$ 分别称为产品 A 和 B 的“单位美元产出成本”, 问:

(1) 向量 $100\boldsymbol{\alpha}$ 的实际意义是什么?

(2) 设公司希望生产 x_1 美元价值的产品 A 和 x_2 美元价值的产品 B. 试给出描述该公司所花费的各部分成本 (材料费用、劳务费用、管理费用) 的向量.

解　(1) 显然

$$100\boldsymbol{\alpha}=100\begin{bmatrix}0.45\\0.15\\0.09\end{bmatrix}=\begin{bmatrix}45\\15\\9\end{bmatrix},$$

$100\boldsymbol{\alpha}$ 的实际意义为生产 100 美元价值的产品 A 所需的各种成本: 材料费用 45 美元, 劳务费用 15 美元, 管理费用 9 美元.

(2) 生产 x_1 美元价值的产品 A 和 x_2 美元价值的产品 B 所花费的各部分成本 (材料费用、劳务费用、管理费用) 的向量为 $x_1\boldsymbol{\alpha}+x_2\boldsymbol{\beta}=\begin{bmatrix}0.45x_1+0.40x_2\\0.15x_1+0.25x_2\\0.09x_1+0.10x_2\end{bmatrix}$.

一般情况下, 两个向量之间最简单的关系是成比例, 即指存在一个数 k, 使得 $\boldsymbol{\beta}=k\cdot\boldsymbol{\alpha}$ 或 $\boldsymbol{\alpha}=k\cdot\boldsymbol{\beta}$.

多个向量之间的比例关系, 表现为线性组合的关系. 例如, 向量 $\boldsymbol{\alpha}_1=(2,0,1,-1), \boldsymbol{\alpha}_2=(0,0,2,1), \boldsymbol{\alpha}_3=(2,0,5,1)$, 可以看出 $\boldsymbol{\alpha}_3=\boldsymbol{\alpha}_1+2\boldsymbol{\alpha}_2$, 这时就称 $\boldsymbol{\alpha}_3$ 是 $\boldsymbol{\alpha}_1,\boldsymbol{\alpha}_2$ 的线性组合. 推广到一般情况, 有如下定义.

定义 3.5 对于给定的 n 维向量 $\boldsymbol{\alpha}_1,\boldsymbol{\alpha}_2,\cdots,\boldsymbol{\alpha}_m,\boldsymbol{\beta}$, 如果存在一组常数 $k_1, k_2,\cdots,k_m$, 使得 $\boldsymbol{\beta}=k_1\boldsymbol{\alpha}_1+k_2\boldsymbol{\alpha}_2+\cdots+k_m\boldsymbol{\alpha}_m$ 成立, 则称**向量 $\boldsymbol{\beta}$ 是向量组 $\boldsymbol{\alpha}_1,\boldsymbol{\alpha}_2,\cdots,\boldsymbol{\alpha}_m$ 的线性组合**, 或称向量 $\boldsymbol{\beta}$ 可由向量组 $\boldsymbol{\alpha}_1,\boldsymbol{\alpha}_2,\cdots,\boldsymbol{\alpha}_m$ 线性表示, 其中 $k_1,k_2,\cdots,k_m$ 称为该组合的系数或该表示的系数. 所有由 $\boldsymbol{\alpha}_1,\boldsymbol{\alpha}_2,\cdots,\boldsymbol{\alpha}_m$ 的线性组合所构成的向量集合用 $L(\boldsymbol{\alpha}_1,\boldsymbol{\alpha}_2,\cdots,\boldsymbol{\alpha}_m)$ 表示, 即

$$L(\boldsymbol{\alpha}_1,\boldsymbol{\alpha}_2,\cdots,\boldsymbol{\alpha}_m)=\{\boldsymbol{\gamma}\,|\,\boldsymbol{\gamma}=x_1\boldsymbol{\alpha}_1+x_2\boldsymbol{\alpha}_2+\cdots+x_m\boldsymbol{\alpha}_m,x_1,x_2,\cdots,x_m\in\mathbf{R}\}.$$

例 3.1.5 零向量是任一向量组的线性组合.

设 $\boldsymbol{\alpha}_1,\boldsymbol{\alpha}_2,\cdots,\boldsymbol{\alpha}_m$ 为任一向量组, 显然有 $\mathbf{0}=0\cdot\boldsymbol{\alpha}_1+0\cdot\boldsymbol{\alpha}_2+\cdots+0\cdot\boldsymbol{\alpha}_m$.

例 3.1.6 向量组 $\boldsymbol{\alpha}_1,\boldsymbol{\alpha}_2,\cdots,\boldsymbol{\alpha}_m$ 中任一向量都可以用这个向量组线性表示.

因为 $\boldsymbol{\alpha}_i=0\cdot\boldsymbol{\alpha}_1+0\cdot\boldsymbol{\alpha}_2+\cdots+0\cdot\boldsymbol{\alpha}_{i-1}+1\cdot\boldsymbol{\alpha}_i+0\cdot\boldsymbol{\alpha}_{i+1}+\cdots+0\cdot\boldsymbol{\alpha}_m$, 所以 $\boldsymbol{\alpha}_i\ (i=1,2,\cdots,m)$ 可由 $\boldsymbol{\alpha}_1,\boldsymbol{\alpha}_2,\cdots,\boldsymbol{\alpha}_m$ 线性表示.

例 3.1.7 任意一个 n 维向量 $\boldsymbol{\alpha}$ 都可由 n 维向量组 $\boldsymbol{\varepsilon}_1,\boldsymbol{\varepsilon}_2,\cdots,\boldsymbol{\varepsilon}_n$ 线性表示, 其中

$$\boldsymbol{\varepsilon}_1=\begin{bmatrix}1\\0\\\vdots\\0\end{bmatrix},\boldsymbol{\varepsilon}_2=\begin{bmatrix}0\\1\\\vdots\\0\end{bmatrix},\cdots,\boldsymbol{\varepsilon}_n=\begin{bmatrix}0\\0\\\vdots\\1\end{bmatrix}.$$

事实上, 若 $\boldsymbol{\alpha}=(k_1,k_2,\cdots,k_n)$, 则 $\boldsymbol{\alpha}=k_1\boldsymbol{\varepsilon}_1+k_2\boldsymbol{\varepsilon}_2+\cdots+k_n\boldsymbol{\varepsilon}_n$, 所以任意一个 n 维向量 $\boldsymbol{\alpha}$ 都可由向量组 $\boldsymbol{\varepsilon}_1,\boldsymbol{\varepsilon}_2,\cdots,\boldsymbol{\varepsilon}_n$ 线性表示, 其中 $\boldsymbol{\varepsilon}_1,\boldsymbol{\varepsilon}_2,\cdots,\boldsymbol{\varepsilon}_n$ 也称为 n **维基本单位向量组**.

对于给定的向量 $\boldsymbol{\beta}$ 和向量组 $\boldsymbol{\alpha}_1,\boldsymbol{\alpha}_2,\cdots,\boldsymbol{\alpha}_m$, 如何判断向量 $\boldsymbol{\beta}$ 能否由向量组 $\boldsymbol{\alpha}_1,\boldsymbol{\alpha}_2,\cdots,\boldsymbol{\alpha}_m$ 线性表示呢?显然该问题取决于能否找到一组常数 $k_1,k_2,\cdots,k_m$, 使得 $\boldsymbol{\beta}=k_1\boldsymbol{\alpha}_1+k_2\boldsymbol{\alpha}_2+\cdots+k_m\boldsymbol{\alpha}_m$ 成立, 下面举例说明判断的方法.

例 3.1.8 证明向量 $\boldsymbol{\beta}=(-1,1,5)^{\mathrm{T}}$ 是向量组 $\boldsymbol{\alpha}_1=(1,2,3)^{\mathrm{T}},\boldsymbol{\alpha}_2=(0,1,4)^{\mathrm{T}}$, $\boldsymbol{\alpha}_3=(2,3,6)^{\mathrm{T}}$ 的线性组合, 并具体将 $\boldsymbol{\beta}$ 用向量组 $\boldsymbol{\alpha}_1,\boldsymbol{\alpha}_2,\boldsymbol{\alpha}_3$ 线性表示.

证法一 设 $\boldsymbol{A}=(\boldsymbol{\alpha}_1,\boldsymbol{\alpha}_2,\boldsymbol{\alpha}_3)=\begin{bmatrix}1&0&2\\2&1&3\\3&4&6\end{bmatrix},\boldsymbol{X}=\begin{bmatrix}x_1\\x_2\\x_3\end{bmatrix},\boldsymbol{b}=\boldsymbol{\beta}=\begin{bmatrix}-1\\1\\5\end{bmatrix}$, 只需考虑 $\boldsymbol{AX}=\boldsymbol{b}$ 有解, 其中

$$\overline{\boldsymbol{A}}=\left[\begin{array}{ccc|c}1&0&2&-1\\2&1&3&1\\3&4&6&5\end{array}\right]\to\left[\begin{array}{ccc|c}1&0&2&-1\\0&1&-1&3\\0&4&0&8\end{array}\right]\to\left[\begin{array}{ccc|c}1&0&2&-1\\0&1&-1&3\\0&0&4&-4\end{array}\right]$$

$$\to\left[\begin{array}{ccc|c}1&0&2&-1\\0&1&-1&3\\0&0&1&-1\end{array}\right]\to\left[\begin{array}{ccc|c}1&0&0&1\\0&1&0&2\\0&0&1&-1\end{array}\right],$$

即得 $x_1=1,x_2=2,x_3=-1$, 所以 $\boldsymbol{\beta}$ 可以用向量组 $\boldsymbol{\alpha}_1,\boldsymbol{\alpha}_2,\boldsymbol{\alpha}_3$ 线性表示, 且线性关系为 $\boldsymbol{\beta}=\boldsymbol{\alpha}_1+2\boldsymbol{\alpha}_2-\boldsymbol{\alpha}_3$.

证法二 设 x_1,x_2,x_3 为使 $\boldsymbol{\beta}=x_1\boldsymbol{\alpha}_1+x_2\boldsymbol{\alpha}_2+x_3\boldsymbol{\alpha}_3$ 成立的三个常数, 则有

$$\begin{cases}x_1+0\cdot x_2+2x_3=-1,\\2x_1+x_2+3x_3=1,\\3x_1+4x_2+6x_3=5.\end{cases}$$

该线性方程组的系数行列式 $D=\begin{vmatrix}1&0&2\\2&1&3\\3&4&6\end{vmatrix}=4\neq 0.$

由克拉默法则得线性方程组有唯一解, 说明 $\boldsymbol{\beta}$ 能由向量组 $\boldsymbol{\alpha}_1,\boldsymbol{\alpha}_2,\boldsymbol{\alpha}_3$ 线性表示. 由克拉默法则得 $x_1=1,x_2=2,x_3=-1$, 即 $\boldsymbol{\beta}=\boldsymbol{\alpha}_1+2\boldsymbol{\alpha}_2-\boldsymbol{\alpha}_3$.

例 3.1.9 证明: 向量 $(4,5,5)$ 可以用多种方式表示成向量 $(1,2,3),(-1,1,4)$ 及 $(3,3,2)$ 的线性组合.

证 假定 $\lambda_1,\lambda_2,\lambda_3$ 是数, 它们使

$$\begin{aligned}(4,5,5)&=\lambda_1(1,2,3)+\lambda_2(-1,1,4)+\lambda_3(3,3,2)\\&=(\lambda_1,2\lambda_1,3\lambda_1)+(-\lambda_2,\lambda_2,4\lambda_2)+(3\lambda_3,3\lambda_3,2\lambda_3)\\&=(\lambda_1-\lambda_2+3\lambda_3,2\lambda_1+\lambda_2+3\lambda_3,3\lambda_1+4\lambda_2+2\lambda_3),\end{aligned}\tag{3.1}$$

这样便可得到一个线性方程组:

$$\begin{cases}\lambda_1-\lambda_2+3\lambda_3=4,\\2\lambda_1+\lambda_2+3\lambda_3=5,\\3\lambda_1+4\lambda_2+2\lambda_3=5.\end{cases}\tag{3.2}$$

这个方程组的解不是唯一的, 例如, 以下两组数都是方程组 (3.2) 的解:

$$\lambda_1=1,\ \lambda_2=0,\ \lambda_3=1;\quad \lambda_1=3,\ \lambda_2=-1,\ \lambda_3=0.$$

因此 $(4,5,5)=(1,2,3)+(3,3,2)$; $(4,5,5)=3(1,2,3)-(-1,1,4)$, 即向量 $(4,5,5)$ 可以用不止一种方式表示成另外三个向量的线性组合.

注 本例表明, 判断一个向量是否可用多种形式由其他向量组线性表出的问题也可以归结为某一个线性方程组解的个数问题. 解唯一, 表示方式也唯一. 解越多, 表示方式也越多. 这说明线性方程组的解同向量线性关系之间的紧密联系.

一般地, 有如下定理.

定理 3.1 设有向量

$$\boldsymbol{\alpha}_1=\begin{bmatrix}a_{11}\\a_{21}\\\vdots\\a_{m1}\end{bmatrix},\ \boldsymbol{\alpha}_2=\begin{bmatrix}a_{12}\\a_{22}\\\vdots\\a_{m2}\end{bmatrix},\cdots,\ \boldsymbol{\alpha}_n=\begin{bmatrix}a_{1n}\\a_{2n}\\\vdots\\a_{mn}\end{bmatrix},\ \boldsymbol{\beta}=\begin{bmatrix}b_1\\b_2\\\vdots\\b_m\end{bmatrix},$$

则 $\boldsymbol{\beta}$ 可由向量组 $\boldsymbol{\alpha}_1,\boldsymbol{\alpha}_2,\cdots,\boldsymbol{\alpha}_n$ 线性表示的充分必要条件为线性方程组

$$\begin{cases}a_{11}x_1+a_{12}x_2+\cdots+a_{1n}x_n=b_1,\\a_{21}x_1+a_{22}x_2+\cdots+a_{2n}x_n=b_2,\\\qquad\cdots\cdots\\a_{m1}x_1+a_{m2}x_2+\cdots+a_{mn}x_n=b_m\end{cases}$$

有解, 即 $\boldsymbol{AX}=\boldsymbol{\beta}$ 有解, 其中 $\boldsymbol{A}=(\boldsymbol{\alpha}_1,\boldsymbol{\alpha}_2,\cdots,\boldsymbol{\alpha}_n)$.

证 $\boldsymbol{\beta}$ 可由向量组 $\boldsymbol{\alpha}_1,\boldsymbol{\alpha}_2,\cdots,\boldsymbol{\alpha}_n$ 线性表示 $\Leftrightarrow$ 存在一组常数 $k_1,k_2,\cdots,k_n$, 使得 $\boldsymbol{\beta}=k_1\boldsymbol{\alpha}_1+k_2\boldsymbol{\alpha}_2+\cdots+k_n\boldsymbol{\alpha}_n$ 成立, 即

$$\begin{bmatrix}b_1\\b_2\\\vdots\\b_m\end{bmatrix}=k_1\begin{bmatrix}a_{11}\\a_{21}\\\vdots\\a_{m1}\end{bmatrix}+k_2\begin{bmatrix}a_{12}\\a_{22}\\\vdots\\a_{m2}\end{bmatrix}+\cdots+k_n\begin{bmatrix}a_{1n}\\a_{2n}\\\vdots\\a_{mn}\end{bmatrix}$$

$\Leftrightarrow$ 线性方程组 $\begin{cases}a_{11}x_1+a_{12}x_2+\cdots+a_{1n}x_n=b_1,\\a_{21}x_1+a_{22}x_2+\cdots+a_{2n}x_n=b_2,\\\qquad\cdots\cdots\\a_{m1}x_1+a_{m2}x_2+\cdots+a_{mn}x_n=b_m\end{cases}$ 有解, 且 $k_1,k_2,\cdots,k_n$ 为以上方程组的一个解.

定义 3.6　设有两个向量组：

(A) $\boldsymbol{\alpha}_1,\boldsymbol{\alpha}_2,\cdots,\boldsymbol{\alpha}_m$;

(B) $\boldsymbol{\beta}_1,\boldsymbol{\beta}_2,\cdots,\boldsymbol{\beta}_s$.

若向量组 (A) 中的每个向量均可由向量组 (B) 线性表示, 则称**向量组 (A) 可由向量组 (B) 线性表示**.

若向量组 (A) 和向量组 (B) 可以互相线性表示, 则称**向量组 (A) 与向量组 (B) 等价**.

向量组的等价有如下性质：

(1) **反身性**　即每一个向量组都与自身等价;

(2) **对称性**　若向量组 (A) 与向量组 (B) 等价, 则向量组 (B) 与向量组 (A) 也等价;

(3) **传递性**　若向量组 (A) 与向量组 (B) 等价, 向量组 (B) 与向量组 (C) 等价, 则向量组 (A) 与向量组 (C) 也等价.

例 3.1.10　设有向量组 $A:\boldsymbol{\alpha}_1,\boldsymbol{\alpha}_2$ 和 $B:\boldsymbol{\beta}_1,\boldsymbol{\beta}_2,\boldsymbol{\beta}_3$, 且

$$\boldsymbol{\beta}_1=\boldsymbol{\alpha}_1+\boldsymbol{\alpha}_2,\quad \boldsymbol{\beta}_2=\boldsymbol{\alpha}_1-2\boldsymbol{\alpha}_2,\quad \boldsymbol{\beta}_3=\boldsymbol{\alpha}_1.$$

证明：向量组 $A:\boldsymbol{\alpha}_1,\boldsymbol{\alpha}_2$ 与向量组 $B:\boldsymbol{\beta}_1,\boldsymbol{\beta}_2,\boldsymbol{\beta}_3$ 等价.

证明　显然 B 能由 A 线性表示. 又

$$\boldsymbol{\alpha}_1=0\boldsymbol{\beta}_1+0\boldsymbol{\beta}_2+\boldsymbol{\beta}_3,\quad \boldsymbol{\alpha}_2=0\boldsymbol{\beta}_1-\frac{1}{2}\boldsymbol{\beta}_2+\frac{1}{2}\boldsymbol{\beta}_3,$$

这表明 $\boldsymbol{A}$ 也可由 $\boldsymbol{B}$ 线性表示, 由定义即有 $\boldsymbol{A}$ 与 $\boldsymbol{B}$ 等价.

3.2　向量组的线性相关性

3.2.1　线性相关与线性无关

例 3.2.1(配方问题)　一个混凝土生产企业可以生产 3 种不同型号的混凝土. 具体的配方比例见表 3.1.

表 3.1　配方比例

原料	型号		
	型号 1	型号 2	型号 3
水泥	22	26	18
沙子	32	31	29
煤灰	0	3	8
石头	46	40	45

问能否用其中的两种来配出第三种.

分析 把每种型号的混凝土的配方写成一个四维的列向量, 即设 $\boldsymbol{\alpha}_1=(22,32,0,46)^{\mathrm{T}},\boldsymbol{\alpha}_2=(26,31,3,40)^{\mathrm{T}},\boldsymbol{\alpha}_3=(18,29,8,45)^{\mathrm{T}}$, 能否用其中的两种来配出第三种, 这个问题就变成了是否存在不全为零的常数 x_1,x_2,x_3, 使 $x_1\boldsymbol{\alpha}_1+x_2\boldsymbol{\alpha}_2+x_3\boldsymbol{\alpha}_3=\mathbf{0}$, 即齐次方程组 $\boldsymbol{AX}=\mathbf{0}$ (其中 $\boldsymbol{A}=(\boldsymbol{\alpha}_1,\boldsymbol{\alpha}_2,\boldsymbol{\alpha}_3),\boldsymbol{X}=(x_1,x_2,x_3)^{\mathrm{T}}$) 是否有非零解的问题. 若有非零解就可以配出. 若只有零解则无法配出. 用高斯消元法可得该方程组只有零解, 故不能用其中的两种配出第三种.

下面重述空间向量共线和共面的几何解释.

若 $\boldsymbol{\alpha}$ 与 $\boldsymbol{\beta}$ 共线, 则 $\boldsymbol{\alpha}=k\cdot\boldsymbol{\beta}$ $(k\in\mathbf{R})$, 这等价于存在一组不全为零的常数 k_1,k_2 使得 $k_1\boldsymbol{\alpha}+k_2\boldsymbol{\beta}=\mathbf{0}$, 若 $\boldsymbol{\alpha}$ 与 $\boldsymbol{\beta}$ 不共线, 则只有当 k_1,k_2 全为零时才有 $k_1\boldsymbol{\alpha}+k_2\boldsymbol{\beta}=\mathbf{0}$.

若 $\boldsymbol{\alpha},\boldsymbol{\beta},\boldsymbol{\gamma}$ 共面, 则至少有一个向量可以用另外两个向量线性表示, 如图 3.1 所示 (两种情况), 假设 $\boldsymbol{\alpha}=x_1\boldsymbol{\beta}+x_2\boldsymbol{\gamma}$, 这等价于存在不全为零的三个数 k_1,k_2,k_3, 使 $k_1\boldsymbol{\alpha}+k_2\boldsymbol{\beta}+k_3\boldsymbol{\gamma}=\mathbf{0}$; 若三个向量 $\boldsymbol{\alpha},\boldsymbol{\beta},\boldsymbol{\gamma}$ 不共面 (假设如图 3.2 所示), 则任一个向量都不能由其余两个向量线性表示, 即只有在 k_1,k_2,k_3 全为零时, 才有

$$k_1\boldsymbol{\alpha}+k_2\boldsymbol{\beta}+k_3\boldsymbol{\gamma}=\mathbf{0}.$$

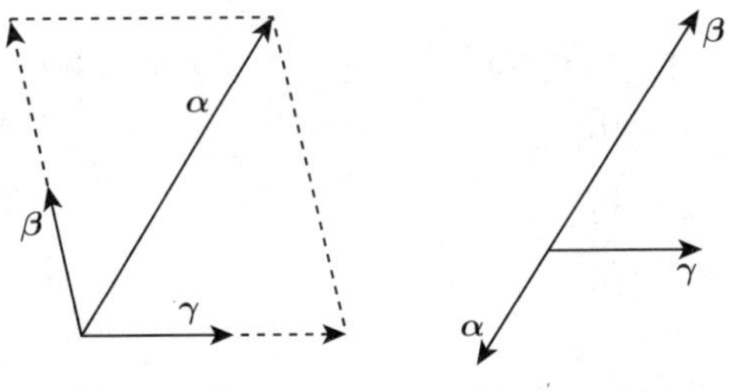

(a) $\boldsymbol{\alpha}=x_1\boldsymbol{\beta}+x_2\boldsymbol{\gamma}$　(b) $\boldsymbol{\alpha}=x_1\boldsymbol{\beta}+0\cdot\boldsymbol{\gamma}$

图 3.1

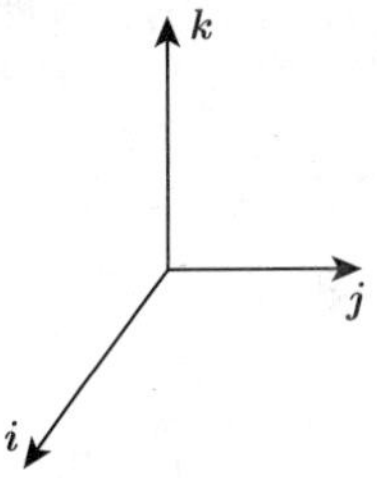

$\boldsymbol{\alpha}=\boldsymbol{i},\ \boldsymbol{\beta}=\boldsymbol{j},\ \boldsymbol{\gamma}=\boldsymbol{k}$

图 3.2

齐次线性方程组有无非零解的问题以及三维向量的是否共线 (或共面) 的问题, 归结为是否存在不全为零的系数使向量组的线性组合为零向量, 这就是向量组的线性相关性.

一般地, n 维向量组的线性相关性有如下定义.

定义 3.7 对于向量组 $\boldsymbol{\alpha}_1,\boldsymbol{\alpha}_2,\cdots,\boldsymbol{\alpha}_m$, 若存在一组不全为零的常数 $k_1,k_2,\cdots,k_m$, 使得 $k_1\boldsymbol{\alpha}_1+k_2\boldsymbol{\alpha}_2+\cdots+k_m\boldsymbol{\alpha}_m=\mathbf{0}$ 成立, 则称**向量组** $\boldsymbol{\alpha}_1,\boldsymbol{\alpha}_2,\cdots,\boldsymbol{\alpha}_m$ **线性相关**; 否则, 称**向量组** $\boldsymbol{\alpha}_1,\boldsymbol{\alpha}_2,\cdots,\boldsymbol{\alpha}_m$ **线性无关**, 即当且仅当 $k_1=k_2=\cdots=k_m=0$ 时, $k_1\boldsymbol{\alpha}_1+k_2\boldsymbol{\alpha}_2+\cdots+k_m\boldsymbol{\alpha}_m=\mathbf{0}$ 才成立.

由定义得以下结论.

(1) 只含一个向量的向量组线性相关的充分必要条件是该向量为零向量; 只含一个向量的向量组线性无关的充分必要条件为该向量为非零向量.

(2) 两个向量线性相 (无) 关的充分必要条件为两个向量的各分量对应 (不) 成比例.

(3) 若向量组中有一部分向量 (称为部分组) 线性相关, 则整个向量组线性相关; 若整个向量组线性无关, 则其任何一部分组都线性无关.

证 设向量组 $\boldsymbol{\alpha}_1,\boldsymbol{\alpha}_2,\cdots,\boldsymbol{\alpha}_m$ 中 $\boldsymbol{\alpha}_1,\boldsymbol{\alpha}_2,\cdots,\boldsymbol{\alpha}_r(r<m)$ 线性相关, 则有不全为零的 r 个常数 $k_1,k_2,\cdots,k_r$ 使 $k_1\boldsymbol{\alpha}_1+k_2\boldsymbol{\alpha}_2+\cdots+k_r\boldsymbol{\alpha}_r=\mathbf{0}$, 因而存在不全为零的 m 个常数 $k_1,k_2,\cdots,k_r,0,\cdots,0$, 使 $k_1\boldsymbol{\alpha}_1+k_2\boldsymbol{\alpha}_2+\cdots+k_r\boldsymbol{\alpha}_r+0\cdot\boldsymbol{\alpha}_{r+1}+\cdots+0\cdot\boldsymbol{\alpha}_m=\mathbf{0}$ 成立, 即整个向量组线性相关.

这一结论的第二部分可用反证法证明.

(4) 含有零向量的向量组线性相关. (证明略)

例 3.2.2 设向量组 $\boldsymbol{\alpha}_1,\boldsymbol{\alpha}_2,\boldsymbol{\alpha}_3$ 线性无关, $\boldsymbol{\beta}_1=\boldsymbol{\alpha}_1+\boldsymbol{\alpha}_2,\boldsymbol{\beta}_2=\boldsymbol{\alpha}_2+\boldsymbol{\alpha}_3,\boldsymbol{\beta}_3=\boldsymbol{\alpha}_3+\boldsymbol{\alpha}_1$, 讨论向量组 $\boldsymbol{\beta}_1,\boldsymbol{\beta}_2,\boldsymbol{\beta}_3$ 的线性相关性.

解法一 设存在 x_1,x_2,x_3 使 $x_1\boldsymbol{\beta}_1+x_2\boldsymbol{\beta}_2+x_3\boldsymbol{\beta}_3=\mathbf{0}$, 即 $x_1(\boldsymbol{\alpha}_1+\boldsymbol{\alpha}_2)+x_2(\boldsymbol{\alpha}_2+\boldsymbol{\alpha}_3)+x_3(\boldsymbol{\alpha}_3+\boldsymbol{\alpha}_1)=\mathbf{0}$, 亦即

$$(x_1+x_3)\boldsymbol{\alpha}_1+(x_1+x_2)\boldsymbol{\alpha}_2+(x_2+x_3)\boldsymbol{\alpha}_3=\mathbf{0}.$$

因为 $\boldsymbol{\alpha}_1,\boldsymbol{\alpha}_2,\boldsymbol{\alpha}_3$ 线性无关, 所以

$$\begin{cases}x_1+x_3=0,\\x_1+x_2=0,\\x_2+x_3=0.\end{cases}\tag{3.3}$$

又因为 $\begin{vmatrix}1&0&1\\1&1&0\\0&1&1\end{vmatrix}=2\neq 0$, 所以方程组 (3.3) 只有零解 $x_1=x_2=x_3=0$. 故向量组 $\boldsymbol{\beta}_1,\boldsymbol{\beta}_2,\boldsymbol{\beta}_3$ 线性无关.

解法二 记 $\boldsymbol{A}=(\boldsymbol{\alpha}_1,\boldsymbol{\alpha}_2,\boldsymbol{\alpha}_3),\boldsymbol{B}=(\boldsymbol{\beta}_1,\boldsymbol{\beta}_2,\boldsymbol{\beta}_3),\boldsymbol{K}=\begin{pmatrix}1&0&1\\1&1&0\\0&1&1\end{pmatrix},\boldsymbol{x}=\begin{pmatrix}x_1\\x_2\\x_3\end{pmatrix}$, 设 $\boldsymbol{Bx}=\mathbf{0}$, 因为 $(\boldsymbol{\beta}_1,\boldsymbol{\beta}_2,\boldsymbol{\beta}_3)=(\boldsymbol{\alpha}_1,\boldsymbol{\alpha}_2,\boldsymbol{\alpha}_3)\begin{pmatrix}1&0&1\\1&1&0\\0&1&1\end{pmatrix}$, 所以 $\boldsymbol{B}=\boldsymbol{AK}$, 故 $\boldsymbol{A}(\boldsymbol{Kx})=\mathbf{0}$.

又因为 $\boldsymbol{A}$ 的列向量线性相关, 所以 $\boldsymbol{Kx} = \boldsymbol{0}$. 又因为 $|\boldsymbol{K}| = 2 \neq 0$, 所以 $\boldsymbol{x} = \boldsymbol{0}$. 故向量组 $\boldsymbol{\beta}_1, \boldsymbol{\beta}_2, \boldsymbol{\beta}_3$ 线性无关.

解法三 记 $\boldsymbol{A} = (\boldsymbol{\alpha}_1, \boldsymbol{\alpha}_2, \boldsymbol{\alpha}_3), \boldsymbol{B} = (\boldsymbol{\beta}_1, \boldsymbol{\beta}_2, \boldsymbol{\beta}_3), \boldsymbol{K} = \begin{pmatrix} 1 & 0 & 1 \\ 1 & 1 & 0 \\ 0 & 1 & 1 \end{pmatrix}$.

因为 $(\boldsymbol{\beta}_1, \boldsymbol{\beta}_2, \boldsymbol{\beta}_3) = (\boldsymbol{\alpha}_1, \boldsymbol{\alpha}_2, \boldsymbol{\alpha}_3) \begin{pmatrix} 1 & 0 & 1 \\ 1 & 1 & 0 \\ 0 & 1 & 1 \end{pmatrix}$, 所以 $\boldsymbol{B} = \boldsymbol{AK}$.

又因为 $|K| = 2 \neq 0$, 所以 $R(\boldsymbol{A}) = R(\boldsymbol{B})$. 由于向量组 $\boldsymbol{\alpha}_1, \boldsymbol{\alpha}_2, \boldsymbol{\alpha}_3$ 线性无关, 所以 $R(\boldsymbol{A}) = 3$, 因此 $R(\boldsymbol{B}) = 3$. 故向量组 $\boldsymbol{\beta}_1, \boldsymbol{\beta}_2, \boldsymbol{\beta}_3$ 线性无关.

对于一般的向量组, 有以下判断线性相关性的定理.

定理 3.2 设有 m 维向量组 $\boldsymbol{\alpha}_1, \boldsymbol{\alpha}_2, \cdots, \boldsymbol{\alpha}_n, \boldsymbol{A} = (\boldsymbol{\alpha}_1, \boldsymbol{\alpha}_2, \cdots, \boldsymbol{\alpha}_n)$, 则下列三个命题等价:

(1) $\boldsymbol{\alpha}_1, \boldsymbol{\alpha}_2, \cdots, \boldsymbol{\alpha}_n$ 线性相关;

(2) $\boldsymbol{AX} = \boldsymbol{0}$ 有非零解;

(3) $R(\boldsymbol{A}) < n$.

该命题的另一种说法为, 向量组 $\boldsymbol{\alpha}_1, \boldsymbol{\alpha}_2, \cdots, \boldsymbol{\alpha}_n$ 线性无关的充分必要条件: $\boldsymbol{AX} = \boldsymbol{0}$ 只有零解或 $R(\boldsymbol{A}) = n$, 即以 $\boldsymbol{\alpha}_1, \boldsymbol{\alpha}_2, \cdots, \boldsymbol{\alpha}_n$ 为列向量的矩阵的秩等于向量组中向量的个数.

下面给出定理 3.2 的特殊情况.

当 $n = m$, 即向量的个数等于向量的维数时, 有以下结论.

推论 1 设有 m 维向量组 $\boldsymbol{\alpha}_1, \boldsymbol{\alpha}_2, \cdots, \boldsymbol{\alpha}_m, \boldsymbol{A} = (\boldsymbol{\alpha}_1, \boldsymbol{\alpha}_2, \cdots, \boldsymbol{\alpha}_m)$, 则下列三个命题等价:

(1) $\boldsymbol{\alpha}_1, \boldsymbol{\alpha}_2, \cdots, \boldsymbol{\alpha}_m$ 线性相关 (无关);

(2) $\boldsymbol{AX} = \boldsymbol{0}$ 有非零解 (只有零解);

(3) $\det(\boldsymbol{A}) = 0\ (\neq 0)$.

当 $n > m$, 即向量的个数大于向量的维数时, 有以下结论.

推论 2 设有 m 维向量组 $\boldsymbol{\alpha}_1, \boldsymbol{\alpha}_2, \cdots, \boldsymbol{\alpha}_n (n > m)$, 则 $\boldsymbol{\alpha}_1, \boldsymbol{\alpha}_2, \cdots, \boldsymbol{\alpha}_n$ 一定线性相关.

由以上的推论得知, 任意 $n + r$ 个 n 维向量线性相关 $(r \geqslant 1)$, 任意线性无关的 n 维向量组中最多含有 n 个向量. 例如, $\boldsymbol{\alpha}_1 = (1, 0), \boldsymbol{\alpha}_2 = (0, 1), \boldsymbol{\alpha}_3 = (2, 3)$ 线性相关.

例 3.2.3 $\boldsymbol{\alpha}_1 = (1, -1, 0, 0)^{\mathrm{T}}, \boldsymbol{\alpha}_2 = (0, 1, 1, -1)^{\mathrm{T}}, \boldsymbol{\alpha}_3 = (-1, 3, 2, 1)^{\mathrm{T}}, \boldsymbol{\alpha}_4 = (-2, 6, 4, 1)^{\mathrm{T}}$, 讨论向量组 $\boldsymbol{\alpha}_1, \boldsymbol{\alpha}_2, \boldsymbol{\alpha}_3, \boldsymbol{\alpha}_4$ 和向量组 $\boldsymbol{\alpha}_1, \boldsymbol{\alpha}_2, \boldsymbol{\alpha}_3$ 的线性相关性.

解　对矩阵 $(\boldsymbol{\alpha}_1,\boldsymbol{\alpha}_2,\boldsymbol{\alpha}_3,\boldsymbol{\alpha}_4)$ 施行初等行变换化成行阶梯形矩阵:

$$(\boldsymbol{\alpha}_1,\boldsymbol{\alpha}_2,\boldsymbol{\alpha}_3,\boldsymbol{\alpha}_4)=\begin{bmatrix}1&0&-1&-2\\-1&1&3&6\\0&1&2&4\\0&-1&1&1\end{bmatrix}\xrightarrow{r_2+r_1}\begin{bmatrix}1&0&-1&-2\\0&1&2&4\\0&1&2&4\\0&-1&1&1\end{bmatrix}$$

$$\xrightarrow[r_4+r_2]{r_3-r_2}\begin{bmatrix}1&0&-1&-2\\0&1&2&4\\0&0&0&0\\0&0&3&5\end{bmatrix}\xrightarrow{r_3\leftrightarrow r_4}\begin{bmatrix}1&0&-1&-2\\0&1&2&4\\0&0&3&5\\0&0&0&0\end{bmatrix}.$$

于是 $R(\boldsymbol{\alpha}_1,\boldsymbol{\alpha}_2,\boldsymbol{\alpha}_3,\boldsymbol{\alpha}_4)=3<4, R(\boldsymbol{\alpha}_1,\boldsymbol{\alpha}_2,\boldsymbol{\alpha}_3)=3$, 故向量组 $\boldsymbol{\alpha}_1,\boldsymbol{\alpha}_2,\boldsymbol{\alpha}_3,\boldsymbol{\alpha}_4$ 线性相关, 向量组 $\boldsymbol{\alpha}_1,\boldsymbol{\alpha}_2,\boldsymbol{\alpha}_3$ 线性无关.

例 3.2.4　判断向量组 $\boldsymbol{\alpha}_1=(1,-2,0),\boldsymbol{\alpha}_2=(2,5,-1),\boldsymbol{\alpha}_3=(3,-1,-2)$ 的线性相关性.

解法一　$|\boldsymbol{A}|=\left|\left(\boldsymbol{\alpha}_1^{\mathrm{T}},\boldsymbol{\alpha}_2^{\mathrm{T}},\boldsymbol{a}_3^{\mathrm{T}}\right)\right|=\begin{vmatrix}1&2&3\\-2&5&-1\\0&-1&-2\end{vmatrix}=57\neq 0$. 所以 $\boldsymbol{\alpha}_1,\boldsymbol{\alpha}_2,\boldsymbol{\alpha}_3$ 线性无关.

解法二　$\boldsymbol{A}=\left(\boldsymbol{a}_1^{\mathrm{T}},\boldsymbol{\alpha}_2^{\mathrm{T}},\boldsymbol{\alpha}_3^{\mathrm{T}}\right)=\begin{bmatrix}1&2&3\\-2&5&-1\\0&-1&-2\end{bmatrix}\to\begin{bmatrix}1&2&3\\0&9&5\\0&-1&-2\end{bmatrix}$

$$\to\begin{bmatrix}1&2&3\\0&-1&-2\\0&0&-13\end{bmatrix},$$

则 $R(\boldsymbol{A})=3=n$, 故 $\boldsymbol{\alpha}_1,\boldsymbol{\alpha}_2,\boldsymbol{\alpha}_3$ 线性无关.

3.2.2　关于线性组合与线性相关的定理

定理 3.3　向量组 $\boldsymbol{\alpha}_1,\boldsymbol{\alpha}_2,\cdots,\boldsymbol{\alpha}_m$ 线性相关的充分必要条件为向量组中至少有一个向量可以由其余的 $m-1$ 个向量线性表示.

证　必要性. 设向量组 $\boldsymbol{\alpha}_1,\boldsymbol{\alpha}_2,\cdots,\boldsymbol{\alpha}_m$ 线性相关, 则必有不全为零的 m 个数 $k_1,k_2,\cdots,k_m$, 使 $k_1\boldsymbol{\alpha}_1+k_2\boldsymbol{\alpha}_2+\cdots+k_m\boldsymbol{\alpha}_m=\mathbf{0}$ 成立.

假设 $k_1 \neq 0$, 则有 $\boldsymbol{\alpha}_1 + \dfrac{k_2}{k_1}\boldsymbol{\alpha}_2 + \cdots + \dfrac{k_m}{k_1}\boldsymbol{\alpha}_m = \mathbf{0}$, 即

$$\boldsymbol{\alpha}_1 = -\frac{k_2}{k_1}\boldsymbol{\alpha}_2 - \cdots - \frac{k_m}{k_1}\boldsymbol{\alpha}_m,$$

所以 $\boldsymbol{\alpha}_1$ 可以用其余的 $m-1$ 个向量线性表示.

充分性. 不妨设 $\boldsymbol{\alpha}_m$ 可以用其余的 $m-1$ 个向量线性表示, 即有

$$\boldsymbol{\alpha}_m = \lambda_1\boldsymbol{\alpha}_1 + \lambda_2\boldsymbol{\alpha}_2 + \cdots + \lambda_{m-1}\boldsymbol{\alpha}_{m-1},$$

所以 $\lambda_1\boldsymbol{\alpha}_1 + \lambda_2\boldsymbol{\alpha}_2 + \cdots + \lambda_{m-1}\boldsymbol{\alpha}_{m-1} - \boldsymbol{\alpha}_m = \mathbf{0}$.

显然 $\lambda_1, \lambda_2, \cdots, \lambda_{m-1}, -1$ 不全为零, 所以向量组 $\boldsymbol{\alpha}_1, \boldsymbol{\alpha}_2, \cdots, \boldsymbol{\alpha}_m$ 线性相关.

定理 3.4 若向量组 $\boldsymbol{\alpha}_1, \boldsymbol{\alpha}_2, \cdots, \boldsymbol{\alpha}_m, \boldsymbol{\beta}$ 线性相关, 且 $\boldsymbol{\alpha}_1, \boldsymbol{\alpha}_2, \cdots, \boldsymbol{\alpha}_m$ 线性无关, 则 $\boldsymbol{\beta}$ 可用 $\boldsymbol{\alpha}_1, \boldsymbol{\alpha}_2, \cdots, \boldsymbol{\alpha}_m$ 线性表示, 且表示式唯一.

证 因为向量组 $\boldsymbol{\alpha}_1, \boldsymbol{\alpha}_2, \cdots, \boldsymbol{\alpha}_m, \boldsymbol{\beta}$ 线性相关, 所以存在不全为零的 $m+1$ 个数 $k_1, k_2, \cdots, k_{m+1}$, 使 $k_1\boldsymbol{\alpha}_1 + k_2\boldsymbol{\alpha}_2 + \cdots + k_m\boldsymbol{\alpha}_m + k_{m+1}\boldsymbol{\beta} = \mathbf{0}$ 成立.

又因为 $\boldsymbol{\alpha}_1, \boldsymbol{\alpha}_2, \cdots, \boldsymbol{\alpha}_m$ 线性无关, 所以 $k_{m+1} \neq 0$, 否则与 $\boldsymbol{\alpha}_1, \boldsymbol{\alpha}_2, \cdots, \boldsymbol{\alpha}_m$ 线性无关矛盾, 从而 $\boldsymbol{\beta} = -\dfrac{k_1}{k_{m+1}}\boldsymbol{\alpha}_1 - \cdots - \dfrac{k_m}{k_{m+1}}\boldsymbol{\alpha}_m$, 即 $\boldsymbol{\beta}$ 可用 $\boldsymbol{\alpha}_1, \boldsymbol{\alpha}_2, \cdots, \boldsymbol{\alpha}_m$ 线性表示. 假设表示式不唯一, 即有

$$\boldsymbol{\beta} = h_1\boldsymbol{\alpha}_1 + h_2\boldsymbol{\alpha}_2 + \cdots + h_m\boldsymbol{\alpha}_m, \quad \boldsymbol{\beta} = l_1\boldsymbol{\alpha}_1 + l_2\boldsymbol{\alpha}_2 + \cdots + l_m\boldsymbol{\alpha}_m,$$

两式相减得

$$(h_1 - l_1)\,\boldsymbol{\alpha}_1 + (h_2 - l_2)\,\boldsymbol{\alpha}_2 + \cdots + (h_m - l_m)\,\boldsymbol{\alpha}_m = \mathbf{0}.$$

由于 $\boldsymbol{\alpha}_1, \boldsymbol{\alpha}_2, \cdots, \boldsymbol{\alpha}_m$ 线性无关, 所以 $h_1 - l_1 = h_2 - l_2 = \cdots = h_m - l_m = 0$, 即 $h_1 = l_1, h_2 = l_2, \cdots, h_m = l_m$. 因此 $\boldsymbol{\beta}$ 用 $\boldsymbol{\alpha}_1, \boldsymbol{\alpha}_2, \cdots, \boldsymbol{\alpha}_m$ 线性表示的表示式唯一.

定理 3.5 若向量组 $A: \boldsymbol{\alpha}_1, \boldsymbol{\alpha}_2, \cdots, \boldsymbol{\alpha}_m$ 线性无关, 且可由向量组 $B: \boldsymbol{\beta}_1, \boldsymbol{\beta}_2, \cdots, \boldsymbol{\beta}_s$ 线性表示, 则 $m \leqslant s$.

证 用反证法. 假设 $m > s$, 因为向量组 A 可由向量组 B 线性表示, 即

$$\boldsymbol{\alpha}_i = \alpha_{1i}\boldsymbol{\beta}_1 + \alpha_{2i}\boldsymbol{\beta}_2 + \cdots + \alpha_{si}\boldsymbol{\beta}_s, \quad i = 1, 2, \cdots, m,$$

或写成矩阵形式

$$\begin{bmatrix} \boldsymbol{\alpha}_1 \\ \boldsymbol{\alpha}_2 \\ \vdots \\ \boldsymbol{\alpha}_m \end{bmatrix} = \begin{bmatrix} \alpha_{11} & \alpha_{21} & \cdots & \alpha_{s1} \\ \alpha_{12} & \alpha_{22} & \cdots & \alpha_{s2} \\ \vdots & \vdots & & \vdots \\ \alpha_{1m} & \alpha_{2m} & \cdots & \alpha_{sm} \end{bmatrix} \begin{bmatrix} \boldsymbol{\beta}_1 \\ \boldsymbol{\beta}_2 \\ \vdots \\ \boldsymbol{\beta}_s \end{bmatrix}.$$

因为 $m > s$, 所以

$$\begin{bmatrix} \alpha_{11} & \alpha_{12} & \cdots & \alpha_{1m} \\ \alpha_{21} & \alpha_{22} & \cdots & \alpha_{2m} \\ \vdots & \vdots & & \vdots \\ \alpha_{s1} & \alpha_{s2} & \cdots & \alpha_{sm} \end{bmatrix} \begin{bmatrix} k_1 \\ k_2 \\ \vdots \\ k_m \end{bmatrix} = \mathbf{0}$$

有非零解 $(k_1, k_2, \cdots, k_m)^{\mathrm{T}}$, 对该式两边取转置得

$$(k_1, k_2, \cdots, k_m) \begin{bmatrix} \alpha_{11} & \alpha_{21} & \cdots & \alpha_{s1} \\ \alpha_{12} & \alpha_{22} & \cdots & \alpha_{s2} \\ \vdots & \vdots & & \vdots \\ \alpha_{1m} & \alpha_{2m} & \cdots & \alpha_{sm} \end{bmatrix} = \mathbf{0},$$

即

$$(k_1, k_2, \cdots, k_m) \begin{bmatrix} \alpha_{11} & \alpha_{21} & \cdots & \alpha_{s1} \\ \alpha_{12} & \alpha_{22} & \cdots & \alpha_{s2} \\ \vdots & \vdots & & \vdots \\ \alpha_{1m} & \alpha_{2m} & \cdots & \alpha_{sm} \end{bmatrix} \begin{bmatrix} \boldsymbol{\beta}_1 \\ \boldsymbol{\beta}_2 \\ \vdots \\ \boldsymbol{\beta}_s \end{bmatrix} = \mathbf{0}.$$

所以

$$(k_1, k_2, \cdots, k_m) \begin{bmatrix} \boldsymbol{\alpha}_1 \\ \boldsymbol{\alpha}_2 \\ \vdots \\ \boldsymbol{\alpha}_m \end{bmatrix} = k_1\boldsymbol{\alpha}_1 + k_2\boldsymbol{\alpha}_2 + \cdots + k_m\boldsymbol{\alpha}_m = \mathbf{0},$$

即存在不全为零的数 $k_1, k_2, \cdots, k_m$, 使 $k_1\boldsymbol{\alpha}_1 + k_2\boldsymbol{\alpha}_2 + \cdots + k_m\boldsymbol{\alpha}_m = \mathbf{0}$. 这与已知矛盾, 所以 $m \leqslant s$.

由以上定理可得以下推论.

推论 1 若向量组 $A : \boldsymbol{\alpha}_1, \boldsymbol{\alpha}_2, \cdots, \boldsymbol{\alpha}_m$ 可由向量组 $B : \boldsymbol{\beta}_1, \boldsymbol{\beta}_2, \cdots, \boldsymbol{\beta}_s$ 线性表示, 且 $m > s$, 则向量组 A 线性相关.

证 若向量组 A 线性无关, 则由定理 3.5 得 $m \leqslant s$, 与已知矛盾, 假设不成立, 则向量组 A 线性相关.

推论 2 等价的线性无关向量组所含的向量个数相同.

定理 3.6 如果向量组 $\boldsymbol{\alpha}_1, \boldsymbol{\alpha}_2, \cdots, \boldsymbol{\alpha}_m$ 线性无关, 其中

$$\boldsymbol{\alpha}_i = (a_{i1}, a_{i2}, \cdots, a_{in}), \quad i = 1, 2, \cdots, m,$$

那么在每个向量上任意添加 s 个分量得到的 $n+s$ 维向量组 $\boldsymbol{\beta}_1,\boldsymbol{\beta}_2,\cdots,\boldsymbol{\beta}_m$ 也线性无关, 其中 $\boldsymbol{\beta}_i=(a_{i1},a_{i2},\cdots,a_{in},b_{i1},b_{i2},\cdots,b_{is}),i=1,2,\cdots,m$.

证 若 $\sum\limits_{i=1}^{m}k_i\boldsymbol{\beta}_i=k_1\boldsymbol{\beta}_1+k_2\boldsymbol{\beta}_2+\cdots+k_m\boldsymbol{\beta}_m=\mathbf{0}$, 由于

$$\sum_{i=1}^{m}k_i\boldsymbol{\beta}_i=\left(\sum_{i=1}^{m}k_ia_{i1},\sum_{i=1}^{m}k_ia_{i2},\cdots,\sum_{i=1}^{m}k_ia_{in},\sum_{i=1}^{m}k_ib_{i1},\sum_{i=1}^{m}k_ib_{i2},\cdots,\sum_{i=1}^{m}k_ia_{is}\right),$$

故得 $\left(\sum\limits_{i=1}^{m}k_ia_{i1},\sum\limits_{i=1}^{m}k_ia_{i2},\cdots,\sum\limits_{i=1}^{m}k_ia_{in}\right)=\mathbf{0}$, 即

$$\sum_{i=1}^{m}k_i\boldsymbol{\alpha}_i=k_1\boldsymbol{\alpha}_1+k_2\boldsymbol{\alpha}_2+\cdots+k_m\boldsymbol{\alpha}_m=\mathbf{0}.$$

又因为 $\boldsymbol{\alpha}_1,\boldsymbol{\alpha}_2,\cdots,\boldsymbol{\alpha}_m$ 线性无关, 所以 $k_1,k_2,\cdots,k_m$ 必须全为零, 因此 $\boldsymbol{\beta}_1$, $\boldsymbol{\beta}_2,\cdots,\boldsymbol{\beta}_m$ 线性无关.

推论 如果 $n+s$ 维向量组 $\boldsymbol{\beta}_1,\boldsymbol{\beta}_2,\cdots,\boldsymbol{\beta}_m$ 线性相关, 其中

$$\boldsymbol{\beta}_i=(a_{i1},a_{i2},\cdots,a_{in},b_{i1},b_{i2},\cdots,b_{is}),\quad i=1,2,\cdots,m,$$

那么在每个向量上减少 s 个相应的分量得到的 n 维向量组 $\boldsymbol{\alpha}_1,\boldsymbol{\alpha}_2,\cdots,\boldsymbol{\alpha}_m$ 也线性相关, 其中 $\boldsymbol{\alpha}_i=(a_{i1},a_{i2},\cdots,a_{in}),i=1,2,\cdots,m$.

注意: 如果 $n+s$ 维向量组 $\boldsymbol{\beta}_1,\boldsymbol{\beta}_2,\cdots,\boldsymbol{\beta}_m$ 线性无关, 那么不能推出在每个分量上减少 s 个分量得到的 n 维向量组 $\boldsymbol{\alpha}_1,\boldsymbol{\alpha}_2,\cdots,\boldsymbol{\alpha}_m$ 也线性无关.

例如, $\begin{bmatrix}1\\0\\2\\3\end{bmatrix},\begin{bmatrix}-2\\0\\-4\\7\end{bmatrix}$ 线性无关, 但 $\begin{bmatrix}1\\0\\2\end{bmatrix},\begin{bmatrix}-2\\0\\-4\end{bmatrix}$ 却线性相关.

3.3 向量组的极大无关组和秩

3.3.1 向量组的极大无关组

两个线性相关的向量组, 在同一类问题中却可能有着不同的结论.

例如, 向量组 (1): $\boldsymbol{\alpha}_1=(1,2,3),\boldsymbol{\alpha}_2=(2,3,1),\boldsymbol{\alpha}_3=(3,5,4),\boldsymbol{\alpha}_4=(1,1,-2)$ (由于 $\boldsymbol{\alpha}_3-\boldsymbol{\alpha}_2-\boldsymbol{\alpha}_1=\mathbf{0}$, 所以向量组 (1) 是线性相关的), 可以验证以 $\boldsymbol{\alpha}_1,\boldsymbol{\alpha}_2,\boldsymbol{\alpha}_3,\boldsymbol{\alpha}_4$ 为行系数的齐次线性方程组为

$$\begin{cases}x_1+2x_2+3x_3=0,\\2x_1+3x_2+x_3=0,\\3x_1+5x_2+4x_3=0,\\x_1+x_2-2x_3=0,\end{cases}$$

其中

$$\boldsymbol{A}=\begin{bmatrix}1&2&3\\2&3&1\\3&5&4\\1&1&-2\end{bmatrix}\to\begin{bmatrix}1&2&3\\0&1&5\\0&0&0\\0&0&0\end{bmatrix},$$

因此该方程组有非零解.

向量组 (2): $\boldsymbol{\beta}_1=(0,1,1),\boldsymbol{\beta}_2=(1,0,1),\boldsymbol{\beta}_3=(1,1,0),\boldsymbol{\beta}_4=(1,1,1)$ (因为 $\boldsymbol{\beta}_3+\boldsymbol{\beta}_2+\boldsymbol{\beta}_1-2\boldsymbol{\beta}_4=\mathbf{0}$, 所以该向量组也线性相关), 以 $\boldsymbol{\beta}_1,\boldsymbol{\beta}_2,\boldsymbol{\beta}_3,\boldsymbol{\beta}_4$ 为行系数的齐次线性方程组是

$$\begin{cases}x_2+x_3=0,\\x_1+x_3=0,\\x_1+x_2=0,\\x_1+x_2+x_3=0,\end{cases}$$

其中

$$\boldsymbol{A}=\begin{bmatrix}0&1&1\\1&0&1\\1&1&0\\1&1&1\end{bmatrix}\to\begin{bmatrix}1&0&1\\0&1&1\\0&0&1\\0&0&0\end{bmatrix},$$

可以验证该方程组只有零解. 为什么会出现上面两种不同的结论呢？

线性相关的向量组的部分组不一定是线性相关的. 在向量组 (1) 中线性无关的部分组最多含两个向量, 如 $\boldsymbol{\alpha}_1,\boldsymbol{\alpha}_2$; 而向量组 (2) 中却有含三个向量的线性无关部分组 ($\boldsymbol{\beta}_1,\boldsymbol{\beta}_2,\boldsymbol{\beta}_3$ 线性无关). 这说明线性相关的向量组所含的极大线性无关的部分组在一定程度上表示了原来的向量组线性相关的 “程度”. 程度不同造成上述不同的结果. 因此需要找到一个能反映向量组线性相关 “程度” 大小的数量指标.

为了确切地说明这一问题, 需要引入极大无关组的概念.

定义 3.8 向量组 $\boldsymbol{\alpha}_1,\boldsymbol{\alpha}_2,\cdots,\boldsymbol{\alpha}_m$ 的一个部分组 $\boldsymbol{\alpha}_{i_1},\boldsymbol{\alpha}_{i_2},\cdots,\boldsymbol{\alpha}_{i_r}$ 称为该组的一个**极大无关组**, 如果

(1) $\boldsymbol{\alpha}_{i_1},\boldsymbol{\alpha}_{i_2},\cdots,\boldsymbol{\alpha}_{i_r}$ 线性无关;

(2) 向量组 $\boldsymbol{\alpha}_1,\boldsymbol{\alpha}_2,\cdots,\boldsymbol{\alpha}_m$ 中任意一个向量都可以表示为 $\boldsymbol{\alpha}_{i_1},\boldsymbol{\alpha}_{i_2},\cdots,\boldsymbol{\alpha}_{i_r}$ 的线性组合.

例 3.3.1 设有向量组

$$\boldsymbol{\alpha}_1=(1,0,0),\ \boldsymbol{\alpha}_2=(0,1,0),\ \boldsymbol{\alpha}_3=(0,0,1),\ \boldsymbol{\alpha}_4=(1,0,-1),\ \boldsymbol{\alpha}_5=(3,1,0),$$

求该向量组的极大无关组.

解 显然 $\boldsymbol{\alpha}_1,\boldsymbol{\alpha}_2,\boldsymbol{\alpha}_3$ 线性无关, $\boldsymbol{\alpha}_4,\boldsymbol{\alpha}_5$ 都可用 $\boldsymbol{\alpha}_1,\boldsymbol{\alpha}_2,\boldsymbol{\alpha}_3$ 线性表示, 所以 $\boldsymbol{\alpha}_1,\boldsymbol{\alpha}_2,\boldsymbol{\alpha}_3$ 是向量组的一个极大无关组. 另外也不难证明: $\boldsymbol{\alpha}_1,\boldsymbol{\alpha}_2,\boldsymbol{\alpha}_4$ 或 $\boldsymbol{\alpha}_2,\boldsymbol{\alpha}_3,\boldsymbol{\alpha}_5$ 都是该向量组的极大无关组, 即一个向量组的极大无关组并不唯一.

向量组的极大无关组一般有下列性质.

性质 3.1 向量组 $\boldsymbol{\alpha}_1,\boldsymbol{\alpha}_2,\cdots,\boldsymbol{\alpha}_m$ 与它的极大无关组 $\boldsymbol{\alpha}_{i_1},\boldsymbol{\alpha}_{i_2},\cdots,\boldsymbol{\alpha}_{i_r}$ 等价.

显然向量组的任意两个极大无关组彼此等价.

由等价的传递性可直接得以下性质.

性质 3.2 向量组的任意两个极大无关组所含的向量个数相同.

3.3.2 向量组的秩

一个向量组的所有极大无关组都含有相同的向量个数, 因此极大无关组所含向量的个数反映了向量组本身的相关程度, 我们引入以下定义.

定义 3.9 向量组 $A:\boldsymbol{\alpha}_1,\boldsymbol{\alpha}_2,\cdots,\boldsymbol{\alpha}_m$ 的极大无关组所含向量的个数 r 称为该**向量组的秩**.

显然秩越大, 向量组线性无关的 “程度” 越强, 而线性相关的 “程度” 越弱. 向量组的秩就可以作为衡量向量组线性相关 “程度” 的一个数量指标.

由向量组秩的定义可得以下结论:

(1) 只含零向量的向量组秩为零.

(2) n 维基本单位向量组成的向量组 $\boldsymbol{\varepsilon}_1,\boldsymbol{\varepsilon}_2,\cdots,\boldsymbol{\varepsilon}_n$ 是线性无关组, 它的极大无关组就是它的本身, 从而该向量组的秩 $r=n$.

(3) 向量组线性无关的充分必要条件是向量组的秩等于向量组所含向量的个数; 向量组线性相关的充要条件是向量组的秩小于该向量组所含向量的个数.

(4) 向量组 $\boldsymbol{\alpha}_1,\boldsymbol{\alpha}_2,\cdots,\boldsymbol{\alpha}_m$ 的部分组 $\boldsymbol{\alpha}_{i_1},\boldsymbol{\alpha}_{i_2},\cdots,\boldsymbol{\alpha}_{i_r}$ 为极大无关组的充分必要条件是该部分组线性无关, 且任意 $r+1$ 个向量 (只要存在) 都线性相关.

(5) 如果向量组 A 的秩为 r, 那么 A 中任意 r 个线性无关的部分向量组均是其极大无关组.

定理 3.7 若向量组 A 能由向量组 B 线性表示, 则向量组 A 的秩不大于向量组 B 的秩.

证 设向量组 A 的一个极大无关组为 $A_0:\boldsymbol{\alpha}_1,\boldsymbol{\alpha}_2,\cdots,\boldsymbol{\alpha}_r$, 向量组 B 的极大无关组为 $B_0:\boldsymbol{\beta}_1,\boldsymbol{\beta}_2,\cdots,\boldsymbol{\beta}_s$, 由已知得向量组 A_0 能由向量组 A 线性表示, 向量组 A 又由向量组 B 线性表示, 向量组 B 又可由向量组 B_0 线性表示, 所以向量组 A_0 能由向量组 B_0 线性表示, 又向量组 A_0 线性无关, 由定理 3.5 得 $r\leqslant s$, 即向量组 A 的秩不大于向量组 B 的秩.

定理 3.8 等价的向量组秩相同.

证 设向量组 A 的秩为 r, 向量组 B 的秩为 s, 因为两个向量组等价, 所以两个向量组可以相互线性表示, 由定理 3.7 得知 $r \leqslant s$ 和 $s \leqslant r$, 所以 $r = s$.

但秩相等的两个向量组不一定等价.

例如, 向量组 $\boldsymbol{\alpha}_1 = \begin{bmatrix} 1 \\ 0 \\ 0 \\ 0 \end{bmatrix}, \boldsymbol{\alpha}_2 = \begin{bmatrix} 0 \\ 3 \\ 0 \\ 0 \end{bmatrix}$ 与 $\boldsymbol{\beta}_1 = \begin{bmatrix} 0 \\ 0 \\ 1 \\ 0 \end{bmatrix}, \boldsymbol{\beta}_2 = \begin{bmatrix} 0 \\ 0 \\ 0 \\ 2 \end{bmatrix}$ 的秩都为 2, 但显然彼此不能相互表示, 即两个向量组不等价.

例 3.3.2 任意 n 维向量组 A 的秩 $r \leqslant n$.

证 因为 A 的极大无关组所含向量的个数不能超过 n 个, 所以 $r \leqslant n$.

例 3.3.3 设向量组 $A: \boldsymbol{\alpha}_1 = \begin{bmatrix} 1 \\ 4 \\ 2 \\ 1 \end{bmatrix}, \boldsymbol{\alpha}_2 = \begin{bmatrix} -2 \\ 1 \\ 5 \\ 1 \end{bmatrix}, \boldsymbol{\alpha}_3 = \begin{bmatrix} -1 \\ 2 \\ 4 \\ 1 \end{bmatrix}, \boldsymbol{\alpha}_4 = \begin{bmatrix} -2 \\ 1 \\ -1 \\ 1 \end{bmatrix}, \boldsymbol{\alpha}_5 = \begin{bmatrix} 2 \\ 3 \\ 0 \\ \frac{1}{3} \end{bmatrix}$.

(1) 求向量组 A 的秩并判定 A 的线性相关性;

(2) 求向量组 A 的一个极大无关组;

(3) 将 A 中的其余向量用所求出的极大无关组线性表示.

解 (1) 以 $\boldsymbol{\alpha}_1, \boldsymbol{\alpha}_2, \boldsymbol{\alpha}_3, \boldsymbol{\alpha}_4, \boldsymbol{\alpha}_5$ 为列向量作矩阵 $\boldsymbol{A}$, 用初等行变换将矩 $\boldsymbol{A}$ 化为行阶梯形, 即

$$\boldsymbol{A} = \begin{bmatrix} 1 & -2 & -1 & -2 & 2 \\ 4 & 1 & 2 & 1 & 3 \\ 2 & 5 & 4 & -1 & 0 \\ 1 & 1 & 1 & 1 & \frac{1}{3} \end{bmatrix} \xrightarrow[r_4 - r_1]{\substack{r_2 - 4r_1 \\ r_3 - 2r_1}} \begin{bmatrix} 1 & -2 & -1 & -2 & 2 \\ 0 & 9 & 6 & 9 & -5 \\ 0 & 9 & 6 & 3 & -4 \\ 0 & 3 & 2 & 3 & -\frac{5}{3} \end{bmatrix}$$

$$\xrightarrow[r_4 - \frac{1}{3}r_2]{r_3 - r_2} \begin{bmatrix} 1 & -2 & -1 & -2 & 2 \\ 0 & 9 & 6 & 9 & -5 \\ 0 & 0 & 0 & -6 & 1 \\ 0 & 0 & 0 & 0 & 0 \end{bmatrix} = \boldsymbol{B}_1,$$

于是 $R(\boldsymbol{A}) = R(\boldsymbol{B}_1) = 3 < 5$ 所以向量组 A 的秩为 3, 则向量组 A 线性相关.

(2) 由于行阶梯形 $\boldsymbol{B}_1$ 的三个非零行的主元在 1, 2, 4 三列, 故 $\boldsymbol{\alpha}_1,\boldsymbol{\alpha}_2,\boldsymbol{\alpha}_4$ 为向量组 A 的一个极大无关组.

(3) 对 $\boldsymbol{B}_1$ 继续作初等行变换, 化成行最简形:

$$\boldsymbol{B}_1 \to \begin{bmatrix} 1 & 0 & \dfrac{1}{3} & 0 & \dfrac{8}{9} \\ 0 & 1 & \dfrac{2}{3} & 0 & -\dfrac{7}{18} \\ 0 & 0 & 0 & 1 & -\dfrac{1}{6} \\ 0 & 0 & 0 & 0 & 0 \end{bmatrix} = \boldsymbol{B}.$$

由于方程 $x_1\boldsymbol{\alpha}_1+x_2\boldsymbol{\alpha}_2+\cdots+x_5\boldsymbol{\alpha}_5=\mathbf{0}$ 与方程 $x_1\boldsymbol{\beta}_1+x_2\boldsymbol{\beta}_2+\cdots+x_5\boldsymbol{\beta}_5=\mathbf{0}$ 同解, 因此向量组 $\boldsymbol{\alpha}_1,\boldsymbol{\alpha}_2,\boldsymbol{\alpha}_3,\boldsymbol{\alpha}_4,\boldsymbol{\alpha}_5$ 与向量组 $\boldsymbol{\beta}_1,\boldsymbol{\beta}_2\cdots,\boldsymbol{\beta}_5$ 有相同的线性关系. 由 $\boldsymbol{B}$ 可知 $\boldsymbol{\beta}_1,\boldsymbol{\beta}_2,\boldsymbol{\beta}_4$ 构成 $\boldsymbol{B}$ 的列向量组的极大线性无关组, 故 $\boldsymbol{B}$ 的其余向量可由 $\boldsymbol{\beta}_1,\boldsymbol{\beta}_2,\boldsymbol{\beta}_4$ 线性表示, 且

$$\boldsymbol{\beta}_3=\frac{1}{3}\boldsymbol{\beta}_1+\frac{2}{3}\boldsymbol{\beta}_2,\quad \boldsymbol{\beta}_5=\frac{8}{9}\boldsymbol{\beta}_1-\frac{7}{18}\boldsymbol{\beta}_2-\frac{1}{6}\boldsymbol{\beta}_4.$$

因此

$$\boldsymbol{\alpha}_3=\frac{1}{3}\boldsymbol{\alpha}_1+\frac{2}{3}\boldsymbol{\alpha}_2,\quad \boldsymbol{\alpha}_5=\frac{8}{9}\boldsymbol{\alpha}_1-\frac{7}{18}\boldsymbol{\alpha}_2-\frac{1}{6}\boldsymbol{\alpha}_4.$$

以上讨论了向量组的秩, 现在接着讨论向量组的秩与矩阵的秩之间的关系.

设 $\boldsymbol{A}$ 是一个 $m\times n$ 矩阵, 即 $\boldsymbol{A}=\begin{bmatrix} a_{11} & a_{12} & \cdots & a_{1n} \\ a_{21} & a_{22} & \cdots & a_{2n} \\ \vdots & \vdots & & \vdots \\ a_{m1} & a_{m2} & \cdots & a_{mn} \end{bmatrix}$.

如果把矩阵 $\boldsymbol{A}$ 中每一行看成一个行向量, 那么矩阵 $\boldsymbol{A}$ 可以认为是 m 个 n 维行向量构成的向量组. 同样地, 若把矩阵 $\boldsymbol{A}$ 的每一列看成一个列向量, 则 $\boldsymbol{A}$ 就是由 n 个 m 维的列向量构成的向量组.

定义 3.10 矩阵 $\boldsymbol{A}$ 的行向量组成的向量组的秩称为矩阵 $\boldsymbol{A}$ 的**行秩**, $\boldsymbol{A}$ 的列向量组成的向量组的秩称为 $\boldsymbol{A}$ 的**列秩**.

例 3.3.4 设矩阵 $\boldsymbol{A}=\begin{bmatrix} 1 & 0 & 0 & 0 \\ 0 & 2 & 0 & 0 \\ 0 & 0 & 0 & 3 \\ 0 & 0 & 0 & 0 \end{bmatrix}$, 讨论矩阵 $\boldsymbol{A}$ 的秩及 $\boldsymbol{A}$ 的行向量组和列向量组的秩.

解 矩阵 $R(\boldsymbol{A})=3, \boldsymbol{\alpha}_1=(1,0,0,0), \boldsymbol{\alpha}_2=(0,2,0,0), \boldsymbol{\alpha}_3=(0,0,0,3), \boldsymbol{\alpha}_4=(0,0,0,0)$ 是 $\boldsymbol{A}$ 的行向量组的极大无关组. 故 $\boldsymbol{A}$ 的行向量组的秩为 3. 另一方面, $\boldsymbol{A}$ 的列向量组的极大无关组为 $\boldsymbol{\alpha}_1^{\mathrm{T}}=(1,0,0,0)^{\mathrm{T}}, \boldsymbol{\alpha}_2^{\mathrm{T}}=(0,2,0,0)^{\mathrm{T}}, \boldsymbol{\alpha}_3^{\mathrm{T}}=(0,0,0,3)^{\mathrm{T}}$, 所以 $\boldsymbol{A}$ 的列秩也是 3.

定理 3.9 矩阵 $\boldsymbol{A}$ 的秩等于矩阵的行秩, 也等于列秩.

定理 3.10 线性方程组 $\boldsymbol{AX}=\boldsymbol{b}$ 有解的充分必要条件是系数矩阵的秩等于增广矩阵的秩, 即 $R(\boldsymbol{A})=R(\overline{\boldsymbol{A}})$.

证 必要性. 设

$$\boldsymbol{\alpha}_i=\begin{bmatrix}\alpha_{1i}\\ \alpha_{2i}\\ \vdots\\ \alpha_{mi}\end{bmatrix}(i=1,2,\cdots,n),\quad \boldsymbol{b}=\begin{bmatrix}b_1\\ b_2\\ \vdots\\ b_m\end{bmatrix},\quad \boldsymbol{AX}=\boldsymbol{b},$$

即为

$$(\boldsymbol{\alpha}_1,\boldsymbol{\alpha}_2,\cdots,\boldsymbol{\alpha}_n)\begin{bmatrix}x_1\\ x_2\\ \vdots\\ x_n\end{bmatrix}=\boldsymbol{b}.$$

若方程组有解, 则说明向量 $\boldsymbol{b}$ 可用 $\boldsymbol{\alpha}_1,\boldsymbol{\alpha}_2,\cdots,\boldsymbol{\alpha}_n$ 线性表示, 从而向量组 $\boldsymbol{\alpha}_1,\boldsymbol{\alpha}_2,\cdots,\boldsymbol{\alpha}_n,\boldsymbol{b}$ 可用 $\boldsymbol{\alpha}_1,\boldsymbol{\alpha}_2,\cdots,\boldsymbol{\alpha}_n$ 线性表示, 而显然 $\boldsymbol{\alpha}_1,\boldsymbol{\alpha}_2,\cdots,\boldsymbol{\alpha}_n$ 是可以用 $\boldsymbol{\alpha}_1,\boldsymbol{\alpha}_2,\cdots,\boldsymbol{\alpha}_n,\boldsymbol{b}$ 线性表示的, 所以向量组 $\boldsymbol{\alpha}_1,\boldsymbol{\alpha}_2,\cdots,\boldsymbol{\alpha}_n,\boldsymbol{b}$ 与向量组 $\boldsymbol{\alpha}_1,\boldsymbol{\alpha}_2,\cdots,\boldsymbol{\alpha}_n$ 等价, 所以有

$$R(\boldsymbol{\alpha}_1,\boldsymbol{\alpha}_2,\cdots,\boldsymbol{\alpha}_n,\boldsymbol{\beta})=R(\boldsymbol{\alpha}_1,\boldsymbol{\alpha}_2,\cdots,\boldsymbol{\alpha}_n).$$

从而 $R(\boldsymbol{A})=R(\overline{\boldsymbol{A}})$.

充分性. 若 $R(\boldsymbol{A})=R(\overline{\boldsymbol{A}})$, 则有 $R(\boldsymbol{\alpha}_1,\boldsymbol{\alpha}_2,\cdots,\boldsymbol{\alpha}_n,\boldsymbol{\beta})=R(\boldsymbol{\alpha}_1,\boldsymbol{\alpha}_2,\cdots,\boldsymbol{\alpha}_n)$. 所以 $\boldsymbol{\beta}$ 可以由 $\boldsymbol{\alpha}_1,\boldsymbol{\alpha}_2,\cdots,\boldsymbol{\alpha}_n$ 线性表示, 这就表明原方程组有解.

例 3.3.5 设 $\boldsymbol{A}$ 和 $\boldsymbol{B}$ 均为 $m\times n$ 矩阵, 则 $R(\boldsymbol{A}+\boldsymbol{B})\leqslant R(\boldsymbol{A})+R(\boldsymbol{B})$.

证 设 $R(\boldsymbol{A})=s, R(\boldsymbol{B})=t, \boldsymbol{A}=(\boldsymbol{\alpha}_1,\boldsymbol{\alpha}_2,\cdots,\boldsymbol{\alpha}_n), \boldsymbol{B}=(\boldsymbol{\beta}_1,\boldsymbol{\beta}_2,\cdots,\boldsymbol{\beta}_n)$, 则 $\boldsymbol{A}+\boldsymbol{B}=(\boldsymbol{\alpha}_1+\boldsymbol{\beta}_1,\boldsymbol{\alpha}_2+\boldsymbol{\beta}_2,\cdots,\boldsymbol{\alpha}_n+\boldsymbol{\beta}_n)$.

设 $\boldsymbol{A}$ 的列向量组的极大无关组为 $(\boldsymbol{\alpha}_{k_1},\boldsymbol{\alpha}_{k_2},\cdots,\boldsymbol{\alpha}_{k_s}), \boldsymbol{B}$ 的列向量组的极大无关组为 $(\boldsymbol{\beta}_{l_1},\boldsymbol{\beta}_{l_2},\cdots,\boldsymbol{\beta}_{l_t})$. 显然 $\boldsymbol{A}+\boldsymbol{B}$ 的列向量 $\boldsymbol{\alpha}_i+\boldsymbol{\beta}_i$ 都可以用向量组 $(\boldsymbol{\alpha}_{k_1},\boldsymbol{\alpha}_{k_2},\cdots,\boldsymbol{\alpha}_{k_s},\boldsymbol{\beta}_{l_1},\boldsymbol{\beta}_{l_2},\cdots,\boldsymbol{\beta}_{l_t})$ 线性表示, 因此 $R(\boldsymbol{A}+\boldsymbol{B})=\boldsymbol{A}+\boldsymbol{B}$ 的列秩 $\leqslant R(\boldsymbol{\alpha}_{k_1},\boldsymbol{\alpha}_{k_2},\cdots,\boldsymbol{\alpha}_{k_s},\boldsymbol{\beta}_{l_1},\boldsymbol{\beta}_{l_2},\cdots,\boldsymbol{\beta}_{l_t})\leqslant s+t$.

例 3.3.6 设有矩阵 $\boldsymbol{A}_{m\times n}$ 和 $\boldsymbol{B}_{n\times s}$, 则 $R(\boldsymbol{AB})\leqslant\min\{R(\boldsymbol{A}),R(\boldsymbol{B})\}$.

证 设

$$\boldsymbol{A}_{m\times n}=(\alpha_{ij})_{m\times n}=(\boldsymbol{\alpha}_1,\boldsymbol{\alpha}_2,\cdots,\boldsymbol{\alpha}_n),$$

$$\boldsymbol{B}_{n\times s}=(b_{ij})_{n\times s},$$

$$\boldsymbol{AB}=\boldsymbol{C}=(c_{ij})_{m\times s}=(\boldsymbol{\gamma}_1,\boldsymbol{\gamma}_2,\cdots,\boldsymbol{\gamma}_s),$$

即 $(\boldsymbol{\gamma}_1,\boldsymbol{\gamma}_2,\cdots,\boldsymbol{\gamma}_s)=(\boldsymbol{\alpha}_1,\boldsymbol{\alpha}_2,\cdots,\boldsymbol{\alpha}_n)\boldsymbol{B},\boldsymbol{\gamma}_j=b_{1j}\boldsymbol{\alpha}_1+b_{2j}\boldsymbol{\alpha}_2+\cdots+b_{nj}\boldsymbol{\alpha}_n$, 即 $\boldsymbol{AB}$ 的列向量均可由 $\boldsymbol{A}$ 的列向量线性表示, 所以 $R(\boldsymbol{AB})\leqslant R(\boldsymbol{A})$.

又 $R\left(\boldsymbol{B}^{\mathrm{T}}\boldsymbol{A}^{\mathrm{T}}\right)\leqslant R\left(\boldsymbol{B}^{\mathrm{T}}\right)=R(\boldsymbol{B})$, 而 $R\left(\boldsymbol{B}^{\mathrm{T}}\boldsymbol{A}^{\mathrm{T}}\right)=R\left[(\boldsymbol{AB})^{\mathrm{T}}\right]=R(\boldsymbol{AB})$, 所以 $R(\boldsymbol{AB})\leqslant R(\boldsymbol{B})$, 从而 $R(\boldsymbol{AB})\leqslant\min\{R(\boldsymbol{A}),R(\boldsymbol{B})\}$. (该题的结论可以作为定理使用.)

3.3.3 向量组的秩和极大无关组的求法

求向量组的秩的通用方法是以向量组 $\boldsymbol{\alpha}_1,\boldsymbol{\alpha}_2,\cdots,\boldsymbol{\alpha}_m$ 为矩阵的列向量构成矩阵

$$\boldsymbol{A}=(\boldsymbol{\alpha}_1,\boldsymbol{\alpha}_2,\cdots,\boldsymbol{\alpha}_m),$$

用初等行变换将 $\boldsymbol{A}$ 化成行阶梯形矩阵 $\widetilde{\boldsymbol{A}}$, 则

$$R(\boldsymbol{\alpha}_1,\boldsymbol{\alpha}_2,\cdots,\boldsymbol{\alpha}_m)=R(\widetilde{\boldsymbol{A}})=\widetilde{\boldsymbol{A}}\text{ 的非零行的行数}.$$

例 3.3.7 求向量组 $\boldsymbol{\alpha}_1=(3,6,-4,2,1)^{\mathrm{T}},\boldsymbol{\alpha}_2=(-2,-4,3,1,0)^{\mathrm{T}},\boldsymbol{\alpha}_3=(-1,-2,1,2,3)^{\mathrm{T}},\boldsymbol{\alpha}_4=(1,2,-1,3,1)^{\mathrm{T}}$ 的秩及一个极大线性无关组, 并将其余的向量用极大线性无关组表示.

解

$$\boldsymbol{A}=(\boldsymbol{\alpha}_1,\boldsymbol{\alpha}_2,\boldsymbol{\alpha}_3,\boldsymbol{\alpha}_4)=\begin{bmatrix}3&-2&-1&1\\6&-4&-2&2\\-4&3&1&-1\\2&1&2&3\\1&0&3&1\end{bmatrix}$$

$$\to\begin{bmatrix}1&0&3&1\\6&-4&-2&2\\-4&3&1&-1\\2&1&2&3\\3&-2&-1&1\end{bmatrix}\to\begin{bmatrix}1&0&3&1\\0&1&-4&1\\0&0&1&0\\0&0&0&0\\0&0&0&0\end{bmatrix},$$

所以 $R(\boldsymbol{\alpha}_1,\boldsymbol{\alpha}_2,\boldsymbol{\alpha}_3,\boldsymbol{\alpha}_4)=R(\boldsymbol{A})=3$, $\boldsymbol{\alpha}_1,\boldsymbol{\alpha}_2,\boldsymbol{\alpha}_4$ 是 $\boldsymbol{\alpha}_1,\boldsymbol{\alpha}_2,\boldsymbol{\alpha}_3,\boldsymbol{\alpha}_4$ 的一个极大线性无关组 (当然易见 $\boldsymbol{\alpha}_1,\boldsymbol{\alpha}_2,\boldsymbol{\alpha}_4$ 也是 $\boldsymbol{\alpha}_1,\boldsymbol{\alpha}_2,\boldsymbol{\alpha}_3,\boldsymbol{\alpha}_4$ 的一个极大线性无关组).

为了把 $\boldsymbol{\alpha}_4$ 用 $\boldsymbol{\alpha}_1,\boldsymbol{\alpha}_2,\boldsymbol{\alpha}_4$ 线性表示, 把 $\boldsymbol{A}$ 再变成行最简形矩阵, 即

$$\boldsymbol{A}\to\begin{bmatrix}1&0&0&1\\0&1&0&1\\0&0&1&0\\0&0&0&0\\0&0&0&0\end{bmatrix}.$$

易见 $\boldsymbol{\alpha}_4=\boldsymbol{\alpha}_1+\boldsymbol{\alpha}_2$. (初等变换前后列向量组之间的线性表示形式是保持不变的.)

例 3.3.8 求向量组

$$\boldsymbol{\alpha}_1=(2,4,2),\quad \boldsymbol{\alpha}_2=(1,1,0),\quad \boldsymbol{\alpha}_3=(2,3,1),\quad \boldsymbol{\alpha}_4=(3,5,2)$$

的一个极大无关组, 并把其余向量用该极大无关组线性表示.

解 对矩阵 $\boldsymbol{A}=\left(\boldsymbol{\alpha}_1^{\mathrm{T}},\boldsymbol{\alpha}_2^{\mathrm{T}},\boldsymbol{\alpha}_3^{\mathrm{T}},\boldsymbol{\alpha}_4^{\mathrm{T}}\right)$ 进行初等行变换:

$$\boldsymbol{A}=\begin{bmatrix}2&1&2&3\\4&1&3&5\\2&0&1&2\end{bmatrix}\to\begin{bmatrix}2&1&2&3\\0&-1&-1&-1\\0&-1&-1&-1\end{bmatrix}\to\begin{bmatrix}2&1&2&3\\0&1&1&1\\0&0&0&0\end{bmatrix}$$

$$\to\begin{bmatrix}2&0&1&2\\0&1&1&1\\0&0&0&0\end{bmatrix}\to\begin{bmatrix}1&0&\dfrac{1}{2}&1\\0&1&1&1\\0&0&0&0\end{bmatrix}.$$

由于 $R(\boldsymbol{A})=2$, 则 $R\left(\boldsymbol{\alpha}_1,\boldsymbol{\alpha}_2,\boldsymbol{\alpha}_3,\boldsymbol{\alpha}_4\right)=2$. $\boldsymbol{\alpha}_1,\boldsymbol{\alpha}_2$ 为一极大无关组, 且

$$\boldsymbol{\alpha}_3=\frac{1}{2}\boldsymbol{\alpha}_1+\boldsymbol{\alpha}_2,\quad \boldsymbol{\alpha}_4=\boldsymbol{\alpha}_1+\boldsymbol{\alpha}_2.$$

3.4 线性方程组解的结构

3.4.1 线性方程组解的判定

本节将利用 n 维向量和矩阵秩的关系讨论线性方程组解的结构.

设线性方程组 $\boldsymbol{AX}=\boldsymbol{b}$ 有解, 则 $R(\boldsymbol{A})=R(\overline{\boldsymbol{A}})=r$. 不妨设 $\overline{\boldsymbol{A}}$ 左上角的 r 阶子式不等于零, 于是 $\overline{\boldsymbol{A}}$ 经过初等行变换可以化为如下的行最简阶梯形矩阵:

$$\begin{bmatrix} 1 & 0 & \cdots & 0 & c_{1,r+1} & \cdots & c_{1n} & d_1 \\ & 1 & \cdots & 0 & c_{2,r+1} & \cdots & c_{2n} & d_2 \\ & & \ddots & \vdots & \vdots & & \vdots & \vdots \\ & & & 1 & c_{r,r+1} & \cdots & c_{rn} & d_r \\ & & & & & & & 0 \\ & & & & & & & 0 \\ & & & & & & & \vdots \\ & & & & & & & 0 \end{bmatrix}.$$

当 $r=n$ 时, 该矩阵对应的方程组有唯一的一组解 $x_1=d_1, x_2=d_2, \cdots, x_r=d_r$, 所以原方程组有唯一的解.

当 $r<n$ 时, 该矩阵对应的方程组为

$$\begin{cases} x_1 = d_1 - c_{1,r+1}x_{r+1} - c_{1,r+2}x_{r+2} - \cdots - c_{1n}x_n, \\ x_2 = d_2 - c_{2,r+1}x_{r+1} - c_{2,r+2}x_{r+2} - \cdots - c_{2n}x_n, \\ \cdots\cdots \\ x_r = d_r - c_{r,r+1}x_{r+1} - c_{r,r+2}x_{r+2} - \cdots - c_{rn}x_n, \end{cases}$$

当 $x_{r+1}, x_{r+2}, \cdots, x_n$ 给定任意一组值时, 上述方程组都有唯一的一组解, 而 $x_{r+1}, x_{r+2}, \cdots, x_n$ 是方程组的一组自由未知量, 从而原方程组有无数个解.

从以上的讨论中可得到如下定理.

定理 3.11 若 $R(\boldsymbol{A}) \neq R(\overline{\boldsymbol{A}})$, 则方程组无解;

若 $R(\boldsymbol{A}) = R(\overline{\boldsymbol{A}}) = n$, 则方程组有唯一的解;

若 $R(\boldsymbol{A}) = R(\overline{\boldsymbol{A}}) = r < n$, 则方程组有无穷多解.

例 3.4.1 k 为何值时, 齐次线性方程组

$$\begin{cases} x_1 + 2x_2 + kx_3 = 0, \\ -x_1 + (k-1)x_2 + x_3 = 0, \\ kx_1 + (3k+1)x_2 + (2k+3)x_3 = 0 \end{cases}$$

只有零解? 有非零解? 当有非零解时, 求其通解和基础解系.

解法一 对系数矩阵 $\boldsymbol{A}$ 进行初等行变换

$$\boldsymbol{A} = \begin{bmatrix} 1 & 2 & k \\ -1 & k-1 & 1 \\ k & 3k+1 & 2k+3 \end{bmatrix} \to \begin{bmatrix} 1 & 2 & k \\ 0 & k+1 & k+1 \\ 0 & k+1 & (k+1)(3-k) \end{bmatrix}$$

$$\to \begin{bmatrix} 1 & 2 & k \\ 0 & k+1 & k+1 \\ 0 & 0 & (k+1)(2-k) \end{bmatrix}. \tag{1}$$

当 $k \neq -1$ 且 $k \neq 2$ 时, $R(\boldsymbol{A}) = 3$, 所以方程组只有零解;

当 $k = -1$ 时,

$$\boldsymbol{A} \to \begin{bmatrix} 1 & 2 & -1 \\ 0 & 0 & 0 \\ 0 & 0 & 0 \end{bmatrix},$$

$R(\boldsymbol{A}) = 1 < 3$ (未知元个数), 所以方程组有非零解, 其同解方程组为

$$\begin{cases} x_1 = -2x_2 + x_3, \\ x_2 = x_2, \\ x_3 = x_3, \end{cases}$$

其通解为

$$\begin{bmatrix} x_1 \\ x_2 \\ x_3 \end{bmatrix} = k_1 \begin{bmatrix} -2 \\ 1 \\ 0 \end{bmatrix} + k_2 \begin{bmatrix} 1 \\ 0 \\ 1 \end{bmatrix} \quad (k_1, k_2 \text{ 为任意实数}),$$

基础解系为 $\boldsymbol{\xi}_1 = (-2, 1, 0)^{\mathrm{T}}, \boldsymbol{\xi}_2 = (1, 0, 1)^{\mathrm{T}}$.

当 $k = 2$ 时,

$$\boldsymbol{A} \to \begin{bmatrix} 1 & 2 & 2 \\ 0 & 3 & 3 \\ 0 & 0 & 0 \end{bmatrix} \to \begin{bmatrix} 1 & 0 & 0 \\ 0 & 1 & 1 \\ 0 & 0 & 0 \end{bmatrix},$$

$R(\boldsymbol{A}) = 2 < 3$, 所以方程组也有非零解, 其同解方程组为

$$\begin{cases} x_1 = 0, \\ x_2 = -x_3, \\ x_3 = x_3, \end{cases}$$

其通解为

$$\begin{bmatrix} x_1 \\ x_2 \\ x_3 \end{bmatrix} = k_3 \begin{bmatrix} 0 \\ -1 \\ 1 \end{bmatrix} \quad (k_3 \text{ 为任意实数}).$$

基础解系为 $\boldsymbol{\xi}_3=(0,-1,1)^{\mathrm{T}}$.

解法二 计算系数行列式

$$D=\begin{vmatrix}1 & 2 & k\\ -1 & k-1 & 1\\ k & 3k+1 & 2k+3\end{vmatrix}=(k+1)^2(2-k),$$

故当 $k\neq -1$ 且 $k\neq 2$ 时, 方程组只有零解; 当 $k=-1$ 或 $k=2$ 时, 方程组有非零解, 通解的求法见解法一.

齐次线性方程组 $\boldsymbol{AX}=\boldsymbol{0}$ 总是有解的, 至少是零解, 那么什么时候有非零解呢?

将定理 3.11 用于齐次线性方程组立即可得以下结论.

定理 3.12 齐次线性方程组 $\boldsymbol{AX}=\boldsymbol{0}$.

(1) 当 $R(\boldsymbol{A})=n$ 时, 该方程只有零解;

(2) 当 $R(\boldsymbol{A})<n$ 时, 该方程组有无穷多解, 或者说齐次方程组有非零解的充分必要条件为 $R(\boldsymbol{A})<n$.

特别地, 当 $m=n$ 时, 齐次线性方程组为 $\begin{cases}a_{11}x_1+a_{12}x_2+\cdots+a_{1n}x_n=0,\\ a_{21}x_1+a_{22}x_2+\cdots+a_{2n}x_n=0,\\ \qquad\cdots\cdots\\ a_{n1}x_1+a_{n2}x_2+\cdots+a_{nn}x_n=0.\end{cases}$

该方程组的系数矩阵为方阵, 若有非零解, 则必有 $R(\boldsymbol{A})<n$, 即系数矩阵不可逆.

推论 当 $m=n$ 时齐次线性方程组有非零解的充分必要条件为系数行列式 $D=0$.

例 3.4.2 试问线性方程组 $\begin{cases}x_1+x_2+x_3=0,\\ x_1+2x_2+x_3=0,\\ x_1+x_2+\lambda x_3=0\end{cases}$ 当 λ 取何值时有非零解.

解 方程组为齐次线性方程组, 对其系数矩阵进行初等变换, 化成阶梯形矩阵

$$\boldsymbol{A}=\begin{bmatrix}1 & 2 & 1\\ 1 & 2 & 1\\ 1 & 1 & \lambda\end{bmatrix}\to\begin{bmatrix}1 & 1 & 1\\ 0 & 1 & 0\\ 0 & 0 & \lambda-1\end{bmatrix}.$$

当 $\lambda-1=0$, 即 $\lambda=1$ 时 $R(\boldsymbol{A})=2<n=3$, 则该方程组有非零解.

例 3.4.3　解线性方程组 $\begin{cases} 2x_1+3x_2-x_3+5x_4=0, \\ 3x_1+x_2+2x_3-x_4=0, \\ 4x_1+x_2-3x_3+6x_4=0, \\ x_1-2x_2+4x_3-7x_4=0. \end{cases}$

解法一　将系数矩阵 $\boldsymbol{A}$ 化为阶梯形矩阵, 即

$$\boldsymbol{A}=\begin{bmatrix} 2 & 3 & -1 & 5 \\ 3 & 1 & 2 & -1 \\ 4 & 1 & -3 & 6 \\ 1 & -2 & 4 & -7 \end{bmatrix} \to \cdots \to \begin{bmatrix} 1 & -2 & 4 & -7 \\ 0 & 7 & -10 & 20 \\ 0 & 0 & 1 & 0 \\ 0 & 0 & 0 & 1 \end{bmatrix}.$$

显然有 $R(\boldsymbol{A})=4=n$, 则方程组仅有零解, 即 $x_1=x_2=x_3=x_4=0$.

解法二　由于方程组的个数等于未知量的个数 (即 $m=n$, 注意方程组的个数不等于未知量的个数 (即 $m\neq n$), 不可以用行列式的方法来判断), 从而可以计算系数矩阵 $\boldsymbol{A}$ 的行列式: $|\boldsymbol{A}|=\begin{vmatrix} 2 & 3 & -1 & 5 \\ 3 & 1 & 2 & -1 \\ 4 & 1 & -3 & 6 \\ 1 & -2 & 4 & -7 \end{vmatrix}=15\neq 0$, 知方程组仅有零解, 即 $x_1=x_2=x_3=x_4=0$.

3.4.2　齐次线性方程组解的结构

齐次线性方程组的解有如下性质.

性质 3.3　若 $\boldsymbol{X}_1, \boldsymbol{X}_2$ 是方程组 $\boldsymbol{AX}=\boldsymbol{0}$ 的解, 则 $\boldsymbol{X}_1+\boldsymbol{X}_2$ 也为该方程组的解.

证　因为 $\boldsymbol{X}_1, \boldsymbol{X}_2$ 是方程组 $\boldsymbol{AX}=\boldsymbol{0}$ 的解, 即 $\boldsymbol{AX}_1=\boldsymbol{0}, \boldsymbol{AX}_2=\boldsymbol{0}$, 所以 $\boldsymbol{A}(\boldsymbol{X}_1+\boldsymbol{X}_2)=\boldsymbol{AX}_1+\boldsymbol{AX}_2=\boldsymbol{0}$, 即 $\boldsymbol{X}_1+\boldsymbol{X}_2$ 也为该方程组的解.

性质 3.4　若 $\boldsymbol{X}_1$ 是方程组 $\boldsymbol{AX}=\boldsymbol{0}$ 的解, 则 $k\boldsymbol{X}_1$(k 为任意常数) 也为该方程组的解.

证　因为 $\boldsymbol{X}_1$ 是方程组 $\boldsymbol{AX}=\boldsymbol{0}$ 的解, 所以 $\boldsymbol{AX}_1=\boldsymbol{0}$, 则 $\boldsymbol{A}(k\boldsymbol{X}_1)=k(\boldsymbol{AX}_1)=\boldsymbol{0}$, 所以 $k\boldsymbol{X}_1$ 也为该方程组的解.

性质 3.5　若 $\boldsymbol{X}_1, \boldsymbol{X}_2, \cdots, \boldsymbol{X}_s$ 都是方程组 $\boldsymbol{AX}=\boldsymbol{0}$ 的解, 则 $k_1\boldsymbol{X}_1+k_2\boldsymbol{X}_2+\cdots+k_s\boldsymbol{X}_s$ 也为该方程组的解, 其中 $k_1, k_2, \cdots, k_s$ 为任意常数.

证 因为 $\boldsymbol{X}_1, \boldsymbol{X}_2, \cdots, \boldsymbol{X}_s$ 都是方程组 $\boldsymbol{AX}=\boldsymbol{0}$ 的解, 所以

$$\boldsymbol{AX}_1=\boldsymbol{AX}_2=\cdots=\boldsymbol{AX}_s=\boldsymbol{0},$$

故

$$\begin{aligned}\boldsymbol{A}\left(k_1\boldsymbol{X}_1+k_2\boldsymbol{X}_2+\cdots+k_s\boldsymbol{X}_s\right)&=k_1\left(\boldsymbol{AX}_1\right)+k_2\left(\boldsymbol{AX}_2\right)+\cdots+k_s\left(\boldsymbol{AX}_s\right)\\&=\boldsymbol{0}+\boldsymbol{0}+\cdots+\boldsymbol{0}=\boldsymbol{0},\end{aligned}$$

即 $k_1\boldsymbol{X}_1+k_2\boldsymbol{X}_2+\cdots+k_s\boldsymbol{X}_s$ 也为该方程组的解.

由以上性质得知如果一个齐次方程组有非零解, 则它必有无穷多个解.

由 3.1 节可知由有序 n 元数组构成的向量空间 $\mathbf{R}^n$ 中有 n 个线性无关的向量, 任意 $n+1$ 个向量线性相关, 同时可知若 V 是 $\mathbf{R}^n$ 的一个非空子集, V 中的向量经过线性运算所得的新向量仍在 V 中, 则 V 也构成一个向量空间, 也称为 $\mathbf{R}^n$ 的一个子空间. 对于一般的向量空间, 有如下定义.

定义 3.11 设 V 是 $\mathbf{R}^n$ 的一个子空间, 若 V 中存在 r 个向量 $\boldsymbol{\alpha}_1, \boldsymbol{\alpha}_2, \cdots, \boldsymbol{\alpha}_r$ 满足

(1) $\boldsymbol{\alpha}_1, \boldsymbol{\alpha}_2, \cdots, \boldsymbol{\alpha}_r$ 线性无关;

(2) V 中任意一个向量都可由 $\boldsymbol{\alpha}_1, \boldsymbol{\alpha}_2, \cdots, \boldsymbol{\alpha}_r$ 线性表示,

则称向量组 $\boldsymbol{\alpha}_1, \boldsymbol{\alpha}_2, \cdots, \boldsymbol{\alpha}_r$ 是向量空间 V 的一个基, r 称为向量空间 V 的**维数**, 并称 V 为 r **维向量空间**.

将 $\boldsymbol{AX}=\boldsymbol{0}$ 的解的全体记为 W, 即 $W=\{\boldsymbol{X}\in\mathbf{R}^n|\boldsymbol{AX}=\boldsymbol{0}\}$. 由性质 3.3 和性质 3.4 及定义 3.11 知道 W 也构成 $\mathbf{R}^n$ 的一个子空间, 也称为齐次线性方程组 $\boldsymbol{AX}=\boldsymbol{0}$ 的**解空间**, 其任意一组基称为齐次线性方程组的一个**基础解系**. 显然有以下定义.

定义 3.12 若齐次线性方程组 $\boldsymbol{AX}=\boldsymbol{0}$ 的有限个解 $\boldsymbol{X}_1, \boldsymbol{X}_2, \cdots, \boldsymbol{X}_s$ 满足

(1) $\boldsymbol{X}_1, \boldsymbol{X}_2, \cdots, \boldsymbol{X}_s$ 线性无关;

(2) 该方程组的任意一个解均可由 $\boldsymbol{X}_1, \boldsymbol{X}_2, \cdots, \boldsymbol{X}_s$ 线性表示,

则 $\boldsymbol{X}_1, \boldsymbol{X}_2, \cdots, \boldsymbol{X}_s$ 构成齐次线性方程组 $\boldsymbol{AX}=\boldsymbol{0}$ 的解空间的一个基础解系.

有非零解的齐次线性方程组一定有基础解系.

定理 3.13 设齐次线性方程组 $\boldsymbol{AX}=\boldsymbol{0}$ 满足 $R(\boldsymbol{A})<n$, 则该方程组一定有基础解系, 并且基础解系中所含解向量的个数等于 $n-R(\boldsymbol{A})$.

证 设 $R(\boldsymbol{A})=r$, 并不妨设左上角的 r 阶子式不等于零, 于是 $\overline{\boldsymbol{A}}$ 经过初等行变换可以化为

$$\begin{bmatrix} 1 & 0 & \cdots & 0 & c_{1,r+1} & \cdots & c_{1n} & 0 \\ & 1 & \cdots & 0 & c_{2,r+1} & \cdots & c_{2n} & 0 \\ & & \ddots & \vdots & \vdots & & \vdots & \vdots \\ & & & 1 & c_{r,r+1} & \cdots & c_{rn} & 0 \\ & & & & & & & 0 \\ & & & & & & & 0 \\ & & & & & & & \vdots \\ & & & & & & & 0 \end{bmatrix} \text{(行最简形矩阵)},$$

可得

$$\begin{cases} x_1 = -c_{1,r+1}x_{r+1} - c_{1,r+2}x_{r+2} - \cdots - c_{1n}x_n, \\ x_2 = -c_{2,r+1}x_{r+1} - c_{2,r+2}x_{r+2} - \cdots - c_{2n}x_n, \\ \qquad\qquad \cdots\cdots \\ x_r = -c_{r,r+1}x_{r+1} - c_{r,r+2}x_{r+2} - \cdots - c_{rn}x_n, \end{cases} \tag{3.4}$$

其中 $x_{r+1}, x_{r+2}, \cdots, x_n$ 为 $n-r$ 个自由未知量, 对这 $n-r$ 个未知量分别取 $n-r$ 个组数:

$$\begin{bmatrix} x_{r+1} \\ x_{r+2} \\ \vdots \\ x_n \end{bmatrix} = \begin{bmatrix} 1 \\ 0 \\ \vdots \\ 0 \end{bmatrix}, \begin{bmatrix} 0 \\ 1 \\ \vdots \\ 0 \end{bmatrix}, \cdots, \begin{bmatrix} 0 \\ 0 \\ \vdots \\ 1 \end{bmatrix},$$

可得原方程组的 $n-r$ 个解向量

$$\boldsymbol{\xi}_1 = \begin{bmatrix} -c_{1,r+1} \\ -c_{2,r+1} \\ \vdots \\ -c_{r,r+1} \\ 1 \\ 0 \\ \vdots \\ 0 \end{bmatrix}, \boldsymbol{\xi}_2 = \begin{bmatrix} -c_{1,r+2} \\ -c_{2,r+2} \\ \vdots \\ -c_{r,r+2} \\ 0 \\ 1 \\ \vdots \\ 0 \end{bmatrix}, \cdots, \boldsymbol{\xi}_{n-r} = \begin{bmatrix} -c_{1n} \\ -c_{2n} \\ \vdots \\ -c_{rn} \\ 0 \\ 0 \\ \vdots \\ 1 \end{bmatrix}.$$

下面证明 $\boldsymbol{\xi}_1, \boldsymbol{\xi}_2, \cdots, \boldsymbol{\xi}_{n-r}$ 就是原方程组的一个基础解系. 以解向量 $\boldsymbol{\xi}_1, \boldsymbol{\xi}_2, \cdots, \boldsymbol{\xi}_{n-r}$ 为列向量构成矩阵

$$\begin{bmatrix} -c_{1,r+1} & -c_{1,r+2} & \cdots & -c_{1n} \\ -c_{2,r+1} & -c_{2,r+2} & \cdots & -c_{2n} \\ \vdots & \vdots & & \vdots \\ -c_{r,r+1} & -c_{r,r+2} & \cdots & -c_{rn} \\ 1 & 0 & \cdots & 0 \\ 0 & 1 & \cdots & 0 \\ \vdots & \vdots & & \vdots \\ 0 & 0 & \cdots & 1 \end{bmatrix}$$

有 $n-r$ 阶子式

$$\begin{vmatrix} 1 & 0 & 0 & \cdots & 0 \\ 0 & 1 & 0 & \cdots & 0 \\ 0 & 0 & 1 & \cdots & 0 \\ \vdots & \vdots & \vdots & & \vdots \\ 0 & 0 & 0 & \cdots & 1 \end{vmatrix} = 1 \neq 0,$$

所以 $\boldsymbol{\xi}_1, \boldsymbol{\xi}_2, \cdots, \boldsymbol{\xi}_{n-r}$ 线性无关.

设原方程的任意一个解 $\boldsymbol{X} = (k_1, k_2, \cdots, k_n)^{\mathrm{T}}$. 因为原方程组 $\boldsymbol{AX} = \mathbf{0}$ 与方程组 (3.4) 同解, 所以有

$$\begin{cases} k_1 = -c_{1,r+1}k_{r+1} - c_{1,r+2}k_{r+2} - \cdots - c_{1n}k_n, \\ k_2 = -c_{2,r+1}k_{r+1} - c_{2,r+2}k_{r+2} - \cdots - c_{2n}k_n, \\ \qquad \cdots\cdots \\ k_r = -c_{r,r+1}k_{r+1} - c_{r,r+2}k_{r+2} - \cdots - c_{rn}k_n, \end{cases}$$

即

$$\boldsymbol{X} = k_{r+1} \begin{bmatrix} -c_{1,r+1} \\ -c_{2,r+1} \\ \vdots \\ -c_{r,r+1} \\ 1 \\ 0 \\ \vdots \\ 0 \end{bmatrix} + k_{r+2} \begin{bmatrix} -c_{1,r+2} \\ -c_{2,r+2} \\ \vdots \\ -c_{r,r+2} \\ 0 \\ 1 \\ \vdots \\ 0 \end{bmatrix} + \cdots + k_n \begin{bmatrix} -c_{1n} \\ -c_{2n} \\ \vdots \\ -c_{rn} \\ 0 \\ 0 \\ \vdots \\ 1 \end{bmatrix}$$

$$= k_{r+1}\boldsymbol{\xi}_1 + k_{r+2}\boldsymbol{\xi}_2 + \cdots + k_n\boldsymbol{\xi}_{n-r}.$$

原方程组的任意一组解都可由 $\boldsymbol{\xi}_1, \boldsymbol{\xi}_2, \cdots, \boldsymbol{\xi}_{n-r}$ 线性表示, 这个解也称为齐次线性方程组 $\boldsymbol{AX}=\mathbf{0}$ 的**通解**.

由于自由未知量 $x_{r+1}, x_{r+2}, \cdots, x_n$ 的取值不唯一, 所以基础解系也不唯一. 以上定理的证明过程也是基础解系及通解的求解过程.

例 3.4.4 解线性方程组 $\begin{cases} x_1+x_2+x_3+x_4+x_5=0, \\ 3x_1+2x_2+x_3+x_4-3x_5=0, \\ x_2+2x_3+2x_4+6x_5=0, \\ 5x_1+4x_2+3x_3+3x_4-x_5=0. \end{cases}$

解 将系数矩阵 $\boldsymbol{A}$ 化为简化阶梯形矩阵, 即

$$\boldsymbol{A}=\begin{bmatrix} 1 & 1 & 1 & 1 & 1 \\ 3 & 2 & 1 & 1 & -3 \\ 0 & 1 & 2 & 2 & 6 \\ 5 & 4 & 3 & 3 & -1 \end{bmatrix} \xrightarrow[r_1\times(-3)+r_2]{r_1\times(-5)+r_4} \begin{bmatrix} 1 & 1 & 1 & 1 & 1 \\ 0 & -1 & -2 & -2 & -6 \\ 0 & 1 & 2 & 2 & 6 \\ 0 & -1 & -2 & -2 & -6 \end{bmatrix}$$

$$\xrightarrow[\substack{r_2\times(-1)+r_4 \\ (-1)\times r_2}]{\substack{r_2+r_1 \\ r_2+r_3}} \begin{bmatrix} 1 & 0 & -1 & -1 & -5 \\ 0 & 1 & 2 & 2 & 6 \\ 0 & 0 & 0 & 0 & 0 \\ 0 & 0 & 0 & 0 & 0 \end{bmatrix},$$

可得 $R(\boldsymbol{A})=2<n$, 则方程组有无穷多解, 其同解方程组为

$$\begin{cases} x_1=x_3+x_4+5x_5, \\ x_2=-2x_3-2x_4-6x_5 \end{cases} \quad (\text{其中} x_3, x_4, x_5 \text{为自由未知量}).$$

令 $x_3=1,\ x_4=0,\ x_5=0$, 得 $x_1=1, x_2=-2$;

令 $x_3=0,\ x_4=1,\ x_5=0$, 得 $x_1=1, x_2=-2$;

令 $x_3=0,\ x_4=0,\ x_5=1$, 得 $x_1=5, x_2=-6$, 于是得到原方程组的一个基础解系为

$$\boldsymbol{\xi}_1=\begin{bmatrix} 1 \\ -2 \\ 1 \\ 0 \\ 0 \end{bmatrix}, \quad \boldsymbol{\xi}_2=\begin{bmatrix} 1 \\ -2 \\ 0 \\ 1 \\ 0 \end{bmatrix}, \quad \boldsymbol{\xi}_3=\begin{bmatrix} 5 \\ -6 \\ 0 \\ 0 \\ 1 \end{bmatrix}.$$

所以, 原方程组的通解为 $\boldsymbol{X}=k_1\boldsymbol{\xi}_1+k_2\boldsymbol{\xi}_2+k_3\boldsymbol{\xi}_3\,(k_1, k_2, k_3 \in \mathbf{R})$.

例 3.4.5 求齐次线性方程组 $\begin{cases}2x_1+x_2-x_3+x_4=0,\\4x_1+2x_2-2x_3+x_4=0,\\2x_1+x_2-x_3-x_4=0\end{cases}$ 的一个基础解系.

解 $\boldsymbol{A}=\begin{bmatrix}2&1&-1&1\\4&2&-2&1\\2&1&-1&-1\end{bmatrix}\to\begin{bmatrix}2&1&-1&1\\0&0&0&1\\0&0&0&0\end{bmatrix}.$

因为 $R(\boldsymbol{A})=2<4$, 所以齐次线性方程组有无穷多解, 取自由未知量为 x_2,x_3, 原方程组与方程组 $\begin{cases}2x_1+x_2-x_3+x_4=0,\\x_4=0\end{cases}$ 同解.

对自由未知量为 x_2,x_3 分别取 $\begin{bmatrix}1\\0\end{bmatrix}$ 和 $\begin{bmatrix}0\\1\end{bmatrix}$, 代入上式得到方程组的一个基础解系为 $\boldsymbol{\alpha}_1=\left(-\dfrac{1}{2},1,0,0\right)^{\mathrm{T}}$ 和 $\boldsymbol{\alpha}_2=\left(\dfrac{1}{2},0,1,0\right)^{\mathrm{T}}$.

3.4.3 非齐次线性方程组解的结构

非齐次线性方程组的解与齐次线性方程组的解有着密切的关系. 设有非齐次线性方程组 $\boldsymbol{AX}=\boldsymbol{b}$, 把常数项全部换为零, 得到齐次线性方程组 $\boldsymbol{AX}=\boldsymbol{0}$, 称 $\boldsymbol{AX}=\boldsymbol{0}$ 为 $\boldsymbol{AX}=\boldsymbol{b}$ 的**导出方程组**, 简称为**导出组**.

非齐次线性方程组和它的导出组之间有如下的关系.

性质 3.6 设 $\boldsymbol{X}_1,\boldsymbol{X}_2$ 为非齐次线性方程组 $\boldsymbol{A}_{m\times n}\boldsymbol{X}=\boldsymbol{b}$ 的任意两个解, 则 $\boldsymbol{X}_1-\boldsymbol{X}_2$ 是其导出组 $\boldsymbol{AX}=\boldsymbol{0}$ 的一个解.

证 因为 $\boldsymbol{X}_1,\boldsymbol{X}_2$ 为 $\boldsymbol{A}_{m\times n}\boldsymbol{X}=\boldsymbol{b}$ 的任意两个解, 所以 $\boldsymbol{A}_{m\times n}\boldsymbol{X}_1=\boldsymbol{b},\boldsymbol{A}_{m\times n}\cdot\boldsymbol{X}_2=\boldsymbol{b}$, 因此 $\boldsymbol{A}_{m\times n}(\boldsymbol{X}_1-\boldsymbol{X}_2)=\boldsymbol{b}-\boldsymbol{b}=\boldsymbol{0}$, 则 $\boldsymbol{X}_1-\boldsymbol{X}_2$ 是导出组 $\boldsymbol{AX}=\boldsymbol{0}$ 的一个解.

性质 3.7 设 $\boldsymbol{X}_0$ 是非齐次线性方程组 $\boldsymbol{AX}=\boldsymbol{b}$ 的任意解, $\overline{\boldsymbol{X}}$ 是其导出组 $\boldsymbol{AX}=\boldsymbol{0}$ 的任意一个解, 则 $\boldsymbol{X}_0+\overline{\boldsymbol{X}}$ 是 $\boldsymbol{AX}=\boldsymbol{b}$ 的解.

证 因为 $\boldsymbol{X}_0$ 是 $\boldsymbol{AX}=\boldsymbol{b}$ 的一个解向量, 所以 $\boldsymbol{AX}_0=\boldsymbol{b}$. 又 $\overline{\boldsymbol{X}}$ 是其导出组的解, 即 $\boldsymbol{A}\overline{\boldsymbol{X}}=\boldsymbol{0}$, 因此 $\boldsymbol{A}(\boldsymbol{X}_0+\overline{\boldsymbol{X}})=\boldsymbol{AX}_0+\boldsymbol{A}\overline{\boldsymbol{X}}=\boldsymbol{b}+\boldsymbol{0}=\boldsymbol{b}$, 即 $\boldsymbol{X}_0+\overline{\boldsymbol{X}}$ 是 $\boldsymbol{AX}=\boldsymbol{b}$ 的解.

与齐次线性方程组不同的是, 非齐次线性方程组解向量的线性组合一般不再是非齐次线性方程组的解向量. 也就是说, 若 $\boldsymbol{X}_1,\boldsymbol{X}_2,\cdots,\boldsymbol{X}_s$ 是非齐次线性方程组 $\boldsymbol{AX}=\boldsymbol{b}$ 的解向量, 则 $k_1\boldsymbol{X}_1+k_2\boldsymbol{X}_2+\cdots+k_s\boldsymbol{X}_s$ 一般不再是 $\boldsymbol{AX}=\boldsymbol{b}$ 的解向量, 除非 $k_1+k_2+\cdots+k_s=1$.

与齐次线性方程组相同的是非齐次线性方程组仅在有无穷多解时, 才需要研究解集合的结构.

定理 3.14 设非齐次线性方程组 $\boldsymbol{AX}=\boldsymbol{b}$ 有无穷多解, 则其一般解为

$$\boldsymbol{\eta}_0+k_1\boldsymbol{\xi}_1+k_2\boldsymbol{\xi}_2+\cdots+k_s\boldsymbol{\xi}_s,$$

其中 $\boldsymbol{\eta}_0$ 是 $\boldsymbol{AX}=\boldsymbol{b}$ 的一个特解, $\boldsymbol{\xi}_1,\boldsymbol{\xi}_2,\cdots,\boldsymbol{\xi}_s$ 是导出组 $\boldsymbol{AX}=\boldsymbol{0}$ 的一个基础解系, $k_1,k_2,\cdots,k_s$ 是任意常数.

证 显然 $\boldsymbol{\eta}_0+k_1\boldsymbol{\xi}_1+k_2\boldsymbol{\xi}_2+\cdots+k_s\boldsymbol{\xi}_s$ 是 $\boldsymbol{AX}=\boldsymbol{b}$ 的解. 反之, 任取 $\boldsymbol{AX}=\boldsymbol{b}$ 的一个解 $\boldsymbol{X}$, 则 $\boldsymbol{X}-\boldsymbol{\eta}_0$ 是导出方程组 $\boldsymbol{AX}=\boldsymbol{0}$ 的解. 于是 $\boldsymbol{X}-\boldsymbol{\eta}_0=k_1\boldsymbol{\xi}_1+k_2\boldsymbol{\xi}_2+\cdots+k_s\boldsymbol{\xi}_s$, 即

$$\boldsymbol{X}=\boldsymbol{\eta}_0+k_1\boldsymbol{\xi}_1+k_2\boldsymbol{\xi}_2+\cdots+k_s\boldsymbol{\xi}_s,$$

所以 $\boldsymbol{\eta}_0+k_1\boldsymbol{\xi}_1+k_2\boldsymbol{\xi}_2+\cdots+k_s\boldsymbol{\xi}_s$ 是 $\boldsymbol{AX}=\boldsymbol{b}$ 的一般解 (通解).

例 3.4.6 解线性方程组 $\begin{cases} x_1+x_2-x_3+2x_4=3, \\ 2x_1+x_2-3x_4=1, \\ -2x_1-2x_3+10x_4=4. \end{cases}$

解

$$\begin{aligned}\overline{\boldsymbol{A}}&=(\boldsymbol{A}\mid\boldsymbol{B})\\ &=\begin{bmatrix}1&1&-1&2&3\\2&1&0&-3&1\\-2&0&-2&10&4\end{bmatrix}\xrightarrow[r_1\times 2+r_3]{r_1\times(-2)+r_2}\begin{bmatrix}1&1&-1&2&3\\0&-1&2&-7&-5\\0&2&-4&14&10\end{bmatrix}\\ &\xrightarrow[r_2\times 1+r_1,r_2\times(-1)]{r_2\times 2+r_3}\begin{bmatrix}1&0&1&-5&-2\\0&1&-2&7&5\\0&0&0&0&0\end{bmatrix},\end{aligned}$$

可见 $R(\overline{\boldsymbol{A}})=R(\boldsymbol{A})=2<4$, 则方程组有无穷多解, 其同解方程组为

$$\begin{cases} x_1=-2-x_3+5x_4, \\ x_2=5+2x_3-7x_4 \end{cases} \quad (\text{其中 } x_3,x_4 \text{ 为自由未知量}).$$

令 $x_3=0,x_4=0$, 得原方程组的一个特解 $\boldsymbol{\eta}=\begin{bmatrix}-2\\5\\0\\0\end{bmatrix}$.

又原方程组的导出组的同解方程组为 $\begin{cases} x_1 = -x_3 + 5x_4, \\ x_2 = 2x_3 - 7x_4 \end{cases}$ (其中 x_3, x_4 为自由未知量).

令 $x_3 = 1, x_4 = 0$, 得 $x_1 = -1, x_2 = 2$; 令 $x_3 = 0, x_4 = 1$, 得 $x_1 = 5, x_2 = -7$, 于是得到导出组的一个基础解系为 $\boldsymbol{\xi}_1 = \begin{bmatrix} -1 \\ 2 \\ 1 \\ 0 \end{bmatrix}, \boldsymbol{\xi}_2 = \begin{bmatrix} 5 \\ -7 \\ 0 \\ 1 \end{bmatrix}$. 所以, 原方程组的通解为 $\boldsymbol{X} = \boldsymbol{\eta} + k_1\boldsymbol{\xi}_1 + k_2\boldsymbol{\xi}_2$ $(k_1, k_2 \in \mathbf{R})$.

例 3.4.7 求非齐次线性方程组 $\begin{cases} x_1 + 3x_2 + 3x_3 - 2x_4 + x_5 = 3, \\ 2x_1 + 6x_2 + x_3 - 3x_4 = 2, \\ x_1 + 3x_2 - 2x_3 - x_4 - x_5 = -1, \\ 3x_1 + 9x_2 + 4x_3 - 5x_4 + x_5 = 5 \end{cases}$ 的全部解.

解

$$\overline{\boldsymbol{A}} = \begin{bmatrix} 1 & 3 & 3 & -2 & 1 & 3 \\ 2 & 6 & 1 & -3 & 0 & 2 \\ 1 & 3 & -2 & -1 & -1 & -1 \\ 3 & 9 & 4 & -5 & 1 & 5 \end{bmatrix} \to \begin{bmatrix} 1 & 3 & 3 & -2 & 1 & 3 \\ 0 & 0 & -5 & 1 & -2 & -4 \\ 0 & 0 & -5 & 1 & -2 & -4 \\ 0 & 0 & -5 & 1 & -2 & -4 \end{bmatrix}$$

$$\to \begin{bmatrix} 1 & 3 & 3 & -2 & 1 & 3 \\ 0 & 0 & -5 & 1 & -2 & -4 \\ 0 & 0 & 0 & 0 & 0 & 0 \\ 0 & 0 & 0 & 0 & 0 & 0 \end{bmatrix}.$$

因为 $R(\overline{\boldsymbol{A}}) = R(\boldsymbol{A}) = 2 < 5$, 所以非齐次线性方程组有无穷多组解, 取自由未知量为 x_2, x_4, x_5, 原方程组与方程组 $\begin{cases} x_1 + 3x_2 + 3x_3 - 2x_4 + x_5 = 3, \\ -5x_3 + x_4 - 2x_5 = -4 \end{cases}$ 同解.

取自由未知量 x_2, x_4, x_5 为 $\begin{bmatrix} 0 \\ 0 \\ 0 \end{bmatrix}$, 得原方程组的一个特解: $\boldsymbol{\eta}_0 = \left(\dfrac{3}{5}, 0, \dfrac{4}{5}, 0, 0\right)^{\mathrm{T}}$.

再求其导出组的基础解系, 其导出组与方程组 $\begin{cases} x_1 + 3x_2 + 3x_3 - 2x_4 + x_5 = 0, \\ -5x_3 + x_4 - 2x_5 = 0 \end{cases}$

同解.

自由未知量 x_2, x_4, x_5 分别取 $\begin{bmatrix} 1 \\ 0 \\ 0 \end{bmatrix}, \begin{bmatrix} 0 \\ 1 \\ 0 \end{bmatrix}, \begin{bmatrix} 0 \\ 0 \\ 1 \end{bmatrix}$, 代入上式得到其导出组的一个基础解系为

$$\boldsymbol{\xi}_1 = \begin{bmatrix} -3 \\ 1 \\ 0 \\ 0 \\ 0 \end{bmatrix}, \quad \boldsymbol{\xi}_2 = \begin{bmatrix} \frac{7}{5} \\ 0 \\ \frac{1}{5} \\ 1 \\ 0 \end{bmatrix}, \quad \boldsymbol{\xi}_3 = \begin{bmatrix} \frac{1}{5} \\ 0 \\ -\frac{2}{5} \\ 0 \\ 1 \end{bmatrix}.$$

则原方程组的全部解为 $\boldsymbol{X} = C_1\boldsymbol{\xi}_1 + C_2\boldsymbol{\xi}_2 + C_3\boldsymbol{\xi}_3 + \boldsymbol{\eta}_0$.

3.5　线性方程组模型应用举例

线性方程组是最简单也是最重要的一类代数方程组, 在现实生活中的应用非常广泛的. 不仅可以广泛地应用于工程学、计算机科学、物理学、数学、经济学、统计学、力学、信号与信号处理、通信、航空等学科和领域, 同时也应用于理工类的后继课程, 如电路、理论力学、计算机图形学、信号与系统、数字信号处理、系统动力学、自动控制原理等课程. 为了更好地运用这种理论, 必须在解题过程中有意识地联系各种理论的运用条件, 并根据相应的实际问题, 由适当变换所知, 学会选择最有效的方法来进行解题, 通过熟练地运用理论知识来解决数学问题. 此外, 线性模型比复杂的非线性模型更易于用计算机进行计算. 下面给出线性方程组在日常生活中的几个应用实例.

3.5.1　在物理电路中的应用

例 3.5.1　设各节点的电流如图 3.3 所示, 则由基尔霍夫第一定律 (简记为 KCL) 即电路中任一节点处各支路电流之间的关系: 在任一节点处, 支路电流的代数和在任一瞬时恒为零 (通常把流入节点的电流取为负的, 流出节点的电流取为正的). 该定律也称为节点电流定律, 有

对于节点 $A: i_1 + i_4 - i_6 = 0$; 对于节点 $B: -i_2 - i_4 + i_5 = 0$;

对于节点 $C: i_3 - i_5 + i_6 = 0$; 对于节点 $D: -i_1 + i_2 - i_3 = 0$.

于是, 求各支路的电流就归结为下面齐次线性方程组的求解:

$$\begin{cases} i_1 + i_4 - i_6 = 0, \\ -i_2 - i_4 + i_5 = 0, \\ i_3 - i_5 + i_6 = 0, \\ -i_1 + i_2 - i_3 = 0. \end{cases}$$

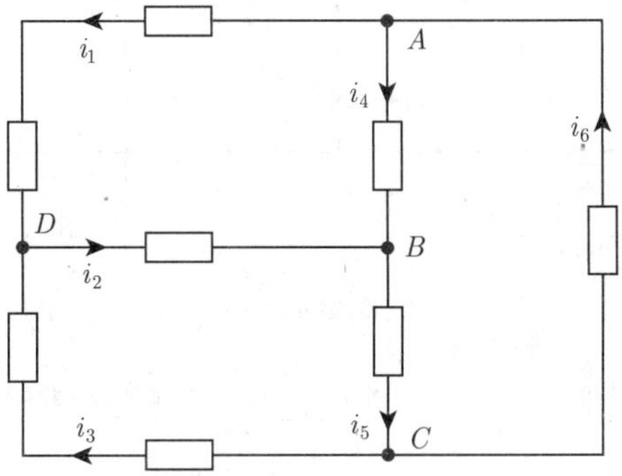

图 3.3

解之, 得其解为 $\begin{bmatrix} i_1 \\ i_2 \\ i_3 \\ i_4 \\ i_5 \\ i_6 \end{bmatrix} = k_1 \begin{bmatrix} 1 \\ 1 \\ 0 \\ -1 \\ 0 \\ 0 \end{bmatrix} + k_2 \begin{bmatrix} 0 \\ 1 \\ 1 \\ 0 \\ 1 \\ 0 \end{bmatrix} + k_3 \begin{bmatrix} 1 \\ 0 \\ -1 \\ 0 \\ 0 \\ 1 \end{bmatrix}$, 其中, $k_1, k_2, k_3 \in \mathbf{R}$.

由于 $i_1, i_2, i_3, i_4, i_5, i_6$ 均为正数, 所以通解中的 3 个任意常数应满足以下条件:

$$k_1 < 0, \quad k_2 > k_3 > -k_1.$$

如果 $k_1 = -1, k_2 = 3, k_3 = 2$, 则

$$i_1 = 1, \quad i_2 = 2, \quad i_3 = 1, \quad i_4 = 1, \quad i_5 = 3, \quad i_6 = 2.$$

3.5.2 交通流量问题

汽车在道路上连续行驶形成的车流, 称为交通流. 某段时间内在不受横向交叉影响的路段上, 交通流呈连续流状态.

假设: (1) 全部流入网络的流量等于全部流出网络的流量;

(2) 全部流入一个节点的流量等于全部流出此节点的流量.

通过以下例题来说明如何建立数学模型确定交通网络未知部分的具体流量.

例 3.5.2 图 3.4 给出了某城市部分单行街道的交通流量 (每小时过车数). 请确定交通网络未知部分的具体流量.

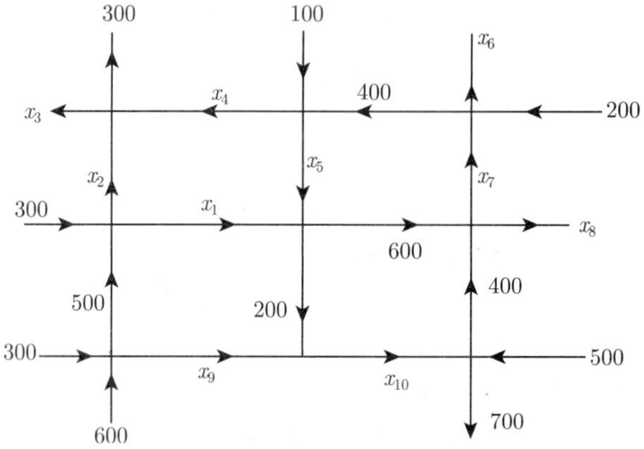

图 3.4

解　由网络的流量假设, 所给问题满足如下线性方程组:

$$\begin{cases} x_2 - x_3 + x_4 = 300, \\ x_4 + x_5 = 500, \\ x_7 - x_6 = 200, \\ x_1 + x_2 = 800, \\ x_1 + x_5 = 800, \\ x_7 + x_8 = 1000, \\ x_9 = 400, \\ x_{10} - x_9 = 200, \\ x_{10} = 600, \\ x_8 + x_3 + x_6 = 1000. \end{cases}$$

该线性方程组的增广矩阵化为行最简阶梯形矩阵, 即

$$\boldsymbol{B} = \begin{bmatrix} 1 & 0 & 0 & 0 & 1 & 0 & 0 & 0 & 0 & 0 & 800 \\ 0 & 1 & 0 & 0 & -1 & 0 & 0 & 0 & 0 & 0 & 0 \\ 0 & 0 & 1 & 0 & 0 & 0 & 0 & 0 & 0 & 0 & 200 \\ 0 & 0 & 0 & 1 & 1 & 0 & 0 & 0 & 0 & 0 & 500 \\ 0 & 0 & 0 & 0 & 0 & 1 & 0 & 1 & 0 & 0 & 800 \\ 0 & 0 & 0 & 0 & 0 & 0 & 1 & 1 & 0 & 0 & 1000 \\ 0 & 0 & 0 & 0 & 0 & 0 & 0 & 0 & 1 & 0 & 400 \\ 0 & 0 & 0 & 0 & 0 & 0 & 0 & 0 & 0 & 1 & 600 \\ 0 & 0 & 0 & 0 & 0 & 0 & 0 & 0 & 0 & 0 & 0 \\ 0 & 0 & 0 & 0 & 0 & 0 & 0 & 0 & 0 & 0 & 0 \end{bmatrix},$$

其对应的非齐次方程组为

$$\begin{cases} x_1 + x_5 = 800, \\ x_2 - x_5 = 0, \\ x_3 = 200, \\ x_4 + x_5 = 500, \\ x_6 + x_8 = 800, \\ x_7 + x_8 = 1000, \\ x_9 = 400, \\ x_{10} = 600. \end{cases}$$

取 (x_5, x_8) 为自由未知量, 分别赋两组值为 (1, 0), (0, 1), 得齐次方程组基础解系中两个解向量

$$\boldsymbol{\xi}_1 = (-1, 1, 0, -1, 1, 0, 0, 0, 0, 0)^{\mathrm{T}}, \quad \boldsymbol{\xi}_2 = (0, 0, 0, 0, 0, -1, -1, 1, 0, 0)^{\mathrm{T}},$$

赋值给自由未知量 (x_5, x_8) 为 $(0,0)$ 得非齐次方程组的特解

$$\boldsymbol{\eta}_0 = (800, 0, 200, 500, 0, 800, 1000, 0, 400, 600)^{\mathrm{T}}.$$

于是方程组的通解 $\boldsymbol{X} = \boldsymbol{\eta}_0 + k_1\boldsymbol{\xi}_1 + k_2\boldsymbol{\xi}_2$, 其中 k_1, k_2 为任意常数, $\boldsymbol{X}$ 的每一个分量即为交通网络未知部分的具体流量, 它有无穷多解. 是不是真的有无穷多个解呢？答案是否定的, 因为车流量是非负整数, 所以以上变量还需满足

$$\begin{cases} x_1 = -k_1 + 800 \geqslant 0, \\ x_2 = k_1 \geqslant 0, \\ x_3 = 200 \geqslant 0, \\ x_4 = -k_1 + 500 \geqslant 0, \\ x_5 = k_1 \geqslant 0, \\ x_6 = -k_2 + 800 \geqslant 0, \\ x_7 = -k_2 + 1000 \geqslant 0, \\ x_8 = k_2 \geqslant 0, \\ x_9 = 400 \geqslant 0, \\ x_{10} = 600 \geqslant 0, \end{cases}$$

即 $0 \leqslant k_1 \leqslant 500, 0 \leqslant k_2 \leqslant 800$.

3.5.3　在营养食谱中的应用

例 3.5.3　表 3.2 是该食谱中的 3 种食物以及 100 克每种食物成分含有某些营养素的数量.

表 3.2

营养	每 100 克食物所含营养/g			健康所要求的每日最低营养量
	脱脂牛奶	大豆粉	乳清	
蛋白质	36	51	13	33
碳水化合物	52	34	74	45
脂肪	0	7	1.1	3

如果用这三种食物作为每天的主要食物, 那么它们的用量应各取多少才能全面准确地实现这个营养要求?

以 100 克为一个单位, 为了保证健康所要求的每日最低营养量, 设每日需食用的脱脂牛奶 x_1 个单位, 大豆粉 x_2 个单位, 乳清 x_3 个单位, 则由所给条件得

$$\begin{cases} 36x_1+51x_2+13x_3=33, \\ 52x_1+34x_2+74x_3=45, \\ 7x_2+1.1x_3=3. \end{cases}$$

解上述方程组得解为

$$x_1=0.2772, \quad x_2=0.3919, \quad x_3=0.2332,$$

即为了保证健康所要求的每日最低营养量, 每日需食用脱脂牛奶 27.72 克, 大豆粉 39.19 克, 乳清 23.32 克.

3.5.4　企业投入产出分析模型

例 3.5.4　某地区有三个重要产业: 一个煤矿、一个发电厂和一条地方铁路. 开采一元钱的煤, 煤矿要支付 0.65 元的电费及 0.55 元的运输费. 生产一元钱的电力, 发电厂要支付 0.25 元的煤费、0.05 元的电费及 0.10 元的运输费. 创收一元钱的运输费, 铁路要支付 0.25 元的煤费及 0.05 元的电费. 在某一周内, 煤矿接到外地金额为 50000 元的订货, 发电厂接到外地金额为 25000 元的订货, 外界对地方铁路没有需求. 问三个企业在这一周内总产值多少才能满足自身及外界的需求?

解　设 x_1 为煤矿本周内的总产值, x_2 为发电厂本周的总产值, x_3 为铁路本周内的总产值, 则

$$\begin{cases} x_1-(0.65x_2+0.55x_3)=50000, \\ x_2-(0.25x_1+0.05x_2+0.10x_3)=25000, \\ x_3-(0.25x_1+0.05x_2)=0, \end{cases}$$

即

$$\begin{bmatrix} x_1 \\ x_2 \\ x_3 \end{bmatrix} - \begin{bmatrix} 0 & 0.65 & 0.55 \\ 0.25 & 0.05 & 0.10 \\ 0.25 & 0.05 & 0 \end{bmatrix} \begin{bmatrix} x_1 \\ x_2 \\ x_3 \end{bmatrix} = \begin{bmatrix} 50000 \\ 25000 \\ 0 \end{bmatrix}, \tag{3.5}$$

所以有

$$\boldsymbol{X} = \begin{bmatrix} x_1 \\ x_2 \\ x_3 \end{bmatrix}, \quad \boldsymbol{A} = \begin{bmatrix} 0 & 0.65 & 0.55 \\ 0.25 & 0.05 & 0.10 \\ 0.25 & 0.05 & 0 \end{bmatrix}, \quad \boldsymbol{Y} = \begin{bmatrix} 50000 \\ 25000 \\ 0 \end{bmatrix}.$$

矩阵 $\boldsymbol{A}$ 称为直接消耗矩阵, $\boldsymbol{X}$ 称为产出向量, $\boldsymbol{Y}$ 称为需求向量, 则方程组 (3.5) 为

$$\boldsymbol{X} - \boldsymbol{AX} = \boldsymbol{Y}, \quad \text{即} \quad (\boldsymbol{E} - \boldsymbol{A})\boldsymbol{X} = \boldsymbol{Y}, \tag{3.6}$$

其中 $\boldsymbol{E} - \boldsymbol{A}$ 称为里昂惕夫 (Leontief) 矩阵, 里昂惕夫矩阵为非奇异矩阵.

投入产出分析表 设

$$\boldsymbol{B} = (\boldsymbol{E} - \boldsymbol{A})^{-1} - \boldsymbol{E}, \quad \boldsymbol{C} = \boldsymbol{A} \begin{bmatrix} x_1 & 0 & 0 \\ 0 & x_2 & 0 \\ 0 & 0 & x_3 \end{bmatrix},$$

其中矩阵 $\boldsymbol{B}$ 称为完全消耗矩阵, 它与矩阵 $\boldsymbol{A}$ 一起在各个部门之间的投入产出中起平衡作用. 矩阵 $\boldsymbol{C}$ 可以称为投入产出矩阵, 它的元素表示煤矿、发电厂、铁路之间的投入产出关系:

$$\boldsymbol{D} = (1, 1, 1) \cdot \boldsymbol{C}.$$

其中向量 $\boldsymbol{D}$ 称为总投入向量, 它的元素是矩阵 $\boldsymbol{C}$ 的对应列元素之和, 分别表示煤矿、发电厂、铁路得到的总投入. 由矩阵 $\boldsymbol{C}$, 向量 $\boldsymbol{Y}$, $\boldsymbol{X}$ 和 $\boldsymbol{D}$, 可得如下投入产出分析表 (表 3.3).

表 3.3 投入产出分析表 (单位: 元)

	煤矿	发电厂	铁路	外界需求	总产值
煤矿	c_{11}	c_{12}	c_{13}	y_1	x_1
发电厂	c_{21}	c_{22}	c_{23}	y_2	x_2
铁路	c_{31}	c_{32}	c_{33}	y_3	x_3
总投入	d_1	d_2	d_3		

计算求解　按式 (3.6) 解方程组可得产出向量 $\boldsymbol{X}$, 于是可计算矩阵 $\boldsymbol{C}$ 和向量 $\boldsymbol{D}$, 计算结果见表 3.4.

表 3.4　投入产出计算结果　(单位: 元)

	煤矿	发电厂	铁路	外界需求	总产值
煤矿	0	36505. 96	15581.51	50000	102087.47
发电厂	25521.87	2808.15	2833.00	25000	56163.02
铁路	25521.87	2808.15	0	0	28330.02
总投入	51043.74	42122.26	18414.51		

习　题　3

1. n 维向量 $\boldsymbol{\alpha}_1,\boldsymbol{\alpha}_2,\cdots,\boldsymbol{\alpha}_s(\boldsymbol{\alpha}_1\neq\boldsymbol{0})$ 线性相关的充分必要条件是 (　　).

(A) 对于任何一组不全为零的数组都有 $k_1\boldsymbol{\alpha}_1+k_2\boldsymbol{\alpha}_2+\cdots+k_s\boldsymbol{\alpha}_s=\boldsymbol{0}$

(B) $\boldsymbol{\alpha}_1,\boldsymbol{\alpha}_2,\cdots,\boldsymbol{\alpha}_s$ 中任何 $j\ (j\leqslant s)$ 个向量线性相关

(C) 设 $\boldsymbol{A}=(\boldsymbol{\alpha}_1,\boldsymbol{\alpha}_2,\cdots,\boldsymbol{\alpha}_s)$, 非齐次线性方程组 $\boldsymbol{AX}=\boldsymbol{B}$ 有唯一解

(D) 设 $\boldsymbol{A}=(\boldsymbol{\alpha}_1,\boldsymbol{\alpha}_2,\cdots,\boldsymbol{\alpha}_s)$, $\boldsymbol{A}$ 的行秩 $<s$

2. 若向量组 $\boldsymbol{\alpha},\boldsymbol{\beta},\boldsymbol{\gamma}$ 线性无关, 向量组 $\boldsymbol{\alpha},\boldsymbol{\beta},\boldsymbol{\delta}$ 线性相关, 则 (　　).

(A) $\boldsymbol{\alpha}$ 必可由 $\boldsymbol{\beta},\boldsymbol{\gamma},\boldsymbol{\delta}$ 线性表示　(B) $\boldsymbol{\beta}$ 必不可由 $\boldsymbol{\alpha},\boldsymbol{\gamma},\boldsymbol{\delta}$ 线性表示

(C) $\boldsymbol{\delta}$ 必可由 $\boldsymbol{\alpha},\boldsymbol{\beta},\boldsymbol{\gamma}$ 线性表示　(D) $\boldsymbol{\delta}$ 必不可由 $\boldsymbol{\alpha},\boldsymbol{\beta},\boldsymbol{\gamma}$ 线性表示

3. 判断向量 $\boldsymbol{\beta}=(4,3,-1,11)^{\mathrm{T}}$ 是否各为向量组 $\boldsymbol{\alpha}_1=(1,2,-1,5)^{\mathrm{T}}$, $\boldsymbol{\alpha}_2=(2,-1,1,1)^{\mathrm{T}}$ 的线性组合. 若是, 写出表示式.

4. 将向量 $\boldsymbol{\beta}$ 表示成 $\boldsymbol{\alpha}_1,\boldsymbol{\alpha}_2,\boldsymbol{\alpha}_3$ 的线性组合:

(1) $\boldsymbol{\alpha}_1=(1,1,-1),\boldsymbol{\alpha}_2=(1,2,1),\boldsymbol{\alpha}_3=(0,0,1),\boldsymbol{\beta}=(1,0,-2)$;

(2) $\boldsymbol{\alpha}_1=(1,2,3),\boldsymbol{\alpha}_2=(1,0,4),\boldsymbol{\alpha}_3=(1,3,1),\boldsymbol{\beta}=(3,1,11)$.

5. 判断下列向量组的线性相关性.

(1) $\boldsymbol{\alpha}_1=(1,1,-1),\boldsymbol{\alpha}_2=(0,4,2),\boldsymbol{\alpha}_3=(2,2,4)$;

(2) $\boldsymbol{\alpha}_1=(1,-1,0),\boldsymbol{\alpha}_2=(2,1,1),\boldsymbol{\alpha}_3=(1,3,-1)$;

(3) $\boldsymbol{\alpha}_1=(-2,1,0,3),\boldsymbol{\alpha}_2=(1,-3,2,4);\boldsymbol{\alpha}_3=(3,0,2,-1),\boldsymbol{\alpha}_4=(2,-2,4,6)$.

6. 设向量 $\boldsymbol{\alpha}_1=(1,-2,4),\boldsymbol{\alpha}_2=(0,1,2),\boldsymbol{\alpha}_3=(-2,3,c)$, 试问:

(1) c 取何值时, $\boldsymbol{\alpha}_1,\boldsymbol{\alpha}_2,\boldsymbol{\alpha}_3$ 线性相关?

(2) c 取何值时, $\boldsymbol{\alpha}_1,\boldsymbol{\alpha}_2,\boldsymbol{\alpha}_3$ 线性无关?

7. 求下列向量组的秩, 并求一个极大无关组:

(1) $\boldsymbol{\alpha}_1=(1,2,-1,4)\,,\boldsymbol{\alpha}_2=(9,100,10,4)\,,\boldsymbol{\alpha}_3=(-2,-4,2,-8)$;

(2) $\boldsymbol{\alpha}_1=(1,1,0)\,,\boldsymbol{\alpha}_2=(0,2,0)\,,\boldsymbol{\alpha}_3=(0,0,3)$.

8. 设 $\boldsymbol{\alpha}_1,\boldsymbol{\alpha}_2,\cdots,\boldsymbol{\alpha}_n$ 是一组 n 维向量, 已知 n 维单位坐标向量 $\boldsymbol{\varepsilon}_1,\boldsymbol{\varepsilon}_2,\cdots,\boldsymbol{\varepsilon}_n$ 能由它们线性表示, 证明 $\boldsymbol{\alpha}_1,\boldsymbol{\alpha}_2,\cdots,\boldsymbol{\alpha}_n$ 线性无关.

9. 设 $\boldsymbol{\alpha}_1,\boldsymbol{\alpha}_2,\cdots,\boldsymbol{\alpha}_n$ 是一组 n 维向量, 证明它们线性无关的充分必要条件是: 任一 n 维向量都可由它们线性表示.

10. 利用初等行变换求下列矩阵的列向量组的一个极大无关组:

(1) $\begin{bmatrix} 25 & 75 & 75 & 25 \\ 31 & 94 & 94 & 32 \\ 17 & 53 & 54 & 20 \\ 43 & 132 & 134 & 48 \end{bmatrix}$; (2) $\begin{bmatrix} 1 & 0 & 2 & 1 \\ 1 & 2 & 0 & 1 \\ 2 & 1 & 3 & 0 \\ 2 & 5 & -1 & 4 \\ 1 & -1 & 3 & -1 \end{bmatrix}$.

11. 求向量组 $\boldsymbol{\alpha}_1, \boldsymbol{\alpha}_2, \boldsymbol{\alpha}_3, \boldsymbol{\alpha}_4$ 的极大无关组, 并把不属于极大无关组的向量用极大无关组线性表出, 其中 $\boldsymbol{\alpha}_1 = (1,2,3,0), \boldsymbol{\alpha}_2 = (-1,-2,0,3), \boldsymbol{\alpha}_3 = (0,0,1,1), \boldsymbol{\alpha}_4 = (1,2,-1,0)$.

12. 设 $\boldsymbol{\beta}_1 = \boldsymbol{\alpha}_1 + \boldsymbol{\alpha}_2, \boldsymbol{\beta}_2 = \boldsymbol{\alpha}_2 + \boldsymbol{\alpha}_3, \boldsymbol{\beta}_3 = \boldsymbol{\alpha}_3 + \boldsymbol{\alpha}_4, \boldsymbol{\beta}_4 = \boldsymbol{\alpha}_4 + \boldsymbol{\alpha}_1$, 证明向量组 $\boldsymbol{\beta}_1, \boldsymbol{\beta}_2, \boldsymbol{\beta}_3, \boldsymbol{\beta}_4$ 线性相关.

13. 设 $\boldsymbol{\beta}_1 = \boldsymbol{\alpha}_1 + \boldsymbol{\alpha}_2, \boldsymbol{\beta}_2 = \boldsymbol{\alpha}_2 + \boldsymbol{\alpha}_3, \boldsymbol{\beta}_3 = \boldsymbol{\alpha}_3 + \boldsymbol{\alpha}_1$, 证明向量组 $\boldsymbol{\alpha}_1, \boldsymbol{\alpha}_2, \boldsymbol{\alpha}_3$ 与 $\boldsymbol{\beta}_1, \boldsymbol{\beta}_2, \boldsymbol{\beta}_3$ 等价.

14. 设 $\boldsymbol{\alpha}_1, \boldsymbol{\alpha}_2, \boldsymbol{\alpha}_3$ 线性相关, $\boldsymbol{\alpha}_2, \boldsymbol{\alpha}_3, \boldsymbol{\alpha}_4$ 线性无关, 证明 $\boldsymbol{\alpha}_1$ 可由 $\boldsymbol{\alpha}_2, \boldsymbol{\alpha}_3$ 线性表出.

15. 判断下列方程组是否有解? 若有解, 是有唯一解还是有无穷多解?

(1) $\begin{cases} x_1 + x_2 - 3x_3 = 1, \\ 3x_1 - x_2 - 3x_3 = 4, \\ x_1 + 5x_2 - 9x_3 = 1; \end{cases}$

(2) $\begin{cases} x_1 + x_2 - 3x_3 = 1, \\ 3x_1 - x_2 - 3x_3 = 4, \\ x_1 + 5x_2 - 9x_3 = 0; \end{cases}$

(3) $\begin{cases} x_1 + x_2 - 3x_3 = 1, \\ 3x_1 - x_2 - 3x_3 = 4, \\ x_1 + 5x_2 - 8x_3 = 0. \end{cases}$

16. 求解非齐次线性方程组 $\begin{cases} 2x + 3y + z = 4, \\ x - 2y + 4z = -5, \\ 3x + 8y - 2z = 13, \\ 4x - y + 9z = -6. \end{cases}$

17. 已知 $\boldsymbol{\eta}_1, \boldsymbol{\eta}_2, \boldsymbol{\eta}_3$ 是齐次线性方程组 $\boldsymbol{AX} = \boldsymbol{0}$ 的一个基础解系, 证明 $\boldsymbol{\eta}_1, \boldsymbol{\eta}_1 + \boldsymbol{\eta}_2, \boldsymbol{\eta}_1 + \boldsymbol{\eta}_2 + \boldsymbol{\eta}_3$ 也是齐次线性方程组 $\boldsymbol{AX} = \boldsymbol{0}$ 的一个基础解系.

18. 设矩阵 $\boldsymbol{A} = (a_{ij})_{m\times n}, \boldsymbol{B} = (b_{ij})_{n\times s}$. 证明: $\boldsymbol{AB} = \boldsymbol{0}$ 的充分必要条件是矩阵 $\boldsymbol{B}$ 的每一列向量都是齐次方程组 $\boldsymbol{AX} = \boldsymbol{0}$ 的解.

19. 设 $\boldsymbol{\eta}_1, \boldsymbol{\eta}_2, \boldsymbol{\eta}_3$ 是四元非齐次线性方程组 $\boldsymbol{AX} = \boldsymbol{b}$ 的三个解向量, 且矩阵 $\boldsymbol{A}$ 的秩为 3, $\boldsymbol{\eta}_1 = (1,2,3,4)^{\mathrm{T}}, \boldsymbol{\eta}_2 + \boldsymbol{\eta}_3 = (0,1,2,3)^{\mathrm{T}}$, 求 $\boldsymbol{AX} = \boldsymbol{b}$ 的通解.

20. 求非齐次线性方程组 $\begin{cases} x_1 + 3x_2 + 3x_3 - 2x_4 + x_5 = 3, \\ 2x_1 + 6x_2 + x_3 - 3x_4 = 2, \\ x_1 + 3x_2 - 2x_3 - x_4 - x_5 = -1, \\ 3x_1 + 9x_2 + 4x_3 - 5x_4 + x_5 = 5 \end{cases}$ 的解, 用导出组的基础解系表示其全部解.

21. 求齐次线性方程组 $\begin{cases} x_1 + x_2 + 2x_3 - x_4 = 0, \\ 2x_1 + x_2 + x_3 - x_4 = 0, \\ 2x_1 + 2x_2 + x_3 + 2x_4 = 0 \end{cases}$ 的一个基础解系.

22. 求当 a, b 为何值时, 线性方程组 $\begin{cases} x_1 + x_2 + x_3 + x_4 = 1, \\ 3x_1 + 2x_2 + x_3 + x_4 = 3, \\ x_2 + 3x_3 + 2x_4 = 0, \\ 5x_1 + 4x_2 + 3x_3 + bx_4 = a \end{cases}$

(1) 有唯一解;　(2) 无解;　(3) 有无穷多解.

23. 求齐次线性方程组 $\begin{cases} x_1 + x_2 - x_3 - x_4 = 0, \\ 2x_1 - 5x_2 + 3x_3 + 2x_4 = 0, \\ 7x_1 - 7x_2 + 3x_3 + x_4 = 0 \end{cases}$ 的基础解系和通解.

24. 求齐次线性方程组 $\begin{cases} x_1 + x_2 + x_3 + 4x_4 - 3x_5 = 0, \\ 2x_1 + x_2 + 3x_3 + 5x_4 - 5x_5 = 0, \\ x_1 - x_2 + 3x_3 - 2x_4 - x_5 = 0, \\ 3x_1 + x_2 + 5x_3 + 6x_4 - 7x_5 = 0 \end{cases}$ 的基础解系和通解.

25. 求下列齐次线性方程组的通解:

(1) $\begin{cases} x - y + 2z = 0, \\ 3x - 5y - z = 0, \\ 3x - 7y - 8z = 0; \end{cases}$

(2) $\begin{cases} x_1 + x_2 + 2x_3 + 2x_4 + 7x_5 = 0, \\ 2x_1 + 3x_2 + 4x_3 + 5x_4 = 0, \\ 3x_1 + 5x_2 + 6x_3 + 8x_4 = 0; \end{cases}$

(3) $\begin{cases} x_1 + x_2 - 3x_4 - x_5 = 0, \\ x_1 - x_2 + 2x_3 - x_4 = 0, \\ 4x_1 - 2x_2 + 6x_3 + 3x_4 - 4x_5 = 0, \\ 2x_1 + 4x_2 - 2x_3 + 4x_4 - 7x_5 = 0. \end{cases}$

26. 求解下列非齐次线性方程组:

(1) $\begin{cases} x_1 - 2x_2 + x_3 + x_4 = 1, \\ x_1 - 2x_2 + x_3 - x_4 = -1, \\ x_1 - 2x_2 + x_3 + 5x_4 = 22; \end{cases}$

(2) $\begin{cases} 2x_1 - x_2 + 3x_3 - x_4 = 1, \\ 3x_1 - 2x_2 - 2x_3 + 3x_4 = 3, \\ x_1 - x_2 - 5x_3 + 4x_4 = 2, \\ 7x_1 - 5x_2 - 9x_3 + 10x_4 = 8; \end{cases}$

(3) $\begin{cases} x_1 + x_2 - 3x_3 = -1, \\ 2x_1 + x_2 - 2x_3 = 1, \\ x_1 + 2x_2 - 3x_3 = 1, \\ x_1 + x_2 + x_3 = 100. \end{cases}$

27. 两个产地 A_1 和 A_2 生产同一种产品, 产量分别为 10 吨、8 吨. 现将产品运往 B_1,B_2,B_3 三个销地, B_1,B_2,B_3 的需求量分别为 5 吨、6 吨、7 吨. 由 A_1 运往 B_1,B_2,B_3 的单位运价为 16 元、15 元、25 元; 由 A_2 运往 B_1,B_2,B_3 的单位运价为 19 元、24 元、12 元; 若产品的总产量与销地的总需求量相等, 问如何安排使总运费最小?

n维向量测试题　　　　　　　　线性方程组测试题

第 4 章　相似矩阵与二次型

本章主要介绍方阵的特征值与特征向量、方阵的相似对角化和二次型的化简等内容, 这些知识在工程技术、数量经济分析、经济管理等领域中有极其广泛的应用.

4.1　向量的内积和正交向量组

4.1.1　向量的内积

定义 4.1　设有 n 维向量 $\boldsymbol{\alpha}=(a_1,a_2,\cdots,a_n)^{\mathrm{T}}$, $\boldsymbol{\beta}=(b_1,b_2,\cdots,b_n)^{\mathrm{T}}$, 则实数

$$a_1b_1+a_2b_2+\cdots+a_nb_n$$

称为 $\boldsymbol{\alpha}$ 与 $\boldsymbol{\beta}$ 的**内积**, 记为 $(\boldsymbol{\alpha},\boldsymbol{\beta})$.

若 $\boldsymbol{\alpha}$ 与 $\boldsymbol{\beta}$ 都是列向量的形式, 则 $(\boldsymbol{\alpha},\ \boldsymbol{\beta})$ 可表示为 $\boldsymbol{\alpha}^{\mathrm{T}}\boldsymbol{\beta}$.

向量的内积具有下列性质 (其中 $\boldsymbol{\alpha}$, $\boldsymbol{\beta}$, $\boldsymbol{\gamma}$ 为 n 维向量, k 为实数):

(1) **非负性**　$(\boldsymbol{\alpha},\ \boldsymbol{\alpha})\geqslant 0$, 当且仅当 $\boldsymbol{\alpha}=\mathbf{0}$ 时等号成立;

(2) **对称性**　$(\boldsymbol{\alpha},\ \boldsymbol{\beta})=(\boldsymbol{\beta},\ \boldsymbol{\alpha})$;

(3) **线性性**　$(\boldsymbol{\alpha}+\boldsymbol{\beta},\ \boldsymbol{\gamma})=(\boldsymbol{\alpha},\ \boldsymbol{\gamma})+(\boldsymbol{\beta},\ \boldsymbol{\gamma})$, $(k\boldsymbol{\alpha},\ \boldsymbol{\beta})=k(\boldsymbol{\alpha},\ \boldsymbol{\beta})$.

定义 4.2　设 n 维向量 $\boldsymbol{\alpha}=(a_1,a_2,\cdots,a_n)^{\mathrm{T}}$, 则称

$$\sqrt{(\boldsymbol{\alpha},\boldsymbol{\alpha})}=\sqrt{a_1^2+a_2^2+\cdots+a_n^2}$$

为向量 $\boldsymbol{\alpha}$ 的**模** (或**长度**), 记为 $|\boldsymbol{\alpha}|$.

当 $|\boldsymbol{\alpha}|=1$ 时, 称 $\boldsymbol{\alpha}$ 为**单位向量**.

定义 4.3　如果向量 $\boldsymbol{\alpha}$ 与 $\boldsymbol{\beta}$ 的内积为零, 即

$$(\boldsymbol{\alpha},\boldsymbol{\beta})=0,$$

那么称 $\boldsymbol{\alpha}$ 与 $\boldsymbol{\beta}$ **正交**.

显然, 若 $\boldsymbol{\alpha}=\mathbf{0}$, 则 $\boldsymbol{\alpha}$ 与任何向量都正交.

定义 4.4　如果向量组 $\boldsymbol{\alpha}_1$, $\boldsymbol{\alpha}_2,\cdots,\boldsymbol{\alpha}_n$ 中任意两个向量都正交且不含零向量, 那么称 $\boldsymbol{\alpha}_1$, $\boldsymbol{\alpha}_2,\cdots,\boldsymbol{\alpha}_n$ 为**正交向量组**.

例如, 向量组 $\boldsymbol{\alpha}_1=\begin{bmatrix}1\\1\\1\end{bmatrix},\boldsymbol{\alpha}_2=\begin{bmatrix}-1\\2\\-1\end{bmatrix},\boldsymbol{\alpha}_3=\begin{bmatrix}-1\\0\\1\end{bmatrix}$, 显然有 $(\boldsymbol{\alpha}_1,\boldsymbol{\alpha}_2)=(\boldsymbol{\alpha}_1,\boldsymbol{\alpha}_3)=(\boldsymbol{\alpha}_2,\boldsymbol{\alpha}_3)=0$, 故向量组 $\boldsymbol{\alpha}_1$, $\boldsymbol{\alpha}_2$, $\boldsymbol{\alpha}_3$ 为正交向量组.

若正交向量组中的每一个向量都是单位向量, 则称此向量组为规范正交向量组或标准正交向量组.

例如, $\boldsymbol{e}_1=\begin{bmatrix}1\\0\\0\end{bmatrix},\boldsymbol{e}_2=\begin{bmatrix}0\\1\\0\end{bmatrix},\boldsymbol{e}_3=\begin{bmatrix}0\\0\\1\end{bmatrix}$ 就是一个标准正交向量组.

定理 4.1 正交向量组是线性无关的.

证 设 $\boldsymbol{\alpha}_1, \boldsymbol{\alpha}_2, \cdots, \boldsymbol{\alpha}_m$ 是正交向量组, 且

$$k_1\boldsymbol{\alpha}_1+k_2\boldsymbol{\alpha}_2+\cdots+k_m\boldsymbol{\alpha}_m=\mathbf{0},$$

以 $\boldsymbol{\alpha}_1^{\mathrm{T}}$ 左乘上式两端, 得

$$k_1\boldsymbol{\alpha}_1^{\mathrm{T}}\boldsymbol{\alpha}_1=0.$$

因 $\boldsymbol{\alpha}_1\neq\mathbf{0}$, 故 $\boldsymbol{\alpha}_1^{\mathrm{T}}\boldsymbol{\alpha}_1=|\boldsymbol{\alpha}_1|^2=1\neq0$, 从而有 $k_1=0$. 类似可证 $k_2=k_3=\cdots=k_m=0$. 所以, $\boldsymbol{\alpha}_1, \boldsymbol{\alpha}_2,\cdots,\boldsymbol{\alpha}_m$ 线性无关.

注 线性无关向量组未必是正交向量组.

例 4.1.1 已知两个三维向量 $\boldsymbol{\alpha}_1=(1,1,1)^{\mathrm{T}}$, $\boldsymbol{\alpha}_2=(1,-2,1)^{\mathrm{T}}$, $\boldsymbol{\alpha}_1$ 与 $\boldsymbol{\alpha}_2$ 正交, 试求一个非零向量 $\boldsymbol{\alpha}_3$, 使 $\boldsymbol{\alpha}_1,\boldsymbol{\alpha}_2,\boldsymbol{\alpha}_3$ 两两正交.

解 显然 $(\boldsymbol{\alpha}_1,\boldsymbol{\alpha}_2)=0$, 设 $\boldsymbol{\alpha}_3=(x_1,x_2,x_3)^{\mathrm{T}}$, 则应有

$$\begin{cases}(\boldsymbol{\alpha}_1,\boldsymbol{\alpha}_3)=x_1+x_2+x_3=0,\\(\boldsymbol{\alpha}_2,\boldsymbol{\alpha}_3)=x_1-2x_2+x_3=0,\end{cases}$$

解此方程组:

$$\boldsymbol{A}=\begin{bmatrix}1&1&1\\1&-2&1\end{bmatrix}=\begin{bmatrix}1&1&1\\0&-3&0\end{bmatrix}=\begin{bmatrix}1&0&1\\0&1&0\end{bmatrix}$$

得解 $\begin{cases}x_1=-x_3,\\x_2=0\end{cases}$ (x_3 为自由未知量).

取 $x_3=1$, 得基础解系 $\boldsymbol{\xi}=(-1,0,1)^{\mathrm{T}}$. 取 $\boldsymbol{\alpha}_3=(-1,0,1)^{\mathrm{T}}$ 即可.

4.1.2 施密特正交化方法

施密特正交化方法是将一组线性无关的向量 $\boldsymbol{\alpha}_1,\boldsymbol{\alpha}_2,\cdots,\boldsymbol{\alpha}_m$ 作如下的线性变换, 化为一组与之等价的正交向量组 $\boldsymbol{\beta}_1,\boldsymbol{\beta}_2,\cdots,\boldsymbol{\beta}_m$ 的方法, 即

$$\boldsymbol{\beta}_1=\boldsymbol{\alpha}_1;$$

$$\boldsymbol{\beta}_2=\boldsymbol{\alpha}_2-\frac{(\boldsymbol{\alpha}_2,\boldsymbol{\beta}_1)}{(\boldsymbol{\beta}_1,\boldsymbol{\beta}_1)}\boldsymbol{\beta}_1;$$

$$\cdots\cdots$$

$$\boldsymbol{\beta}_m=\boldsymbol{\alpha}_m-\frac{(\boldsymbol{\alpha}_m,\boldsymbol{\beta}_1)}{(\boldsymbol{\beta}_1,\boldsymbol{\beta}_1)}\boldsymbol{\beta}_1-\frac{(\boldsymbol{\alpha}_m,\boldsymbol{\beta}_2)}{(\boldsymbol{\beta}_2,\boldsymbol{\beta}_2)}\boldsymbol{\beta}_2-\cdots-\frac{(\boldsymbol{\alpha}_m,\boldsymbol{\beta}_{m-1})}{(\boldsymbol{\beta}_{m-1},\boldsymbol{\beta}_{m-1})}\boldsymbol{\beta}_{m-1}.$$

容易验证, $\boldsymbol{\beta}_1$, $\boldsymbol{\beta}_2,\cdots,\boldsymbol{\beta}_m$ 两两正交, 且 $\boldsymbol{\beta}_1$, $\boldsymbol{\beta}_2,\cdots,\boldsymbol{\beta}_m$ 与 $\boldsymbol{\alpha}_1$, $\boldsymbol{\alpha}_2,\cdots,\boldsymbol{\alpha}_m$ 等价. 施密特正交化过程再加下列单位化过程, 就是规范正交化过程.

单位化, 即 $\boldsymbol{e}_1=\dfrac{\boldsymbol{\beta}_1}{|\boldsymbol{\beta}_1|}$, $\boldsymbol{e}_2=\dfrac{\boldsymbol{\beta}_2}{|\boldsymbol{\beta}_2|},\cdots,\boldsymbol{e}_m=\dfrac{\boldsymbol{\beta}_m}{|\boldsymbol{\beta}_m|}$.

例 4.1.2 设 $\boldsymbol{\alpha}_1=(1,1,1)^{\mathrm{T}}$, 求 $\boldsymbol{\alpha}_2$, $\boldsymbol{\alpha}_3$, 使 $\boldsymbol{\alpha}_1$, $\boldsymbol{\alpha}_2$, $\boldsymbol{\alpha}_3$ 为正交向量组.

解 由 $(\boldsymbol{\alpha}_1,\ \boldsymbol{\alpha}_2)=0$, $(\boldsymbol{\alpha}_1,\ \boldsymbol{\alpha}_3)=0$ 可知, $\boldsymbol{\alpha}_2$, $\boldsymbol{\alpha}_3$ 应满足方程

$$x_1+x_2+x_3=0,$$

其基础解系为

$$\boldsymbol{\xi}_1=(1,0,-1)^{\mathrm{T}},\quad \boldsymbol{\xi}_2=(0,1,-1)^{\mathrm{T}}.$$

将 $\boldsymbol{\xi}_1,\boldsymbol{\xi}_2$ 正交化:

$$\boldsymbol{\alpha}_2=\boldsymbol{\xi}_1=(1,0,-1)^{\mathrm{T}};$$

$$\boldsymbol{\alpha}_3=\boldsymbol{\xi}_2-\frac{(\boldsymbol{\xi}_2,\boldsymbol{\alpha}_2)}{(\boldsymbol{\alpha}_2,\boldsymbol{\alpha}_2)}\boldsymbol{\alpha}_2=(0,1,-1)^{\mathrm{T}}-\frac{1}{2}(1,0,-1)^{\mathrm{T}}=\frac{1}{2}(-1,2,-1)^{\mathrm{T}},$$

所以, $\boldsymbol{\alpha}_1,\boldsymbol{\alpha}_2,\boldsymbol{\alpha}_3$ 为所求的正交向量组.

例 4.1.3 设 $\boldsymbol{\alpha}_1=(1,2,-1)^{\mathrm{T}},\boldsymbol{\alpha}_2=(-1,3,1)^{\mathrm{T}},\boldsymbol{\alpha}_3=(4,-1,0)^{\mathrm{T}}$, 试用施密特正交化过程把这组向量规范正交化.

解 取

$$\boldsymbol{\beta}_1=\boldsymbol{\alpha}_1;$$

$$\boldsymbol{\beta}_2=\boldsymbol{\alpha}_2-\frac{(\boldsymbol{\alpha}_2,\boldsymbol{\beta}_1)}{(\boldsymbol{\beta}_1,\boldsymbol{\beta}_1)}\boldsymbol{\beta}_1=\begin{bmatrix}-1\\3\\1\end{bmatrix}-\frac{4}{6}\begin{bmatrix}1\\2\\-1\end{bmatrix}=\frac{5}{3}\begin{bmatrix}-1\\1\\1\end{bmatrix};$$

$$\boldsymbol{\beta}_3=\boldsymbol{\alpha}_3-\frac{(\boldsymbol{\alpha}_3,\boldsymbol{\beta}_1)}{(\boldsymbol{\beta}_1,\boldsymbol{\beta}_1)}\boldsymbol{\beta}_1-\frac{(\boldsymbol{\alpha}_3,\boldsymbol{\beta}_2)}{(\boldsymbol{\beta}_2,\boldsymbol{\beta}_2)}\boldsymbol{\beta}_2=\begin{bmatrix}4\\-1\\0\end{bmatrix}-\frac{1}{3}\begin{bmatrix}1\\2\\-1\end{bmatrix}+\frac{5}{3}\begin{bmatrix}-1\\1\\1\end{bmatrix}=2\begin{bmatrix}1\\0\\1\end{bmatrix}.$$

再把 $\boldsymbol{\beta}_1,\boldsymbol{\beta}_2,\boldsymbol{\beta}_3$ 单位化, 取

$$\boldsymbol{e}_1=\frac{\boldsymbol{\beta}_1}{|\boldsymbol{\beta}_1|}=\frac{1}{\sqrt{6}}\begin{bmatrix}1\\2\\-1\end{bmatrix},\quad \boldsymbol{e}_2=\frac{\boldsymbol{\beta}_2}{|\boldsymbol{\beta}_2|}=\frac{1}{\sqrt{3}}\begin{bmatrix}-1\\1\\1\end{bmatrix},\quad \boldsymbol{e}_3=\frac{\boldsymbol{\beta}_3}{|\boldsymbol{\beta}_3|}=\frac{1}{\sqrt{2}}\begin{bmatrix}1\\0\\1\end{bmatrix},$$

$\boldsymbol{e}_1,\boldsymbol{e}_2,\boldsymbol{e}_3$ 即所求.

4.1.3 正交矩阵

定义 4.5 如果 n 阶矩阵 $\boldsymbol{A}$ 满足 $\boldsymbol{A}\boldsymbol{A}^{\mathrm{T}}=\boldsymbol{A}^{\mathrm{T}}\boldsymbol{A}=\boldsymbol{E}$ (即 $\boldsymbol{A}^{-1}=\boldsymbol{A}^{\mathrm{T}}$), 那么称 $\boldsymbol{A}$ 为**正交矩阵**, 简称**正交阵**.

若用向量表示, 即

$$\begin{bmatrix}\boldsymbol{\alpha}_1^{\mathrm{T}}\\\boldsymbol{\alpha}_2^{\mathrm{T}}\\\vdots\\\boldsymbol{\alpha}_n^{\mathrm{T}}\end{bmatrix}(\boldsymbol{\alpha}_1,\boldsymbol{\alpha}_2,\cdots,\boldsymbol{\alpha}_n)=\boldsymbol{E},$$

因此

$$\boldsymbol{\alpha}_i^{\mathrm{T}}\boldsymbol{\alpha}_i=1,\quad \boldsymbol{\alpha}_i^{\mathrm{T}}\boldsymbol{\alpha}_j=0\quad(i\neq j,i,j=1,2,\cdots,n).$$

这说明 n 阶矩阵 $\boldsymbol{A}$ 为正交矩阵的充分必要条件是 $\boldsymbol{A}$ 的列向量都是单位向量, 且两两正交.

正交矩阵必为方阵且具有下列性质:

(1) $\boldsymbol{A}^{-1}=\boldsymbol{A}^{\mathrm{T}}$.

(2) $|\boldsymbol{A}|=\pm1$.

证 设 $\boldsymbol{A}$ 为正交矩阵, 则

$$\boldsymbol{A}\boldsymbol{A}^{\mathrm{T}}=\boldsymbol{E},$$

两边同时取行列式得

$$\left|\boldsymbol{A}\boldsymbol{A}^{\mathrm{T}}\right|=|\boldsymbol{A}|\left|\boldsymbol{A}^{\mathrm{T}}\right|=|\boldsymbol{A}|^2=|\boldsymbol{E}|=1,$$

故 $|\boldsymbol{A}|=\pm1$.

(3) 正交矩阵的乘积也是正交矩阵.

证　设 $\boldsymbol{A},\boldsymbol{B}$ 都为 n 阶正交矩阵, 则

$$\boldsymbol{A}\boldsymbol{A}^{\mathrm{T}}=\boldsymbol{A}^{\mathrm{T}}\boldsymbol{A}=\boldsymbol{E},\quad \boldsymbol{B}\boldsymbol{B}^{\mathrm{T}}=\boldsymbol{B}^{\mathrm{T}}\boldsymbol{B}=\boldsymbol{E}.$$

由

$$(\boldsymbol{A}\boldsymbol{B})(\boldsymbol{A}\boldsymbol{B})^{\mathrm{T}}=\boldsymbol{A}\left(\boldsymbol{B}\boldsymbol{B}^{\mathrm{T}}\right)\boldsymbol{A}^{\mathrm{T}}=\boldsymbol{A}\boldsymbol{A}^{\mathrm{T}}=\boldsymbol{E},$$

$$(\boldsymbol{A}\boldsymbol{B})^{\mathrm{T}}(\boldsymbol{A}\boldsymbol{B})=\boldsymbol{B}^{\mathrm{T}}\left(\boldsymbol{A}^{\mathrm{T}}\boldsymbol{A}\right)\boldsymbol{B}=\boldsymbol{B}\boldsymbol{B}^{\mathrm{T}}=\boldsymbol{E},$$

得

$$(\boldsymbol{A}\boldsymbol{B})(\boldsymbol{A}\boldsymbol{B})^{\mathrm{T}}=(\boldsymbol{A}\boldsymbol{B})^{\mathrm{T}}\boldsymbol{A}\boldsymbol{B}=\boldsymbol{E},$$

故 $\boldsymbol{A}\boldsymbol{B}$ 也是正交矩阵.

(4) n 阶矩阵 $\boldsymbol{A}$ 为正交矩阵的充分必要条件是 $\boldsymbol{A}$ 的行 (列) 向量组是标准正交向量组.

例 4.1.4　判断下列矩阵是否为正交矩阵:

$$\boldsymbol{A}=\begin{bmatrix}-\dfrac{1}{\sqrt{3}} & -\dfrac{1}{\sqrt{2}} & \dfrac{1}{\sqrt{6}}\\ -\dfrac{1}{\sqrt{3}} & \dfrac{1}{\sqrt{2}} & \dfrac{1}{\sqrt{6}}\\ \dfrac{1}{\sqrt{3}} & 0 & \dfrac{2}{\sqrt{6}}\end{bmatrix},\quad \boldsymbol{B}=\begin{bmatrix}2 & 0 & 0\\ 0 & \dfrac{1}{\sqrt{2}} & \dfrac{1}{\sqrt{2}}\\ 0 & \dfrac{1}{\sqrt{2}} & \dfrac{1}{\sqrt{2}}\end{bmatrix}.$$

解　由于 $\boldsymbol{A}\boldsymbol{A}^{\mathrm{T}}=\boldsymbol{A}^{\mathrm{T}}\boldsymbol{A}=\boldsymbol{E}$, 所以 $\boldsymbol{A}$ 为正交矩阵; $\boldsymbol{B}$ 的各行向量虽然两两正交, 但是 $\boldsymbol{\alpha}_1=(2,0,0)^{\mathrm{T}}$ 不是单位向量, 故 $\boldsymbol{B}$ 不是正交矩阵.

例 4.1.5　验证矩阵

$$\boldsymbol{P}=\begin{bmatrix}\dfrac{1}{2} & -\dfrac{1}{2} & \dfrac{1}{2} & -\dfrac{1}{2}\\ \dfrac{1}{2} & -\dfrac{1}{2} & -\dfrac{1}{2} & \dfrac{1}{2}\\ \dfrac{1}{\sqrt{2}} & \dfrac{1}{\sqrt{2}} & 0 & 0\\ 0 & 0 & \dfrac{1}{\sqrt{2}} & \dfrac{1}{\sqrt{2}}\end{bmatrix}$$

是正交矩阵.

证　由于 $\boldsymbol{P}$ 的每个列向量都是单位向量, 且两两正交, 所以 $\boldsymbol{P}$ 是正交矩阵.

4.2 矩阵的特征值与特征向量

4.2.1 特征值与特征向量的概念与性质

定义 4.6 设 $\boldsymbol{A}$ 为 n 阶方阵, 如果数 λ 和 n 维非零列向量 $\boldsymbol{\alpha}$, 使关系式

$$\boldsymbol{A\alpha} = \lambda\boldsymbol{\alpha}$$

成立, 那么, 称数 λ 为方阵 $\boldsymbol{A}$ 的**特征值**, 称非零向量 $\boldsymbol{\alpha}$ 为 $\boldsymbol{A}$ 的对应于特征值 λ 的**特征向量**.

为了讨论特征值与特征向量的计算方法, 把上式改写成

$$(\boldsymbol{A} - \lambda\boldsymbol{E})\boldsymbol{\alpha} = \boldsymbol{0},$$

于是, $\boldsymbol{\alpha}$ 是齐次线性方程组 $(\boldsymbol{A} - \lambda\boldsymbol{E})\boldsymbol{X} = \boldsymbol{0}$ 的非零解, 它有非零解的充分必要条件是系数行列式

$$|\boldsymbol{A} - \lambda\boldsymbol{E}| = 0.$$

由此可求 $\boldsymbol{A}$ 的特征值和特征向量.

特征多项式:

$$f(\lambda) = |\boldsymbol{A} - \lambda\boldsymbol{E}| = \begin{vmatrix} a_{11}-\lambda & a_{12} & \cdots & a_{1n} \\ a_{21} & a_{22}-\lambda & \cdots & a_{2n} \\ \vdots & \vdots & & \vdots \\ a_{n1} & a_{n2} & \cdots & a_{nn}-\lambda \end{vmatrix}.$$

特征方程:

$$|\boldsymbol{A} - \lambda\boldsymbol{E}| = 0$$

满足特征方程的 λ 都是矩阵 $\boldsymbol{A}$ 的特征值.

$\boldsymbol{A}$ 的迹: $\operatorname{tr}(\boldsymbol{A}) = a_{11} + a_{22} + \cdots + a_{nn}$.

设 $\lambda_1, \lambda_2, \cdots, \lambda_n$ 是 n 阶方阵 $\boldsymbol{A}$ 的特征值, 由高次方程的韦达定理, 不难证明以下结论.

性质 4.1 $\lambda_1 + \lambda_2 + \cdots + \lambda_n = a_{11} + a_{22} + \cdots + a_{nn}$.

性质 4.2 $\lambda_1\lambda_2\cdots\lambda_n = |\boldsymbol{A}|$.

例 4.2.1 证明方阵 $\boldsymbol{A}$ 可逆的充分必要条件是: 零不是 $\boldsymbol{A}$ 的特征值.

证 设 $\lambda_1, \lambda_2, \cdots, \lambda_n$ 是 $\boldsymbol{A}$ 的特征值.

必要性. 因为 $\boldsymbol{A}$ 可逆, 所以 $|\boldsymbol{A}| \neq 0$, 由性质 4.2 可知

$$\lambda_1 \neq 0, \lambda_2 \neq 0, \cdots, \lambda_n \neq 0,$$

故 $\lambda_1, \lambda_2, \cdots, \lambda_n$ 不为零, 从而 0 不是 $\boldsymbol{A}$ 的特征值.

充分性. 由于 $\lambda_1, \lambda_2, \cdots, \lambda_n$ 均不为零, 从而 $\lambda_1 \neq 0, \lambda_2 \neq 0, \cdots, \lambda_n \neq 0$, 由性质 4.2 可知

$$|\boldsymbol{A}| = \lambda_1 \lambda_2 \cdots \lambda_n \neq 0,$$

故 $\boldsymbol{A}$ 可逆.

同理可证: $\boldsymbol{A}$ 不可逆的充分必要条件是 $\boldsymbol{A}$ 有零特征值.

4.2.2　特征值与特征向量的求法

矩阵 $\boldsymbol{A}$ 的特征值和特征向量可按如下步骤求出:

(1) 计算 $\boldsymbol{A}$ 的特征多项式 $f(\lambda) = |\boldsymbol{A} - \lambda \boldsymbol{E}|$;

(2) 求 $f(\lambda) = 0$ 的全部特征根, 即是 $\boldsymbol{A}$ 的全部特征值;

(3) 对每个特征值 λ_i, 求出齐次方程

$$(\boldsymbol{A} - \lambda_i \boldsymbol{E})\boldsymbol{X} = \boldsymbol{0}$$

的一个基础解系 $\boldsymbol{\xi}_1, \boldsymbol{\xi}_2, \cdots, \boldsymbol{\xi}_s$, 则

$$k_1 \boldsymbol{\xi}_1 + k_2 \boldsymbol{\xi}_2 + \cdots + k_s \boldsymbol{\xi}_s$$

(其中, $k_1, k_2, \cdots, k_s$ 是不全为零的任意常数) 是 $\boldsymbol{A}$ 的属于 λ_i 的全部特征向量.

例 4.2.2　求矩阵 $\boldsymbol{A} = \begin{bmatrix} 3 & -1 \\ -1 & 3 \end{bmatrix}$ 的特征值与特征向量.

解　矩阵 $\boldsymbol{A}$ 的特征方程

$$|\boldsymbol{A} - \lambda \boldsymbol{E}| = \begin{vmatrix} 3-\lambda & -1 \\ -1 & 3-\lambda \end{vmatrix} = 0,$$

整理得

$$(4-\lambda)(2-\lambda) = 0,$$

所以 $\lambda_1 = 2, \lambda_2 = 4$ 为矩阵 $\boldsymbol{A}$ 的两个不同的特征值.

以 $\lambda_1 = 2$ 代入齐次线性方程组 $(\boldsymbol{A} - \lambda \boldsymbol{E})\boldsymbol{X} = \boldsymbol{0}$, 对应的特征向量应满足

$$\begin{bmatrix} 3-2 & -1 \\ -1 & 3-2 \end{bmatrix} \begin{bmatrix} x_1 \\ x_2 \end{bmatrix} = \begin{bmatrix} 0 \\ 0 \end{bmatrix},$$

即

$$\begin{bmatrix} 1 & -1 \\ -1 & 1 \end{bmatrix} \begin{bmatrix} x_1 \\ x_2 \end{bmatrix} = \begin{bmatrix} 0 \\ 0 \end{bmatrix},$$

解得基础解系 $\boldsymbol{\xi}_1 = \begin{bmatrix} 1 \\ 1 \end{bmatrix}$.

当 $\lambda_2 = 4$ 时, 由

$$\begin{bmatrix} 3-4 & -1 \\ -1 & 3-4 \end{bmatrix} \begin{bmatrix} x_1 \\ x_2 \end{bmatrix} = \begin{bmatrix} 0 \\ 0 \end{bmatrix},$$

即

$$\begin{bmatrix} -1 & -1 \\ -1 & -1 \end{bmatrix} \begin{bmatrix} x_1 \\ x_2 \end{bmatrix} = \begin{bmatrix} 0 \\ 0 \end{bmatrix},$$

解得基础解系 $\boldsymbol{\xi}_2 = \begin{bmatrix} -1 \\ 0 \end{bmatrix}$.

显然, $k\boldsymbol{\xi}_1, k\boldsymbol{\xi}_2 (k \neq 0)$ 分别是对应于特征值 λ_1, λ_2 的全部特征向量.

例 4.2.3 求矩阵 $\boldsymbol{A} = \begin{bmatrix} -1 & 1 & 0 \\ -4 & 3 & 0 \\ 1 & 0 & 2 \end{bmatrix}$ 的特征值与特征向量.

解 $\boldsymbol{A}$ 的特征多项式为

$$|\boldsymbol{A} - \lambda \boldsymbol{E}| = \begin{vmatrix} -1-\lambda & 1 & 0 \\ -4 & 3-\lambda & 0 \\ 1 & 0 & 2-\lambda \end{vmatrix} = (2-\lambda)(1-\lambda)^2,$$

所以, $\boldsymbol{A}$ 的特征值为 $\lambda_1 = 2, \lambda_2 = \lambda_3 = 1$(二重).

当 $\lambda_1 = 2$ 时, 解齐次线性方程组 $(\boldsymbol{A} - 2\boldsymbol{E})\boldsymbol{X} = \boldsymbol{0}$, 由

$$\boldsymbol{A} - 2\boldsymbol{E} = \begin{bmatrix} -3 & 1 & 0 \\ -4 & 1 & 0 \\ 1 & 0 & 0 \end{bmatrix} \sim \begin{bmatrix} 1 & 0 & 0 \\ 0 & 1 & 0 \\ 0 & 0 & 0 \end{bmatrix}$$

解得基础解系 $\boldsymbol{\xi}_1 = \begin{bmatrix} 0 \\ 0 \\ 1 \end{bmatrix}$, 所以 $k\boldsymbol{\xi}_1 (k \neq 0)$ 是对应于 $\lambda_1 = 2$ 的全部特征向量.

当 $\lambda_2=\lambda_3=1$ 时, 解齐次线性方程组 $(\boldsymbol{A}-\boldsymbol{E})\boldsymbol{X}=\boldsymbol{0}$, 由

$$\boldsymbol{A}-\boldsymbol{E}=\begin{bmatrix}-2&1&0\\-4&2&0\\1&0&1\end{bmatrix}\sim\begin{bmatrix}1&0&0\\0&1&2\\0&0&0\end{bmatrix}$$

解得基础解系 $\boldsymbol{\xi}_2=\begin{bmatrix}-1\\-2\\1\end{bmatrix}$, 所以 $k\boldsymbol{\xi}_2(k\neq 0)$ 是对应于 $\lambda_2=\lambda_3=1$ 的全部特征向量.

例 4.2.4　求矩阵 $\boldsymbol{A}=\begin{bmatrix}-2&1&1\\0&2&0\\-4&1&3\end{bmatrix}$ 的特征值与特征向量.

解　$\boldsymbol{A}$ 的特征多项式为

$$|\boldsymbol{A}-\lambda\boldsymbol{E}|=\begin{vmatrix}-2-\lambda&1&1\\0&2-\lambda&0\\-4&1&3-\lambda\end{vmatrix}=(2-\lambda)\begin{vmatrix}-2-\lambda&1\\-4&3-\lambda\end{vmatrix}$$

$$=(2-\lambda)\left(\lambda^2-\lambda-2\right)=-(\lambda+1)(\lambda-2)^2,$$

所以, $\boldsymbol{A}$ 的特征值为 $\lambda_1=-1,\lambda_2=\lambda_3=2$(二重).

当 $\lambda_1=-1$ 时, 解齐次线性方程组 $(\boldsymbol{A}+\boldsymbol{E})\boldsymbol{X}=\boldsymbol{0}$, 由

$$\boldsymbol{A}+\boldsymbol{E}=\begin{bmatrix}-1&1&1\\0&3&0\\-4&1&4\end{bmatrix}\sim\begin{bmatrix}1&0&-1\\0&1&0\\0&0&0\end{bmatrix}$$

解得基础解系 $\boldsymbol{\xi}_1=\begin{bmatrix}1\\0\\1\end{bmatrix}$, 所以 $k_1\boldsymbol{\xi}_1(k\neq 0)$ 是对应于 $\lambda_1=-1$ 的全部特征向量.

当 $\lambda_2=\lambda_3=2$ 时, 解齐次线性方程组 $(\boldsymbol{A}-2\boldsymbol{E})\boldsymbol{X}=\boldsymbol{0}$, 由

$$\boldsymbol{A}-2\boldsymbol{E}=\begin{bmatrix}-4&1&1\\0&0&0\\-4&1&1\end{bmatrix}\sim\begin{bmatrix}-4&1&1\\0&0&0\\0&0&0\end{bmatrix}$$

解得基础解系

$$\boldsymbol{\xi}_2 = \begin{bmatrix} 0 \\ 1 \\ -1 \end{bmatrix}, \quad \boldsymbol{\xi}_3 = \begin{bmatrix} 1 \\ 0 \\ 4 \end{bmatrix},$$

所以 $k_2\boldsymbol{\xi}_2 + k_3\boldsymbol{\xi}_3$ (k_2, k_3 不同时为零) 是对应于 $\lambda_2 = \lambda_3 = 2$ 的全部特征向量.

例 4.2.5 设 λ 是方阵 $\boldsymbol{A}$ 的特征值, 证明

(1) λ^2 是 $\boldsymbol{A}^2$ 的特征值;

(2) 当 $\boldsymbol{A}$ 可逆时, $\dfrac{1}{\lambda}(\lambda \neq 0)$ 是 $\boldsymbol{A}^{-1}$ 的特征值.

证 (1) 因为 λ 是方阵 $\boldsymbol{A}$ 的特征值, 设向量 $\boldsymbol{p} \neq \boldsymbol{0}$, 使 $\boldsymbol{A}\boldsymbol{p} = \lambda\boldsymbol{p}$, 所以

$$\boldsymbol{A}^2\boldsymbol{p} = \boldsymbol{A}(\boldsymbol{A}\boldsymbol{p}) = \boldsymbol{A}(\lambda\boldsymbol{p}) = \lambda(\boldsymbol{A}\boldsymbol{p}) = \lambda(\lambda\boldsymbol{p}) = \lambda^2\boldsymbol{p},$$

因此 λ^2 是 $\boldsymbol{A}^2$ 的特征值.

(2) 由已知, $\boldsymbol{A}\boldsymbol{p} = \lambda\boldsymbol{p}$, 两边左乘 $\boldsymbol{A}^{-1}$ 得

$$\boldsymbol{p} = \lambda\boldsymbol{A}^{-1}\boldsymbol{p},$$

从而

$$\boldsymbol{A}^{-1}\boldsymbol{p} = \frac{1}{\lambda}\boldsymbol{p},$$

由定义知, $\dfrac{1}{\lambda}$ 是 $\boldsymbol{A}^{-1}$ 的特征值.

例 4.2.6 若 $\lambda(\lambda \neq 0)$ 是可逆矩阵 $\boldsymbol{A}$ 的特征值, $\boldsymbol{p}$ 是 $\boldsymbol{A}$ 的关于 λ 所对应的特征向量, 证明: $\dfrac{|\boldsymbol{A}|}{\lambda}$ 是 $\boldsymbol{A}^*$ 的特征值, $\boldsymbol{p}$ 仍是它们的特征向量.

证 因 $\boldsymbol{A}\boldsymbol{p} = \lambda\boldsymbol{p}$, 两边左乘 $\boldsymbol{A}^*$, 得

$$\boldsymbol{A}^*\boldsymbol{A}\boldsymbol{p} = \lambda\boldsymbol{A}^*\boldsymbol{p},$$

即 $|\boldsymbol{A}|\boldsymbol{p} = \lambda\boldsymbol{A}^*\boldsymbol{p}$.

从而

$$\boldsymbol{A}^*\boldsymbol{p} = \frac{|\boldsymbol{A}|}{\lambda}\boldsymbol{p},$$

故 $\dfrac{|\boldsymbol{A}|}{\lambda}$ 是 $\boldsymbol{A}^*$ 的特征值.

$\boldsymbol{p}$ 是 $\boldsymbol{A}^*$ 关于 $\dfrac{|\boldsymbol{A}|}{\lambda}$ 所对应的特征向量.

由以上各例类推, 不难证明, 若 λ 是矩阵 $\boldsymbol{A}$ 的特征值, 则 λ^k 是 $\boldsymbol{A}^k$ 的特征值, $\varphi(\lambda)$ 是 $\varphi(\boldsymbol{A})$ 的特征值, 其中

$$\varphi(\lambda) = a_0 + a_1\lambda + \cdots + a_m\lambda^m, \quad \varphi(\boldsymbol{A}) = a_0\boldsymbol{E} + a_1\boldsymbol{A} + \cdots + a_m\boldsymbol{A}^m.$$

例 4.2.7　设三阶方阵 $\boldsymbol{A}$ 的特征值为 $-1, 1, 2$, 求 $\boldsymbol{A}^* + 3\boldsymbol{A} - 2\boldsymbol{E}$ 的特征值.

解　因 $\boldsymbol{A}$ 的特征值全不为 0, 知 $\boldsymbol{A}$ 可逆, 故 $\boldsymbol{A}^* = |\boldsymbol{A}|\boldsymbol{A}^{-1}$. 而 $|\boldsymbol{A}| = \lambda_1\lambda_2\lambda_3 = -2$, 所以

$$\boldsymbol{A}^* + 3\boldsymbol{A} - 2\boldsymbol{E} = -2\boldsymbol{A}^{-1} + 3\boldsymbol{A} - 2\boldsymbol{E}.$$

把上式记作 $\varphi(\boldsymbol{A})$, 有 $\varphi(\lambda) = -\dfrac{2}{\lambda} + 3\lambda - 2$. 这里 $\varphi(\boldsymbol{A})$ 虽不是矩阵多项式, 但也具有矩阵多项式的特性, 从而可得 $\varphi(\boldsymbol{A})$ 的特征值为 $\varphi(-1) = -3$, $\varphi(1) = -1$, $\varphi(2) = 3$.

例 4.2.8 (预测商品销售的趋势)　有三种品牌的洗衣粉, 上月购买甲种品牌洗衣粉的消费者本月有 30%转向购买乙种品牌, 有 30%转向购买丙种品牌; 上月购买乙种品牌洗衣粉的消费者本月有 30%转向购买甲种品牌, 有 20%转向购买丙种品牌; 上月购买丙种品牌洗衣粉的消费者本月有 20%转向购买甲种品牌, 有 20%转向购买乙种品牌. 我们可以用表 4.1 具体说明这个变化过程.

表 4.1

本月	上月		
	甲	乙	丙
甲	0.4	0.3	0.2
乙	0.3	0.5	0.2
丙	0.3	0.2	0.6

假定上月三种品牌洗衣粉的销售数量相等, 并且每个月这三种品牌的洗衣粉销售的变化过程也相同, 试求这三种品牌洗衣粉今后的销售趋势.

解　由于上月三种品牌洗衣粉的销售数量相等, 相应的比例矩阵是 $\boldsymbol{A} = \begin{bmatrix} 1 \\ 1 \\ 1 \end{bmatrix}$, 再写出三种品牌洗衣粉销售的转移矩阵

$$\boldsymbol{B} = \begin{bmatrix} 0.4 & 0.3 & 0.2 \\ 0.3 & 0.5 & 0.2 \\ 0.3 & 0.2 & 0.6 \end{bmatrix},$$

以 $\boldsymbol{\alpha}_i$ 代表这三种品牌的洗衣粉在第 i 个月的销售数量的比例矩阵, 则

$$\boldsymbol{\alpha}_1=\boldsymbol{B}\boldsymbol{A}=\begin{bmatrix}0.4&0.3&0.2\\0.3&0.5&0.2\\0.3&0.2&0.6\end{bmatrix}\begin{bmatrix}1\\1\\1\end{bmatrix}=\begin{bmatrix}0.9\\1\\1.1\end{bmatrix};$$

$$\boldsymbol{\alpha}_2=\boldsymbol{B}\boldsymbol{\alpha}_1=\begin{bmatrix}0.88\\0.99\\1.13\end{bmatrix};$$

$$\boldsymbol{\alpha}_3=\boldsymbol{B}\boldsymbol{\alpha}_2=\boldsymbol{B}^3\boldsymbol{A}=\begin{bmatrix}0.875\\0.985\\1.14\end{bmatrix};$$

$$\cdots\cdots$$

$$\boldsymbol{\alpha}_n=\boldsymbol{B}\boldsymbol{\alpha}_{n-1}=\boldsymbol{B}^n\boldsymbol{A}.$$

转移矩阵 $\boldsymbol{B}$ 的特征方程

$$|\boldsymbol{B}-\lambda\boldsymbol{E}|=\begin{vmatrix}0.4-\lambda&0.3&0.2\\0.3&0.5-\lambda&0.2\\0.3&0.2&0.6-\lambda\end{vmatrix}=(\lambda-1)\left(\lambda^2-0.5\lambda+0.05\right)=0,$$

$\boldsymbol{B}$ 有特征值 1, 所以这三种品牌的洗衣粉销售的长期趋势会形成一个固定的比例矩阵 $\boldsymbol{\alpha}_n=\begin{bmatrix}a\\b\\c\end{bmatrix}$, 即当 n 充分大时, 有 $\boldsymbol{\alpha}_n=\boldsymbol{\alpha}_{n-1}$, 于是

$$\begin{bmatrix}0.4&0.3&0.2\\0.3&0.5&0.2\\0.3&0.2&0.6\end{bmatrix}\begin{bmatrix}a\\b\\c\end{bmatrix}=\begin{bmatrix}a\\b\\c\end{bmatrix},$$

即 $\begin{bmatrix}a\\b\\c\end{bmatrix}$ 是转移矩阵属于特征值 1 的特征向量, 进一步求出矩阵 $\boldsymbol{B}$ 的属于特征值 1 的全部特征向量为 $k\begin{bmatrix}16\\18\\21\end{bmatrix}$, $k\neq0$, 且 $a+b+c=3$, 可得

$$\boldsymbol{\alpha}_n = \begin{bmatrix} \frac{48}{55} \\ \frac{54}{55} \\ \frac{63}{55} \end{bmatrix}.$$

这个结果说明三种品牌的洗衣粉今后占领的市场销售份额是 $\frac{16}{55}, \frac{18}{55}, \frac{21}{55}$, 即 $29.1\%, 32.7\%, 38.2\%$.

定理 4.2 设 $\lambda_1, \lambda_2, \cdots, \lambda_m$ 是 $\boldsymbol{A}$ 的 m 个特征值, $\boldsymbol{\alpha}_1, \boldsymbol{\alpha}_2, \cdots, \boldsymbol{\alpha}_m$ 依次是与之对应的特征向量, 若 $\lambda_1, \lambda_2, \cdots, \lambda_m$ 各不相同, 则 $\boldsymbol{\alpha}_1, \boldsymbol{\alpha}_2, \cdots, \boldsymbol{\alpha}_m$ 线性无关.

4.3 相似矩阵与矩阵的对角化

前面已经学习了矩阵之间的等价关系, 在此基础上本节将进一步研究矩阵之间的相似关系, 进而讨论矩阵在相似关系下的性质和给出方阵相似于对角矩阵的条件.

4.3.1 相似矩阵的概念

定义 4.7 设 $\boldsymbol{A}, \boldsymbol{B}$ 都是 n 阶方阵, 若存在可逆矩阵 $\boldsymbol{P}$, 使

$$\boldsymbol{P}^{-1}\boldsymbol{A}\boldsymbol{P} = \boldsymbol{B},$$

则称 $\boldsymbol{B}$ 是 $\boldsymbol{A}$ 的相似矩阵, 或说矩阵 $\boldsymbol{A}$ 与 $\boldsymbol{B}$ 相似, 记作 $\boldsymbol{A} \sim \boldsymbol{B}$. 对 $\boldsymbol{A}$ 进行运算 $\boldsymbol{P}^{-1}\boldsymbol{A}\boldsymbol{P}$ 称为对 $\boldsymbol{A}$ 进行**相似变换**, 可逆矩阵 $\boldsymbol{P}$ 称为把 $\boldsymbol{A}$ 变成 $\boldsymbol{B}$ 的相似变换矩阵.

相似是矩阵之间的一种关系, 这种关系具有以下性质:

(1) **反身性** 对任意方阵 $\boldsymbol{A}$, 都有 $\boldsymbol{A} \sim \boldsymbol{A}$.

(2) **对称性** 若 $\boldsymbol{A} \sim \boldsymbol{B}$, 则 $\boldsymbol{B} \sim \boldsymbol{A}$.

(3) **传递性** 若 $\boldsymbol{A} \sim \boldsymbol{B}, \boldsymbol{B} \sim \boldsymbol{C}$, 则 $\boldsymbol{A} \sim \boldsymbol{C}$.

证 前两条显然成立, 只证明第三条, 由定义可知, 存在可逆矩阵 $\boldsymbol{P}_1$ 和 $\boldsymbol{P}_2$, 使

$$\boldsymbol{B} = \boldsymbol{P}_1^{-1}\boldsymbol{A}\boldsymbol{P}_1, \quad \boldsymbol{C} = \boldsymbol{P}_2^{-1}\boldsymbol{B}\boldsymbol{P}_2,$$

所以

$$\boldsymbol{C} = \boldsymbol{P}_2^{-1}(\boldsymbol{P}_1^{-1}\boldsymbol{A}\boldsymbol{P}_1)\boldsymbol{P}_2 = \boldsymbol{P}_2^{-1}\boldsymbol{P}_1^{-1}\boldsymbol{A}\boldsymbol{P}_1\boldsymbol{P}_2 = (\boldsymbol{P}_1\boldsymbol{P}_2)^{-1}\boldsymbol{A}(\boldsymbol{P}_1\boldsymbol{P}_2),$$

因此 $\boldsymbol{A} \sim \boldsymbol{C}$.

4.3.2 矩阵的相似对角化

定理 4.3 若 n 阶矩阵 $\boldsymbol{A}$ 与 $\boldsymbol{B}$ 相似, 则 $\boldsymbol{A}$ 与 $\boldsymbol{B}$ 的特征多项式相同, 从而 $\boldsymbol{A}$ 与 $\boldsymbol{B}$ 的特征值相同.

证 因 $\boldsymbol{A}$ 与 $\boldsymbol{B}$ 相似, 即有可逆矩阵 $\boldsymbol{P}$, 使 $\boldsymbol{P}^{-1}\boldsymbol{A}\boldsymbol{P}=\boldsymbol{B}$, 故

$$\begin{aligned}|\boldsymbol{B}-\lambda\boldsymbol{E}|&=\left|\boldsymbol{P}^{-1}\boldsymbol{A}\boldsymbol{P}-\boldsymbol{P}^{-1}(\lambda\boldsymbol{E})\boldsymbol{P}\right|=\left|\boldsymbol{P}^{-1}(\boldsymbol{A}-\lambda\boldsymbol{E})\boldsymbol{P}\right|\\&=\left|\boldsymbol{P}^{-1}\|\boldsymbol{A}-\lambda\boldsymbol{E}\|\boldsymbol{P}\right|=|\boldsymbol{A}-\lambda\boldsymbol{E}|.\end{aligned}$$

所以, 矩阵 $\boldsymbol{A}$ 与 $\boldsymbol{B}$ 有相同的特征多项式, 从而有相同的特征值.

思考 相似矩阵有没有相同的行列式?

推论 若 n 阶矩阵 $\boldsymbol{A}$ 与对角矩阵 $\boldsymbol{\Lambda}=\begin{bmatrix}\lambda_1&&&\\&\lambda_2&&\\&&\ddots&\\&&&\lambda_n\end{bmatrix}$ 相似, 则 $\lambda_1,\lambda_2,\cdots,\lambda_n$ 是 $\boldsymbol{A}$ 的 n 个特征值.

定理 4.4 n 阶矩阵 $\boldsymbol{A}$ 与对角矩阵相似 ($\boldsymbol{A}$ 能对角化) 的充要条件是 $\boldsymbol{A}$ 有 n 个线性无关的特征向量.

证 充分性. 设 $\boldsymbol{A}$ 有 n 个线性无关的特征向量 $\boldsymbol{\alpha}_1,\boldsymbol{\alpha}_2,\cdots,\boldsymbol{\alpha}_n$,

$$\boldsymbol{A}\boldsymbol{\alpha}_i=\lambda_i\boldsymbol{\alpha}_i\quad(i=1,2,\cdots,n).$$

令

$$\boldsymbol{P}=(\boldsymbol{\alpha}_1,\boldsymbol{\alpha}_2,\cdots,\boldsymbol{\alpha}_n),\quad\boldsymbol{\Lambda}=\begin{bmatrix}\lambda_1&&&\\&\lambda_2&&\\&&\ddots&\\&&&\lambda_n\end{bmatrix},$$

则 $\boldsymbol{A}\boldsymbol{P}=\boldsymbol{P}\boldsymbol{\Lambda},\boldsymbol{P}^{-1}\boldsymbol{A}\boldsymbol{P}=\boldsymbol{\Lambda}$. 所以

$$\boldsymbol{A}\sim\boldsymbol{\Lambda}.$$

必要性. 设

$$\boldsymbol{P}^{-1}\boldsymbol{A}\boldsymbol{P}=\boldsymbol{\Lambda}=\begin{bmatrix}\lambda_1&&&\\&\lambda_2&&\\&&\ddots&\\&&&\lambda_n\end{bmatrix},$$

则

$$\boldsymbol{AP}=\boldsymbol{P\Lambda}.$$

设 $\boldsymbol{P}=(\boldsymbol{\alpha}_1,\boldsymbol{\alpha}_2,\cdots,\boldsymbol{\alpha}_n)$, 则

$$(\boldsymbol{A\alpha}_1,\boldsymbol{A\alpha}_2,\cdots,\boldsymbol{A\alpha}_n)=(\lambda\boldsymbol{\alpha}_1,\lambda\boldsymbol{\alpha}_2,\cdots,\lambda\boldsymbol{\alpha}_n),$$

即

$$A\boldsymbol{\alpha}_i=\lambda_i\boldsymbol{\alpha}_i\quad(i=1,2,\cdots,n).$$

所以, $\boldsymbol{\alpha}_1,\boldsymbol{\alpha}_2,\cdots,\boldsymbol{\alpha}_n$ 是 $\boldsymbol{A}$ 的 n 个线性无关的特征向量.

推论 若 n 阶方阵 $\boldsymbol{A}$ 有 n 个不同的特征值, 则 $\boldsymbol{A}$ 能与对角阵 $\boldsymbol{\Lambda}$ 相似.

例 4.3.1 判断实矩阵 $\boldsymbol{A}=\begin{bmatrix}1&-2&2\\-2&-2&4\\2&4&-2\end{bmatrix}$ 能否化为对角阵?

解 由于 $|\boldsymbol{A}-\lambda\boldsymbol{E}|=\begin{vmatrix}1-\lambda&-2&2\\-2&-2-\lambda&4\\2&4&-2-\lambda\end{vmatrix}=-(\lambda-2)^2(\lambda+7)=0,$
得 $\lambda_1=\lambda_2=2,\lambda_3=-7$.

将 $\lambda_1=\lambda_2=2$ 代入 $(\boldsymbol{A}-\lambda\boldsymbol{E})\boldsymbol{x}=\mathbf{0}$, 得方程组

$$\begin{cases}-x_1-2x_2+2x_3=0,\\-2x_1-4x_2+4x_3=0,\\2x_1+4x_2-4x_3=0\end{cases}$$

解之得基础解系

$$\boldsymbol{\alpha}_1=\begin{bmatrix}2\\0\\1\end{bmatrix},\quad\boldsymbol{\alpha}_2=\begin{bmatrix}-2\\1\\0\end{bmatrix}.$$

对 $\lambda_3=-7$, 由 $(\boldsymbol{A}-\lambda\boldsymbol{E})\boldsymbol{x}=\mathbf{0}$, 得基础解系

$$\boldsymbol{\alpha}_3=(1,2,2)^{\mathrm{T}}.$$

由于

$$\begin{vmatrix}2&-2&1\\0&1&2\\1&0&2\end{vmatrix}\neq0,$$

所以 $\boldsymbol{\alpha}_1,\boldsymbol{\alpha}_2,\boldsymbol{\alpha}_3$ 线性无关, 即 $\boldsymbol{A}$ 有 3 个线性无关的特征向量, 因而 $\boldsymbol{A}$ 可对角化.

例 4.3.2 求一个可逆矩阵 $\boldsymbol{P}$, 把 $\boldsymbol{A}=\begin{bmatrix}-2&1&1\\0&2&0\\-4&1&3\end{bmatrix}$ 化成对角阵.

解 同例 4.2.4, 求出 $\boldsymbol{A}$ 的特征值为 $\lambda_1=-1,\lambda_2=\lambda_3=2$; 对应的特征向量分别为

$$\boldsymbol{\alpha}_1=\begin{bmatrix}1\\0\\1\end{bmatrix},\quad \boldsymbol{\alpha}_2=\begin{bmatrix}0\\1\\-1\end{bmatrix},\quad \boldsymbol{\alpha}_3=\begin{bmatrix}1\\0\\4\end{bmatrix}.$$

把 $\boldsymbol{\alpha}_1,\boldsymbol{\alpha}_2,\boldsymbol{\alpha}_3$ 拼成矩阵 $\boldsymbol{P}$, 得

$$\boldsymbol{P}=\begin{bmatrix}1&0&1\\0&1&0\\1&-1&4\end{bmatrix},$$

则 $\boldsymbol{P}^{-1}\boldsymbol{AP}=\begin{bmatrix}-1&0&0\\0&2&0\\0&0&2\end{bmatrix}$.

例 4.3.3 设矩阵 $\boldsymbol{A}$ 与 $\boldsymbol{B}$ 相似, 其中

$$\boldsymbol{A}=\begin{bmatrix}-2&0&0\\2&x&2\\3&1&1\end{bmatrix},\quad \boldsymbol{B}=\begin{bmatrix}-1&0&0\\0&2&0\\0&0&y\end{bmatrix}.$$

(1) 求 x 和 y 的值; (2) 求可逆矩阵 $\boldsymbol{P}$, 使 $\boldsymbol{P}^{-1}\boldsymbol{AP}=\boldsymbol{B}$; (3) 求 $\boldsymbol{A}^{100}$.

解 (1) 因为 $\boldsymbol{A}\sim\boldsymbol{B}$, 所以 $\boldsymbol{B}$ 的主对角线元素是 $\boldsymbol{A}$ 的特征值, 因此, 有

$$\begin{cases}-2+x+1=-1+2+y,\\|\boldsymbol{A}-\lambda\boldsymbol{E}|=|\boldsymbol{A}+\boldsymbol{E}|=0,\end{cases}$$

整理得

$$\begin{cases}x-y=2,\\x=0,\end{cases}$$

解得

$$\begin{cases}x=0,\\y=-2.\end{cases}$$

(2) 由于 $\boldsymbol{A} \sim \boldsymbol{B}$, 所以 $\boldsymbol{A}$ 的特征值为

$$\lambda_1 = -1, \quad \lambda_2 = 2, \quad \lambda_3 = -2.$$

由 $(\boldsymbol{A} - \lambda\boldsymbol{E})\boldsymbol{X} = \boldsymbol{0}$, 求 $\boldsymbol{A}$ 的特征向量.

当 $\lambda_1 = -1$ 时, 解方程 $(\boldsymbol{A} + \boldsymbol{E})\boldsymbol{X} = \boldsymbol{0}$, 由

$$\boldsymbol{A} + \boldsymbol{E} = \begin{bmatrix} -1 & 0 & 0 \\ 2 & 1 & 2 \\ 3 & 1 & 2 \end{bmatrix} \sim \begin{bmatrix} 1 & 0 & 0 \\ 0 & 1 & 2 \\ 0 & 0 & 0 \end{bmatrix}$$

得基础解系 $\boldsymbol{\xi}_1 = \begin{bmatrix} 0 \\ 2 \\ -1 \end{bmatrix}$.

当 $\lambda_2 = 2$ 时, 解方程 $(\boldsymbol{A} - 2\boldsymbol{E})\boldsymbol{X} = \boldsymbol{0}$, 由

$$\boldsymbol{A} - 2\boldsymbol{E} = \begin{bmatrix} -4 & 0 & 0 \\ 2 & -2 & 2 \\ 3 & 1 & -1 \end{bmatrix} \sim \begin{bmatrix} 1 & 0 & 0 \\ 0 & 1 & -1 \\ 0 & 0 & 0 \end{bmatrix}$$

得基础解系 $\boldsymbol{\xi}_2 = \begin{bmatrix} 0 \\ 1 \\ 1 \end{bmatrix}$.

当 $\lambda_3 = -2$ 时, 解方程 $(\boldsymbol{A} + 2\boldsymbol{E})\boldsymbol{X} = \boldsymbol{0}$, 由

$$\boldsymbol{A} + 2\boldsymbol{E} = \begin{bmatrix} 0 & 0 & 0 \\ 2 & 2 & 2 \\ 3 & 1 & 3 \end{bmatrix} \sim \begin{bmatrix} 1 & 0 & 1 \\ 0 & 1 & 0 \\ 0 & 0 & 0 \end{bmatrix}$$

得基础解系 $\boldsymbol{\xi}_3 = \begin{bmatrix} -1 \\ 0 \\ 1 \end{bmatrix}$.

令可逆矩阵 $\boldsymbol{P} = (\boldsymbol{\xi}_1, \boldsymbol{\xi}_2, \boldsymbol{\xi}_3) = \begin{bmatrix} 0 & 0 & -1 \\ 2 & 1 & 0 \\ -1 & 1 & 1 \end{bmatrix}$, $\boldsymbol{P}$ 即为所求.

(3) 由于 $\boldsymbol{A} = \boldsymbol{P}\boldsymbol{B}\boldsymbol{P}^{-1}$, 于是

$$\boldsymbol{A}^{100} = \boldsymbol{P}\boldsymbol{B}^{100}\boldsymbol{P}^{-1},$$

其中

$$P^{-1}=\frac{1}{3}\begin{bmatrix}-1&1&-1\\2&1&2\\-3&0&0\end{bmatrix},$$

所以

$$\begin{aligned}A^{100}&=\frac{1}{3}\begin{bmatrix}0&0&-1\\2&1&0\\-1&1&1\end{bmatrix}\begin{bmatrix}(-1)^{100}&0&0\\0&2^{100}&0\\0&0&(-2)^{100}\end{bmatrix}\begin{bmatrix}-1&1&-1\\2&1&2\\-3&0&0\end{bmatrix}\\&=\frac{1}{3}\begin{bmatrix}3\cdot2^{100}&0&0\\2^{101}-2&2^{100}+2&2^{101}-2\\1-2^{100}&2^{100}-1&2^{101}+1\end{bmatrix}.\end{aligned}$$

从上面的讨论和例题可知, 当 A 没有重特征值时, 则 A 必可对角化, 而当 A 有重特征值时, 就不一定有 n 个线性无关的特征向量, 从而不一定能对角化.

一个方阵具体在什么条件下才能对角化？这是一个复杂的问题, 我们对此不作一般性的讨论, 而仅讨论当 A 为实对称矩阵时的情形.

4.3.3 实对称矩阵化为对角矩阵

一般 n 阶相似对角化的结论对于实对称矩阵当然成立, 而实对称矩阵的相似对角化又有其自身的特性, 实对称矩阵的一个重要特性就是它的特征值都是实数.

定理 4.5 实对称矩阵的特征值为实数.

定理 4.6 设 λ_1,λ_2 是实对称矩阵 A 的两个特征值, α_1,α_2 是对应的特征向量, 若 $\lambda_1\neq\lambda_2$, 则 α_1 与 α_2 正交.

证 因为 $A\alpha_1=\lambda_1\alpha_1, A\alpha_2=\lambda_2\alpha_2$, 且 $\lambda_1\neq\lambda_2$, 所以

$$\begin{aligned}\lambda_1\alpha_2^{\mathrm T}\alpha_1=&\ \alpha_2^{\mathrm T}\lambda_1\alpha_1=\alpha_2^{\mathrm T}A\alpha_1\\=&\ \alpha_2^{\mathrm T}A^{\mathrm T}\alpha_1=(A\alpha_2)^{\mathrm T}\alpha_1=(\lambda_2\alpha_2)^{\mathrm T}\alpha_1=\lambda_2\alpha_2^{\mathrm T}\alpha_1.\end{aligned}$$

从而

$$(\lambda_1-\lambda_2)\,\alpha_2^{\mathrm T}\alpha_1=0,$$

但 $\lambda_1\neq\lambda_2$, 故 $\alpha_2^{\mathrm T}\alpha_1=0$, 即 α_1 与 α_2 正交.

定理 4.7 设 A 为 n 阶实对称矩阵, λ 是 A 的特征方程的 r 重根, 则 $R(A-\lambda E)=n-r$, 从而对应特征值 λ 恰有 r 个线性无关的特征向量.

定理 4.8 设 A 为 n 阶实对称矩阵, 则必有正交矩阵 P, 使 $P^{-1}AP=\Lambda$, 其中 Λ 是以 A 的 n 个特征值为对角元素的对角矩阵.

例 4.3.4　设

$$\boldsymbol{A}=\begin{bmatrix}0 & -1 & 1\\ -1 & 0 & 1\\ 1 & 1 & 0\end{bmatrix},$$

求一个正交矩阵 $\boldsymbol{P}$, 使 $\boldsymbol{P}^{-1}\boldsymbol{A}\boldsymbol{P}=\boldsymbol{\Lambda}$ 为对角矩阵.

解　由 $|\boldsymbol{A}-\lambda\boldsymbol{E}|=0$, 求 $\boldsymbol{A}$ 的全部特征值, 即由

$$|\boldsymbol{A}-\lambda\boldsymbol{E}|=\begin{vmatrix}-\lambda & -1 & 1\\ -1 & -\lambda & 1\\ 1 & 1 & -\lambda\end{vmatrix}=\begin{vmatrix}1-\lambda & \lambda-1 & 0\\ -1 & -\lambda & 1\\ 1 & 1 & -\lambda\end{vmatrix}=\begin{vmatrix}1-\lambda & 0 & 0\\ -1 & -1-\lambda & 1\\ 1 & 2 & -\lambda\end{vmatrix}$$

得 $\boldsymbol{A}$ 的特征值为 $\lambda_1=-2,\lambda_2=\lambda_3=1$.

由 $(\boldsymbol{A}-\lambda\boldsymbol{E})\boldsymbol{x}=\boldsymbol{0}$, 求 $\boldsymbol{A}$ 的特征向量.

当 $\lambda_1=-2$ 时, 由

$$\begin{bmatrix}2 & -1 & 1\\ -1 & 2 & 1\\ 1 & 1 & 2\end{bmatrix}\begin{bmatrix}x_1\\ x_2\\ x_3\end{bmatrix}=\begin{bmatrix}0\\ 0\\ 0\end{bmatrix},$$

解得基础解系

$$\boldsymbol{\xi}_1=\begin{bmatrix}-1\\ -1\\ 1\end{bmatrix}$$

单位化得

$$\boldsymbol{e}_1=\frac{1}{\sqrt{3}}\begin{bmatrix}-1\\ -1\\ 1\end{bmatrix};$$

当 $\lambda_2=\lambda_3=1$ 时, 由

$$\begin{bmatrix}-1 & -1 & 1\\ -1 & -1 & 1\\ 1 & 1 & -1\end{bmatrix}\begin{bmatrix}x_1\\ x_2\\ x_3\end{bmatrix}=\begin{bmatrix}0\\ 0\\ 0\end{bmatrix},$$

解得

$$\boldsymbol{\xi}_2=\begin{bmatrix}-1\\ 1\\ 0\end{bmatrix},\quad \boldsymbol{\xi}_3=\begin{bmatrix}1\\ 0\\ 1\end{bmatrix}.$$

将 $\boldsymbol{\xi}_2,\boldsymbol{\xi}_3$ 正交化, 取 $\boldsymbol{\eta}_2=\boldsymbol{\xi}_2,\boldsymbol{\eta}_3=\boldsymbol{\xi}_3-\dfrac{(\boldsymbol{\eta}_2,\boldsymbol{\xi}_3)}{\|\boldsymbol{\eta}_2\|^2}\boldsymbol{\eta}_2=\begin{bmatrix}1\\0\\1\end{bmatrix}+\dfrac{1}{2}\begin{bmatrix}-1\\1\\0\end{bmatrix}=\dfrac{1}{2}\begin{bmatrix}1\\1\\2\end{bmatrix}$.

再将 $\boldsymbol{\eta}_2,\boldsymbol{\eta}_3$ 单位化得

$$\boldsymbol{e}_2=\frac{1}{\sqrt{2}}\begin{bmatrix}-1\\1\\0\end{bmatrix},\quad \boldsymbol{e}_3=\frac{1}{\sqrt{6}}\begin{bmatrix}1\\1\\2\end{bmatrix};$$

将求得的 $\boldsymbol{e}_1,\boldsymbol{e}_2,\boldsymbol{e}_3$ 拼成一个正交矩阵 $\boldsymbol{P}$, 即

$$\boldsymbol{P}=(\boldsymbol{p}_1,\boldsymbol{p}_2,\boldsymbol{p}_3)=\begin{bmatrix}-\dfrac{1}{\sqrt{3}} & -\dfrac{1}{\sqrt{2}} & \dfrac{1}{\sqrt{6}}\\ -\dfrac{1}{\sqrt{3}} & \dfrac{1}{\sqrt{2}} & \dfrac{1}{\sqrt{6}}\\ \dfrac{1}{\sqrt{3}} & 0 & \dfrac{2}{\sqrt{6}}\end{bmatrix},$$

可以验证, 确有

$$\boldsymbol{P}^{-1}\boldsymbol{AP}=\boldsymbol{P}^{\mathrm{T}}\boldsymbol{AP}=\boldsymbol{\varLambda}=\begin{bmatrix}-2&0&0\\0&1&0\\0&0&1\end{bmatrix}.$$

例 4.3.5 求 a,b 的值与正交矩阵 $\boldsymbol{C}$, 使 $\boldsymbol{C}^{-1}\boldsymbol{AC}=\boldsymbol{\varLambda}$, 其中

$$\boldsymbol{A}=\begin{bmatrix}1&b&1\\b&a&1\\1&1&1\end{bmatrix},\quad \boldsymbol{\varLambda}=\begin{bmatrix}0&0&0\\0&1&0\\0&0&4\end{bmatrix}.$$

解 因 $\boldsymbol{A}\sim\boldsymbol{\varLambda}$, 故 0, 1, 4 是 $\boldsymbol{A}$ 的 3 个特征值. 由特征值的性质有

$$a+2=5,\quad |\boldsymbol{A}|=0,$$

求得

$$a=3,\quad b=1.$$

所以

$$\boldsymbol{A}=\begin{bmatrix}1&1&1\\1&3&1\\1&1&1\end{bmatrix},$$

由 $(\boldsymbol{A}-\lambda\boldsymbol{E})\boldsymbol{X}=\boldsymbol{0}$, 求 $\boldsymbol{A}$ 的属于 0, 1, 4 的特征向量分别为

$$\boldsymbol{\alpha}_1=\begin{bmatrix}1\\0\\-1\end{bmatrix},\quad \boldsymbol{\alpha}_2=\begin{bmatrix}1\\-1\\1\end{bmatrix},\quad \boldsymbol{\alpha}_3=\begin{bmatrix}1\\2\\1\end{bmatrix}.$$

将 $\boldsymbol{\alpha}_1,\boldsymbol{\alpha}_2,\boldsymbol{\alpha}_3$ 单位化得

$$\boldsymbol{e}_1=\frac{\boldsymbol{\alpha}_1}{|\boldsymbol{\alpha}_1|}=\frac{1}{\sqrt{2}}\begin{bmatrix}1\\0\\-1\end{bmatrix},$$

$$\boldsymbol{e}_2=\frac{\boldsymbol{\alpha}_2}{|\boldsymbol{\alpha}_2|}=\frac{1}{\sqrt{3}}\begin{bmatrix}1\\-1\\1\end{bmatrix},$$

$$\boldsymbol{e}_3=\frac{\boldsymbol{\alpha}_3}{|\boldsymbol{\alpha}_3|}=\frac{1}{\sqrt{6}}\begin{bmatrix}1\\2\\1\end{bmatrix}.$$

令 $\boldsymbol{P}=(\boldsymbol{e}_1,\boldsymbol{e}_2,\boldsymbol{e}_3)$, 则 $\boldsymbol{P}$ 为正交矩阵, 且

$$\boldsymbol{P}^{-1}\boldsymbol{A}\boldsymbol{P}=\begin{bmatrix}0&0&0\\0&1&0\\0&0&4\end{bmatrix}.$$

4.4　二次型及其标准形

二次型是线性代数的重要内容之一, 它起源于几何学中二次曲线方程和二次曲面方程化为标准形问题的研究, 其理论与方法在数学与物理中都有广泛的应用. 本节介绍二次型及其标准形概念以及化二次型为标准形的正交变换法.

在解析几何中, 为了便于研究二次曲线

$$ax^2+bxy+cy^2=1$$

的几何性质, 可以选择适当的坐标变换

$$\begin{cases}x=x'\cos\theta-y'\sin\theta,\\ y=x'\sin\theta+y'\cos\theta,\end{cases}$$

把方程化为标准形

$$mx'^2 + ny'^2 = 1.$$

这类问题在许多理论及实际问题中经常遇到, 现把这类问题一般化, 讨论 n 个变量的二次齐次多项式化简问题.

4.4.1 二次型及其矩阵表示

定义 4.8 含有 n 个变量 $x_1, x_2, \cdots, x_n$ 的二次齐次函数 $f(x_1, x_2, \cdots, x_n) = a_{11}x_1^2 + 2a_{12}x_1x_2 + \cdots + 2a_{1n}x_1x_n + a_{22}x_2^2 + \cdots + 2a_{2n}x_2x_n + a_{nn}x_n^2$ 称为 n **元二次型**, 简称为**二次型** (简记为 f).

若令

$$a_{ij} = a_{ji} \quad (i, j = 1, 2, \cdots, n),$$

则

$$2a_{ij}x_ix_j = a_{ij}x_ix_j + a_{ji}x_jx_i.$$

上述二次型可记为

$$\begin{aligned}
f(x_1, x_2, \cdots, x_n) &= \sum_{i=1}^{n}\sum_{j=1}^{n} a_{ij}x_ix_j \\
&= x_1(a_{11}x_1 + a_{12}x_2 + \cdots + a_{1n}x_n) \\
&\quad + x_2(a_{21}x_1 + a_{22}x_2 + \cdots + a_{2n}x_n) \\
&\quad + \cdots \\
&\quad + x_n(a_{n1}x_1 + a_{n2}x_2 + \cdots + a_{nn}x_n) \\
&= (x_1, x_2, \cdots, x_n)\begin{bmatrix} a_{11}x_1 + a_{12}x_2 + \cdots + a_{1n}x_n \\ a_{21}x_1 + a_{22}x_2 + \cdots + a_{2n}x_n \\ \vdots \\ a_{n1}x_1 + a_{n2}x_2 + \cdots + a_{nn}x_n \end{bmatrix} \\
&= (x_1, x_2, \cdots, x_n)\begin{bmatrix} a_{11} & a_{12} & \cdots & a_{1n} \\ a_{21} & a_{22} & \cdots & a_{2n} \\ \vdots & \vdots & & \vdots \\ a_{n1} & a_{n2} & \cdots & a_{nn} \end{bmatrix}\begin{bmatrix} x_1 \\ x_2 \\ \vdots \\ x_n \end{bmatrix},
\end{aligned}$$

其中

$$\boldsymbol{A}=\begin{bmatrix} a_{11} & a_{12} & \cdots & a_{1n} \\ a_{21} & a_{22} & \cdots & a_{2n} \\ \vdots & \vdots & & \vdots \\ a_{n1} & a_{n2} & \cdots & a_{nn} \end{bmatrix}, \quad \boldsymbol{X}=\begin{bmatrix} x_1 \\ x_2 \\ \vdots \\ x_n \end{bmatrix}.$$

因此, 二次型 f 可用矩阵表示为下述简化形式:

$$f=\boldsymbol{X}^{\mathrm{T}}\boldsymbol{A}\boldsymbol{X}.$$

在这个表示中, 称 $\boldsymbol{A}=(a_{ij})$ 为**二次型 f 的矩阵**, $R(\boldsymbol{A})$ 为**二次型 f 的秩**. 显然 $\boldsymbol{A}=\boldsymbol{A}^{\mathrm{T}}$; 若 a_{ij} 为复数, 则称 f 为**复二次型**; 若 a_{ij} 为实数, 则称 f 为**实二次型** (本章只讨论实二次型的情况) .

例 4.4.1　把下面的二次型写成矩阵形式:

(1) $f(x_1,x_2,x_3)=x_1^2+2x_2^2+3x_3^2$;

(2) $f(x_1,x_2,x_3,x_4)=2x_1x_2-2x_1x_4-4x_2x_3+2x_3x_4$.

解　(1) $f(x_1,x_2,x_3)=(x_1,x_2,x_3)\begin{bmatrix} 1 & 0 & 0 \\ 0 & 2 & 0 \\ 0 & 0 & 3 \end{bmatrix}\begin{bmatrix} x_1 \\ x_2 \\ x_3 \end{bmatrix}$;

(2) $f(x_1,x_2,x_3,x_4)=(x_1,x_2,x_3,x_4)\begin{bmatrix} 0 & 1 & 0 & -1 \\ 1 & 0 & -2 & 0 \\ 0 & -2 & 0 & 1 \\ -1 & 0 & 1 & 0 \end{bmatrix}\begin{bmatrix} x_1 \\ x_2 \\ x_3 \\ x_4 \end{bmatrix}$.

定义 4.9　称只含有平方项的二次型

$$\begin{aligned} f&=\lambda_1y_1^2+\lambda_2y_2^2+\cdots+\lambda_ny_n^2 \\ &=(y_1,y_2,\cdots,y_n)\begin{bmatrix} \lambda_1 & & & \\ & \lambda_2 & & \\ & & \ddots & \\ & & & \lambda_n \end{bmatrix}\begin{bmatrix} y_1 \\ y_2 \\ \vdots \\ y_n \end{bmatrix} \\ &=\boldsymbol{Y}^{\mathrm{T}}\boldsymbol{\Lambda}\boldsymbol{Y} \end{aligned}$$

为二次型的**标准形**.

所谓一般二次型的化简问题就是寻找一个可逆的线性变换:

$$\begin{cases} x_1 = c_{11}y_1 + c_{12}y_2 + \cdots + c_{1n}y_n, \\ x_2 = c_{21}y_1 + c_{22}y_2 + \cdots + c_{2n}y_n, \\ \qquad \cdots\cdots \\ x_n = c_{n1}y_1 + c_{n2}y_2 + \cdots + c_{nn}y_n, \end{cases}$$

即 $\boldsymbol{X} = \boldsymbol{CY}$, 把 $f = \boldsymbol{X}^{\mathrm{T}}\boldsymbol{AX}$ 化成标准形, 于是

$$f = \boldsymbol{X}^{\mathrm{T}}\boldsymbol{AX} = (\boldsymbol{CY})^{\mathrm{T}}\boldsymbol{A}(\boldsymbol{CY}) = \boldsymbol{Y}^{\mathrm{T}}\left(\boldsymbol{C}^{\mathrm{T}}\boldsymbol{AC}\right)\boldsymbol{Y}.$$

定理 4.9 设 $\boldsymbol{A}$ 和 $\boldsymbol{B}$ 是 n 阶矩阵, 若有可逆矩阵 $\boldsymbol{C}$, 使 $\boldsymbol{B} = \boldsymbol{C}^{\mathrm{T}}\boldsymbol{AC}$, 则称矩阵 $\boldsymbol{A}$ 与 $\boldsymbol{B}$ 合同.

显然, 若 $\boldsymbol{A}$ 为对称矩阵, 则 $\boldsymbol{B}$ 也为对称矩阵, 且 $R(\boldsymbol{A}) = R(\boldsymbol{B})$.

该定理说明: 经可逆变换 $\boldsymbol{X} = \boldsymbol{CY}$ 把 f 化成 $\boldsymbol{Y}^{\mathrm{T}}\boldsymbol{C}^{\mathrm{T}}\boldsymbol{ACY}, \boldsymbol{C}^{\mathrm{T}}\boldsymbol{AC}$ 仍为对称矩阵, 且二次型的秩不变. 要使二次型 f 经过可逆变换 $\boldsymbol{X} = \boldsymbol{CY}$ 化成标准形, 即

$$\begin{aligned} f &= \boldsymbol{X}^{\mathrm{T}}\boldsymbol{AX} \\ &= (\boldsymbol{CY})^{\mathrm{T}}\boldsymbol{ACY} = \boldsymbol{Y}^{\mathrm{T}}\boldsymbol{C}^{\mathrm{T}}\boldsymbol{ACY} \\ &= \lambda_1 y_1^2 + \lambda_2 y_2^2 + \cdots + \lambda_n y_n^2 \\ &= (y_1, y_2, \cdots, y_n)\begin{bmatrix} \lambda_1 & & & \\ & \lambda_2 & & \\ & & \ddots & \\ & & & \lambda_n \end{bmatrix}\begin{bmatrix} y_1 \\ y_2 \\ \vdots \\ y_n \end{bmatrix} \\ &= \boldsymbol{Y}^{\mathrm{T}}\boldsymbol{\varLambda Y}, \end{aligned}$$

也就是要使 $\boldsymbol{C}^{\mathrm{T}}\boldsymbol{AC}$ 成为对角阵, 即 $\boldsymbol{C}^{\mathrm{T}}\boldsymbol{AC} = \boldsymbol{\varLambda}$. 因此, 主要的问题就是: 对于对称矩阵 $\boldsymbol{A}$, 寻求可逆矩阵 $\boldsymbol{C}$, 使 $\boldsymbol{C}^{\mathrm{T}}\boldsymbol{AC} = \boldsymbol{\varLambda}$. 由定理可知, 任给实对称矩阵, 总有正交矩阵 $\boldsymbol{P}$, 使 $\boldsymbol{P}^{\mathrm{T}}\boldsymbol{AP} = \boldsymbol{\varLambda}$, 把此结论用于二次型, 即有以下定理.

定理 4.10 任意二次型 $f(x_1, x_2, \cdots, x_n) = \sum\limits_{i=1}^{n}\sum\limits_{j=1}^{n} a_{ij}x_i x_j \ (a_{ij} = a_{ji})$, 总有正交变换 $\boldsymbol{X} = \boldsymbol{PY}$, 使 f 化为标准形 $f = \lambda_1 y_1^2 + \lambda_2 y_2^2 + \cdots + \lambda_n y_n^2$, 其中 $\lambda_1, \lambda_2, \cdots, \lambda_n$ 是 f 的矩阵 $\boldsymbol{A}$ 的 n 个特征值.

4.4.2 用正交变换化二次型为标准形

经过上面的讨论, 可以总结出用正交变换化二次型为标准形的一般步骤:

(1) 将二次型 $f=\sum_{i=1}^{n}\sum_{j=1}^{n}a_{ij}x_ix_j$ 写成矩阵形式 $f=\boldsymbol{X}^{\mathrm{T}}\boldsymbol{A}\boldsymbol{X}$.

(2) 由 $|\boldsymbol{A}-\lambda\boldsymbol{E}|=0$, 求出 $\boldsymbol{A}$ 的全部特征值.

(3) 由 $(\boldsymbol{A}-\lambda\boldsymbol{E})\boldsymbol{X}=0$, 求出 $\boldsymbol{A}$ 的特征向量.

对于求出的不同特征值所对应的特征向量已正交, 只需单位化; 对于 k 重特征值 λ_k 所对应的 k 个线性无关的特征向量, 用施密特标准正交化方法把它们化成 k 个两两正交的单位向量.

(4) 把求出的 n 个两两正交的单位向量拼成正交矩阵 $\boldsymbol{P}$, 作正交变换 $\boldsymbol{X}=\boldsymbol{P}\boldsymbol{Y}$.

(5) 用 $\boldsymbol{X}=\boldsymbol{P}\boldsymbol{Y}$, 把 f 化成标准形 $f=\lambda_1y_1^2+\lambda_2y_2^2+\cdots+\lambda_ny_n^2$, 其中 $\lambda_1,\lambda_2,\cdots,\lambda_n$ 是 f 的矩阵 $\boldsymbol{A}$ 的 n 个特征值.

例 4.4.2 求一个正交变换 $\boldsymbol{X}=\boldsymbol{P}\boldsymbol{Y}$, 把二次型 $f=-2x_1x_2+2x_1x_3+2x_2x_3$ 化为标准形.

解 二次型 f 的矩阵为

$$\boldsymbol{A}=\begin{bmatrix}0&-1&1\\-1&0&1\\1&1&0\end{bmatrix}.$$

由 $|\boldsymbol{A}-\lambda\boldsymbol{E}|=\boldsymbol{0}$, 求出 $\boldsymbol{A}$ 的全部特征值:

$$|\boldsymbol{A}-\lambda\boldsymbol{E}|=\begin{vmatrix}-\lambda&-1&1\\-1&-\lambda&1\\1&1&-\lambda\end{vmatrix}=-(\lambda+2)(\lambda-1)^2=0,$$

得 $\boldsymbol{A}$ 的特征值为 $\lambda_1=-2,\ \lambda_2=\lambda_3=1$.

当 $\lambda_1=-2$ 时, 解方程 $(\boldsymbol{A}+2\boldsymbol{E})\boldsymbol{X}=\boldsymbol{0}$, 由

$$\boldsymbol{A}+2\boldsymbol{E}=\begin{bmatrix}2&-1&1\\-1&2&1\\1&1&2\end{bmatrix}\sim\begin{bmatrix}1&0&1\\0&1&1\\0&0&0\end{bmatrix},$$

得基础解系 $\boldsymbol{\xi}_1=\begin{pmatrix}-1\\-1\\1\end{pmatrix}$. 将 $\boldsymbol{\xi}_1$ 单位化, 得 $\boldsymbol{p}_1=\dfrac{1}{\sqrt{3}}\begin{pmatrix}-1\\-1\\1\end{pmatrix}$.

当 $\lambda_2=\lambda_3=1$ 时, 解方程 $(\boldsymbol{A}-\boldsymbol{E})\boldsymbol{X}=\mathbf{0}$, 由

$$\boldsymbol{A}-\boldsymbol{E}=\begin{bmatrix}-1&-1&1\\-1&-1&1\\1&1&-1\end{bmatrix}\sim\begin{bmatrix}1&1&-1\\0&0&0\\0&0&0\end{bmatrix},$$

得基础解系 $\boldsymbol{\xi}_2=\begin{pmatrix}-1\\1\\0\end{pmatrix}$, $\boldsymbol{\xi}_3=\begin{pmatrix}1\\0\\1\end{pmatrix}$. 将 $\boldsymbol{\xi}_2,\boldsymbol{\xi}_3$ 单位正交化, 得 $\boldsymbol{p}_2=\frac{1}{\sqrt{2}}\begin{pmatrix}-1\\1\\0\end{pmatrix}$, $\boldsymbol{p}_3=\frac{1}{\sqrt{6}}\begin{pmatrix}1\\1\\2\end{pmatrix}$. 将 $\boldsymbol{p}_1,\boldsymbol{p}_2,\boldsymbol{p}_3$ 构成正交矩阵 $\boldsymbol{P}=(\boldsymbol{p}_1,\boldsymbol{p}_2,\boldsymbol{p}_3)=\begin{bmatrix}-\frac{1}{\sqrt{3}}&-\frac{1}{\sqrt{2}}&\frac{1}{\sqrt{6}}\\-\frac{1}{\sqrt{3}}&\frac{1}{\sqrt{2}}&\frac{1}{\sqrt{6}}\\\frac{1}{\sqrt{3}}&0&\frac{2}{\sqrt{6}}\end{bmatrix}$, 于是得正交变换 $\boldsymbol{X}=\boldsymbol{PY}$, 即

$$\begin{bmatrix}x_1\\x_2\\x_3\end{bmatrix}=\begin{bmatrix}-\frac{1}{\sqrt{3}}&-\frac{1}{\sqrt{2}}&\frac{1}{\sqrt{6}}\\-\frac{1}{\sqrt{3}}&\frac{1}{\sqrt{2}}&\frac{1}{\sqrt{6}}\\\frac{1}{\sqrt{3}}&0&\frac{2}{\sqrt{6}}\end{bmatrix}\begin{bmatrix}y_1\\y_2\\y_3\end{bmatrix}.$$

把 f 化为标准形 $f=-3y_1^2+y_2^2+y_3^2+y_4^2$.

另外, 也可用配方法或合同变换法化二次型为标准形, 读者可参考其他相关书籍, 这里不再叙述.

4.5 正定二次型

4.5.1 惯性定律

定理 4.11 设二次型 $f=\boldsymbol{X}^{\mathrm{T}}\boldsymbol{AX}$ 的秩为 r, 若可逆线性变换 $\boldsymbol{X}=\boldsymbol{CY}$ 及 $\boldsymbol{X}=\boldsymbol{PZ}$ 分别将二次型 f 化成标准形:

$$f=k_1y_1^2+k_2y_2^2+\cdots+k_ry_r^2\quad(k_i\neq 0,i=1,2,\cdots,r)$$

及

$$f = \lambda_1 z_1^2 + \lambda_2 z_2^2 + \cdots + \lambda_r z_r^2 \quad (\lambda_i \neq 0, i = 1, 2, \cdots, r),$$

则 $k_1, k_2, \cdots, k_r$与$\lambda_1, \lambda_2, \cdots, \lambda_r$ 中带正号的项的个数相同.

二次型的标准形显然不是唯一的, 但标准形中的项数是确定的 (即二次型的秩) , 不仅如此, 在限定变换为实变换时, 标准形中正系数的个数是不变的, 即有

称二次型标准形的项数为**二次型的惯性指数** r; 称二次型标准形的正项个数为二次型的**正惯性指数** p; 称二次型标准形的负项个数为二次型的**负惯性指数** q.

显然, $r = p + q = R(\boldsymbol{A})$.

4.5.2 二次型的正定性

定义 4.10 设有二次型 $f = \boldsymbol{X}^{\mathrm{T}}\boldsymbol{A}\boldsymbol{X}$, 若对任何 $\boldsymbol{X} \neq \boldsymbol{0}$, 都有 $f > 0$, 则称 f 为**正定二次型**, 并称对称矩阵 $\boldsymbol{A}$ 是正定矩阵; 对任何 $\boldsymbol{X} \neq \boldsymbol{0}$, 都有 $f < 0$, 则称 f 为负定二次型, 并称对称矩阵 $\boldsymbol{A}$ 是负定矩阵.

定理 4.12 二次型 $f = \boldsymbol{X}^{\mathrm{T}}\boldsymbol{A}\boldsymbol{X}$ 为正定二次型的充分必要条件是它的标准形的 n 个系数全为正数.

证 设可逆变换 $\boldsymbol{X} = \boldsymbol{C}\boldsymbol{Y}$, 使

$$f(\boldsymbol{X}) = f(\boldsymbol{C}\boldsymbol{Y}) = k_1 y_1^2 + k_2 y_2^2 + \cdots + k_n y_n^2.$$

先证充分性. 设 $k_i > 0\ (i = 1, 2, \cdots, n)$, 任给 $\boldsymbol{X} \neq \boldsymbol{0}$, 则 $\boldsymbol{Y} = \boldsymbol{C}^{-1}\boldsymbol{X} \neq \boldsymbol{0}$, 故

$$f(\boldsymbol{X}) = f(\boldsymbol{C}\boldsymbol{Y}) = k_1 y_1^2 + k_2 y_2^2 + \cdots + k_n y_n^2 > 0,$$

故 f 是正定的.

再证必要性, 用反证法.

假设 $k_s \leqslant 0$, 则当 $\boldsymbol{Y} = \boldsymbol{e}_s$(单位坐标向量) 时, $f(\boldsymbol{X}) = f(\boldsymbol{C}\boldsymbol{Y}) = k_s \leqslant 0$, 这与 f 正定相矛盾, 故 $k_s > 0$, 从而 $k_i > 0\ (i = 1, 2, \cdots, n)$.

推论 对称矩阵 $\boldsymbol{A}$ 为正定矩阵的充分必要条件是 $\boldsymbol{A}$ 的各阶顺序主子式全大于零, 即

$$|a_{11}| > 0, \quad \begin{vmatrix} a_{11} & a_{12} \\ a_{21} & a_{22} \end{vmatrix} > 0, \quad \begin{vmatrix} a_{11} & a_{12} & a_{13} \\ a_{21} & a_{22} & a_{23} \\ a_{31} & a_{32} & a_{33} \end{vmatrix} > 0.$$

对称矩阵 $\boldsymbol{A}$ 为负定矩阵的充分必要条件是 $\boldsymbol{A}$ 的奇数阶的顺序主子式全小于零, 而偶数阶的顺序主子式全大于零, 即

$$(-1)^r \begin{vmatrix} a_{11} & \cdots & a_{1r} \\ \vdots & & \vdots \\ a_{r1} & \cdots & a_{rr} \end{vmatrix} > 0, \quad r = 1, 2, \cdots, n.$$

正定二次型有如下几何意义.

(1) 二维正定二次型 $f(x,y)=c$ ($c>0$ 为常数) 是以原点为中心的椭圆. 当 c 为任意常数时, f 是一族椭圆; 当 $c=0$ 时, 这些椭圆收缩到原点.

(2) 三维二次型 $f(x,y,z)=c$ ($c>0$ 为常数) 是一族椭球.

例 4.5.1 判别二次型

$$f=-5x^2-6y^2-4z^2+4xy+4xz$$

的正定性.

解 f 的矩阵为 $\boldsymbol{A}=\begin{bmatrix}-5&2&2\\2&-6&0\\2&0&-4\end{bmatrix}$, 因为

$$|-5|=-5<0,\quad \begin{vmatrix}-5&2\\2&-6\end{vmatrix}=26>0,\quad |\boldsymbol{A}|=-80<0.$$

由定理可知: f 为负定的.

例 4.5.2 设二次型

$$f=x_1^2+2x_1x_2+4x_1x_3+2x_2^2+6x_2x_3+tx_3^2$$

为正定的, 求 t 的取值范围.

解 二次型 f 的矩阵为 $\begin{bmatrix}1&1&2\\1&2&3\\2&3&t\end{bmatrix}$, 而

$$|1|=1>0,\quad \begin{vmatrix}1&1\\1&2\end{vmatrix}=1>0,\quad \begin{vmatrix}1&1&2\\1&2&3\\2&3&t\end{vmatrix}=t-5.$$

所以, 当 $t>5$ 时, $\boldsymbol{A}$ 所对应的二次型 f 为正定的.

4.6 相似矩阵与二次型模型应用举例

4.6.1 旅游地的选择问题

暑假要到了, 甲、乙、丙三位同学相约出去旅游, 但是对于旅游的目的地却有不同的意见. 甲同学想去苏杭, 乙同学想去黄山, 丙同学想去庐山, 请通过数学模型帮助他们在以上三个地方中选择最佳的旅游地.

1. 模型建立与求解

将该决策问题分解为 3 个层次, 最上层为目标层, 即选择旅游地, 最下层为方案层, 有苏杭、黄山、庐山 3 个供选择地点, 中间层为准则层, 有景色、费用、饮食、居住、旅途 5 个准则, 各层间的联系用相连的直线表示 (图 4.1) .

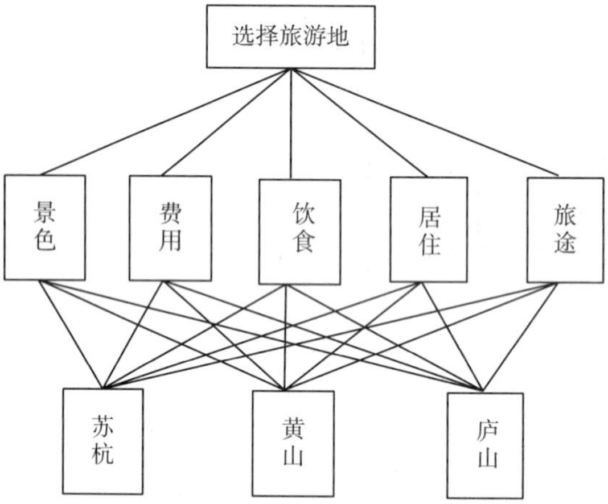

图 4.1　选择旅游地的层次结构

通过相互比较确定各准则对于目标的权重和各方案对于每一准则的权重. 首先准则层对方案层进行赋权, 认为费用应占最大的比重 (因为是学生), 其次是风景 (目的主要是旅游), 再者是旅途, 至于吃住对年轻人来说不太重要. 表 4.2 采用两两比较判断法.

表 4.2　旅游决策准则层对目标层的两两比较表

项目	景色	费用	饮食	居住	旅途
景色	1	1/2	5	5	3
费用	2	1	7	7	5
饮食	1/5	1/7	1	1/2	1/3
居住	1/5	1/7	2	1	1/2
旅途	1/3	1/5	3	2	1

当比较两个可能具有不同性质的因素 C_i 和 C_j 对于一个上层因素影响时, 通常采用 1~9 尺度, 具体含义见表 4.3.

如在这张表中, $a_{12}=\dfrac{1}{2}$ 表示景色与费用对选择旅游地这个目标来说的重要之比为 1:2(景色比费用稍微不重要), 而 $a_{21}=2$ 则表示费用与景色对选择旅游地这个目标来说的重要之比为 2:1(费用比景色稍微重要), 其他按照 1—9 尺度含义可知.

表 4.3 1~9 尺度 a_{ij} 的含义

尺度 a_{ij}	含义
1	C_i 与 C_j 的影响相同
3	C_i 与 C_j 的影响稍强
5	C_i 与 C_j 的影响强
7	C_i 与 C_j 的影响明显的强
9	C_i 与 C_j 的影响绝对的强
2, 4, 6, 8	C_i 与 C_j 的影响之比在上述两个相邻等级之间
$1, 1/2, \cdots, 1/9$	C_i 与 C_j 的影响之比为上面 a_{ij} 的互反数

由此可得到一个比较判断矩阵

$$\boldsymbol{A} = \begin{bmatrix} 1 & \frac{1}{2} & 5 & 5 & 3 \\ 2 & 1 & 7 & 7 & 5 \\ \frac{1}{5} & \frac{1}{7} & 1 & \frac{1}{2} & \frac{1}{3} \\ \frac{1}{5} & \frac{1}{7} & 2 & 1 & \frac{1}{2} \\ \frac{1}{3} & \frac{1}{5} & 3 & 2 & 1 \end{bmatrix},$$

并称之为正互反矩阵, n 阶正互反矩阵 $\boldsymbol{A} = (a_{ij})_{n\times n}$ 的特点是

$$a_{ij} > 0, \quad a_{ji} = \frac{1}{a_{ij}}, \quad a_{ii} = 1 \quad (i, j = 1, 2, \cdots, n).$$

由佩龙 (Perron) 定理知, 正互反矩阵一定存在一个最大的特征值 $\lambda_{\max}$, 并且 $\lambda_{\max}$ 所对应的特征向量 $\boldsymbol{X}$ 为正向量, 即 $\boldsymbol{AX} = \lambda_{\max}\boldsymbol{X}$, 将 $\boldsymbol{X}$ 归一化 (各个分量之和等于 1) 作为权向量 $\boldsymbol{W}$, 即 $\boldsymbol{W}$ 满足 $\boldsymbol{AW} = \lambda_{\max}\boldsymbol{W}$.

利用 MATLAB 可以求出最大特征值 $\lambda_{\max} = 0.0976$, 对应的特征向量经归一化得 $\boldsymbol{W} = (0.2863, 0.4810, 0.0485, 0.0685, 0.1157)^{\mathrm{T}}$, 它就是准则层对目标层的排序向量. 用同样的方法, 给出方案层对准则层的每一准则的比较判断矩阵, 由此求出各排序向量 (最大特征值所对应的特征向量并归一化) :

$$\boldsymbol{B}_1(\text{景色}) = \begin{bmatrix} 1 & \frac{1}{3} & \frac{1}{2} \\ 3 & 1 & \frac{1}{2} \\ 2 & 2 & 1 \end{bmatrix}, \quad \boldsymbol{p}_1 = \begin{bmatrix} 0.1677 \\ 0.3487 \\ 0.4836 \end{bmatrix};$$

$$\boldsymbol{B}_2(\text{费用}) = \begin{bmatrix} 1 & 3 & 2 \\ \frac{1}{3} & 1 & 2 \\ \frac{1}{2} & \frac{1}{2} & 1 \end{bmatrix}, \quad \boldsymbol{p}_2 = \begin{bmatrix} 0.5472 \\ 0.2631 \\ 0.1897 \end{bmatrix};$$

$$\boldsymbol{B}_3(\text{饮食}) = \begin{bmatrix} 1 & 4 & 3 \\ \frac{1}{4} & 1 & 2 \\ \frac{1}{3} & \frac{1}{2} & 1 \end{bmatrix}, \quad \boldsymbol{p}_3 = \begin{bmatrix} 0.6301 \\ 0.2184 \\ 0.1515 \end{bmatrix};$$

$$\boldsymbol{B}_4(\text{居住}) = \begin{bmatrix} 1 & 3 & 2 \\ \frac{1}{3} & 1 & 2 \\ \frac{1}{2} & \frac{1}{2} & 1 \end{bmatrix}, \quad \boldsymbol{p}_4 = \begin{bmatrix} 0.5472 \\ 0.2631 \\ 0.1897 \end{bmatrix};$$

$$\boldsymbol{B}_5(\text{旅途}) = \begin{bmatrix} 1 & 2 & 3 \\ \frac{1}{2} & 1 & \frac{1}{2} \\ \frac{1}{3} & 2 & 1 \end{bmatrix}, \quad \boldsymbol{p}_5 = \begin{bmatrix} 0.5472 \\ 0.1897 \\ 0.2631 \end{bmatrix}.$$

最后, 将由各准则层对目标的权向量 $\boldsymbol{W}$ 和各方案对每一准则的权向量, 计算各方案对目标的权向量, 称为组合权向量. 对于方案 1 (苏杭), 它在景色等 5 个准则层中的权重都用第一个分量表示, 即 0.1677, 0.5472, 0.6301, 0.5472, 0.5472, 而 5 个准则对于目标层的权重用权向量 $\boldsymbol{W} = (0.2863, 0.4810, 0.0485, 0.0685, 0.1157)^{\mathrm{T}}$ 表示, 因此方案 1 (苏杭) 在目标中的组合权重等于它们相对应项的乘积之和, 即

$$\begin{aligned} & 0.2863 \times 0.1677 + 0.4810 \times 0.5472 + 0.0485 \times 0.6301 \\ & \quad + 0.0685 \times 0.5472 + 0.1157 \times 0.5472 = 0.4426. \end{aligned}$$

同样计算出方案 2 (黄山) 、方案 3 (庐山) 在目标中的组合权重分别为 0.2769 与 0.2805. 于是组合权重为 $(0.4426, 0.2769, 0.2805)^{\mathrm{T}}$.

若记

$$\begin{aligned} \boldsymbol{P} &= (\boldsymbol{p}_1, \boldsymbol{p}_2, \boldsymbol{p}_3, \boldsymbol{p}_4, \boldsymbol{p}_5) \\ &= \begin{bmatrix} 0.1677 & 0.5472 & 0.6301 & 0.5472 & 0.5472 \\ 0.3487 & 0.2631 & 0.2184 & 0.2631 & 0.1897 \\ 0.4836 & 0.1897 & 0.1515 & 0.1897 & 0.2631 \end{bmatrix}, \end{aligned}$$

$$\boldsymbol{W}=\begin{bmatrix}0.2863\\0.4810\\0.0485\\0.0685\\0.1157\end{bmatrix},$$

则根据矩阵乘法, 可得组合权向量

$$\boldsymbol{K}=\begin{bmatrix}k_1\\k_2\\k_3\end{bmatrix}=\boldsymbol{PW}=\begin{bmatrix}0.4426\\0.2769\\0.2805\end{bmatrix}.$$

2. 结果分析

上述结果表明: 苏杭在旅游地选择中占的权重为 0.4426, 大于黄山 (0.2769) 和庐山 (0.2805) 的权重, 因此他们应该去苏杭.

以上分析方法称为层次分析法 (analytic hierarchy process, AHP), 它是一种现代管理决策方法, 是由美国运筹学家萨蒂 (T. L. Saayt) 等提出的一种定性与定量相结合的、系统化、层次化的分析方法. 它的应用已遍及经济计划和管理、能源政策和分配、行为科学、军事指挥、运输、农业、教育、人才、医疗、环境等领域. 从处理问题的类型看, 主要是决策、评价、分析、预测等. 这个方法在 20 世纪 80 年代初被引入我国, 也很快被广大的应用数学工作者和有关领域的技术人员所接受, 得到了成功的应用.

4.6.2 混合物模型

两个桶如图 4.2 所示连接在一起, 初始时, 桶 A 中有 200 升溶解了 60 克盐的水, 桶 B 中有 200 升纯水. 液体以如图所示的速度泵入和泵出两个桶, 求每一时刻 t 每个桶中盐的含量.

解 令 $y_1(t)$ 和 $y_2(t)$ 分别为时刻 t 时桶 A 和桶 B 中含盐的克数, 初始时

$$\boldsymbol{Y}(0)=\begin{bmatrix}y_1(0)\\y_2(0)\end{bmatrix}=\begin{bmatrix}60\\0\end{bmatrix}.$$

由于泵入和泵出液体的速度是相同的, 所以每一个桶中液体的总量将保持 200 升, Y 每一个桶中盐的含量的变化速度等于盐泵入的速度减去盐泵出的速度. 对桶 A, 盐泵入的速度为

$$(5\text{升}/\text{分钟})\cdot\left(\frac{y_2(t)}{200}\text{克}/\text{升}\right)=\frac{y_2(t)}{40}\text{克}/\text{分钟}.$$

盐泵出的速度为

$$(20\text{升 /分钟}) \cdot \left(\frac{y_2(t)}{200}\text{克 /升}\right) = \frac{y_2(t)}{100}\text{克 /分钟}.$$

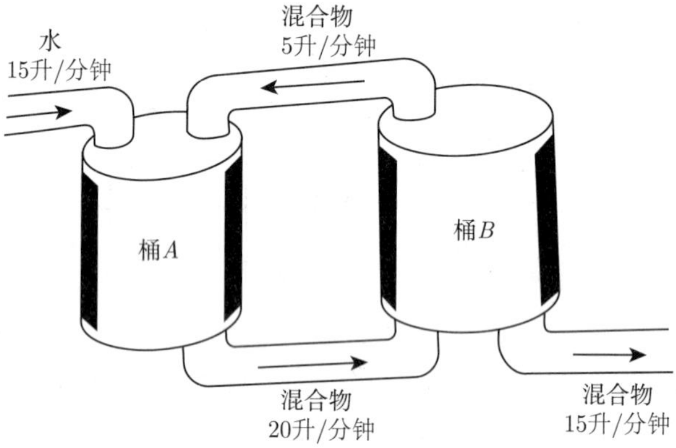

图 4.2

因此, 桶 A 中盐的含量的变化速度为

$$y_1'(t) = \frac{y_2(t)}{40} - \frac{y_1(t)}{10}.$$

同理, 对桶 B 中盐的含量的变化速度为

$$y_2'(t) = \frac{20y_1(t)}{200} - \frac{20y_2(t)}{200} = \frac{y_1(t)}{10} - \frac{y_2(t)}{10}.$$

为求得 $y_1(t)$ 和 $y_2(t)$, 需求解初值问题

$$\boldsymbol{Y}' = \boldsymbol{AY}, \quad \boldsymbol{Y}(0) = \boldsymbol{Y}_0,$$

其中

$$\boldsymbol{A} = \begin{bmatrix} -\dfrac{1}{10} & \dfrac{1}{40} \\ \dfrac{1}{10} & -\dfrac{1}{10} \end{bmatrix}, \quad \boldsymbol{Y}_0 = \begin{bmatrix} 60 \\ 0 \end{bmatrix}.$$

$\boldsymbol{A}$ 的特征值为 $\lambda_1 = -\dfrac{3}{20}$, $\lambda_2 = -\dfrac{1}{20}$, 相应的特征向量为

$$\boldsymbol{x}_1 = \begin{bmatrix} 1 \\ -2 \end{bmatrix}, \quad \boldsymbol{x}_2 = \begin{bmatrix} 1 \\ 2 \end{bmatrix},$$

则它的解为如下形式:

$$\boldsymbol{Y}=c_1\mathrm{e}^{-3t/20}\boldsymbol{x}_1+c_2\mathrm{e}^{-t/20}\boldsymbol{x}_2.$$

当 $t=0$ 时, $\boldsymbol{Y}(0)=\boldsymbol{Y}_0$. 因此

$$\boldsymbol{Y}_0=c_1\boldsymbol{x}_1+c_2\boldsymbol{x}_2,$$

可以通过解

$$\begin{bmatrix}1&1\\-2&2\end{bmatrix}\begin{bmatrix}c_1\\c_2\end{bmatrix}=\begin{bmatrix}60\\0\end{bmatrix}$$

求得 $c_1=c_2=30$, 因此, 初值问题的解为

$$\boldsymbol{Y}(t)=\begin{bmatrix}y_1(t)\\y_2(t)\end{bmatrix}=\begin{bmatrix}30\mathrm{e}^{-3t/20}+30\mathrm{e}^{-t/20}\\-60\mathrm{e}^{-3t/20}+60\mathrm{e}^{-t/20}\end{bmatrix}.$$

某地区对城乡人口流动做年度调查, 发现有一个稳定的往城镇流动的趋势:

(1) 每年农村居民的 2.5%迁居城镇;

(2) 每年城镇居民的 1%迁居农村.

假设城乡的总人口数保持不变, 现在总人口的 60%住在城镇, 并且流动的这种趋势保持不变, 那么 1 年以后住在城镇的人口所占比例是多少, 2 年以后的比例是多少, 最终的比例是多少?

1. 模型建立与求解

用 $x_1^{(0)},x_2^{(0)}$ 分别表示现在城镇、农村人口的比例, 即 $x_1^{(0)}=0.6$, $x_2^{(0)}=0.4$, 又设 $x_1^{(n)}$, $x_2^{(n)}$ 分别表示 n 年以后的对应比例. 假定总人口数为 N(N 为常数), 1 年以后城乡人口分别为

$$x_1^{(1)}N=0.99x_1^{(0)}N+0.025x_2^{(0)}N,$$

$$x_2^{(1)}N=0.01x_1^{(0)}N+0.975x_2^{(0)}N,$$

求得

$$x_1^{(1)}=0.604,\quad x_2^{(1)}=0.396,$$

即 1 年后总人口数的 60.4%住在城镇.

写成矩阵形式为

$$\begin{bmatrix}0.99&0.025\\0.01&0.975\end{bmatrix}\begin{bmatrix}x_1^{(0)}\\x_2^{(0)}\end{bmatrix}=\begin{bmatrix}x_1^{(1)}\\x_2^{(1)}\end{bmatrix},\quad \text{其中}\quad \boldsymbol{A}=\begin{bmatrix}0.99&0.025\\0.01&0.975\end{bmatrix}.$$

系数矩阵 $\boldsymbol{A}$ 描述了从现在到 1 年后的转变, 由于假设人口流动这一趋势持续不变, 所以 n 年以后到 $n+1$ 年的转变为

$$\begin{bmatrix} 0.99 & 0.025 \\ 0.01 & 0.975 \end{bmatrix}\begin{bmatrix} x_1^{(n)} \\ x_2^{(n)} \end{bmatrix}=\begin{bmatrix} x_1^{(n+1)} \\ x_2^{(n+1)} \end{bmatrix},$$

有

$$\begin{bmatrix} x_1^{(n)} \\ x_2^{(n)} \end{bmatrix}=\begin{bmatrix} 0.99 & 0.025 \\ 0.01 & 0.975 \end{bmatrix}^n\begin{bmatrix} x_1^{(0)} \\ x_2^{(0)} \end{bmatrix},$$

求出系数矩阵 $\boldsymbol{A}$ 的特征值为 $\lambda_1=1$, $\lambda_2=0.965$, 对应的特征向量为$\boldsymbol{p}_1=\begin{bmatrix} \frac{5}{2} \\ 1 \end{bmatrix}$, $\boldsymbol{p}_2=\begin{bmatrix} -1 \\ 1 \end{bmatrix}$, 故有

$$\boldsymbol{A}=\begin{bmatrix} \frac{5}{2} & -1 \\ 1 & 1 \end{bmatrix}\begin{bmatrix} 1 & 0 \\ 0 & 0.965 \end{bmatrix}\begin{bmatrix} \frac{5}{2} & -1 \\ 1 & 1 \end{bmatrix}^{-1}.$$

取 $n=2$, 有

$$\boldsymbol{A}^2=\frac{1}{7}\begin{bmatrix} 6.86245 & 0.343875 \\ 0.13755 & 0.65125 \end{bmatrix},$$

可得

$$x_1^{(2)}=\frac{1}{7}\left(6.86245x_1^{(0)}+0.343875x_2^{(0)}\right)=0.60786,$$

即两年后人口总数为 60.79%住在城镇.

又因为

$$\lim_{n\to+\infty}\boldsymbol{A}^n=\frac{1}{7}\begin{bmatrix} 5 & 5 \\ 2 & 2 \end{bmatrix},$$

所以有

$$\begin{bmatrix} \lim\limits_{n\to+\infty} x_1^{(n)} \\ \lim\limits_{n\to+\infty} x_2^{(n)} \end{bmatrix}=\begin{bmatrix} \lim\limits_{n\to+\infty} \boldsymbol{A}^n x_1^{(0)} \\ \lim\limits_{n\to+\infty} \boldsymbol{A}^n x_2^{(0)} \end{bmatrix}=\begin{bmatrix} \frac{5}{7} \\ \frac{2}{7} \end{bmatrix}.$$

2. 结果分析

根据以上求解, 得到最终人口的 $\frac{5}{7}$ 住在城镇, $\frac{2}{7}$ 住在农村.

4.6.3 最优公共工作计划模型

某州政府预计修 x 百英里①的公路和桥梁, 并且修整 y 百英亩②的公园和娱乐场所, 政府部门必须确定在这两个项目上如何分配它的资源 (资金、设备和劳动力等). 如果更划算, 则可以同时开始两个项目, 而不是仅开展一个项目, 于是 x 和 y 必须满足限制条件 $4x^2+9y^2 \leqslant 36$, 如图 4.3 所示. 图中阴影可行集中的每个点表示一个可能的该年度公共工作计划, 在限制 $4x^2+9y^2 \leqslant 36$ 上使资源利用达到最大可能.

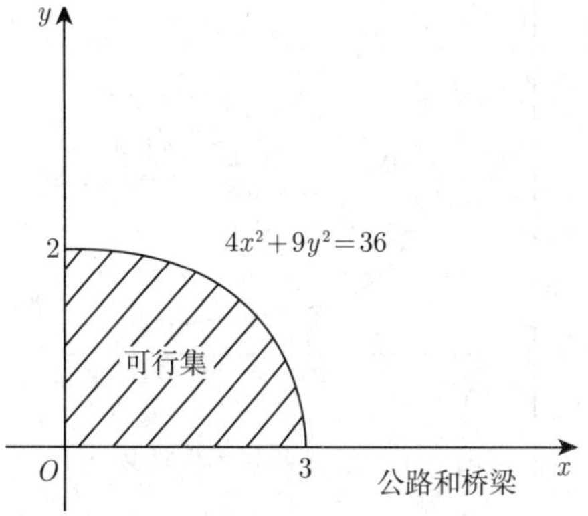

图 4.3 公共工作计划

1. 模型建立与求解

经济学家常利用函数 $q(x,y)=xy$ 来度量居民分配各类工作计划 (x,y) 的值或效用, 该函数称为无差别曲线. 这里求公共工作计划, 使得效用函数 q 最大.

将限制条件 $4x^2+9y^2=36$ 改写成 $\left(\dfrac{x}{3}\right)^2+\left(\dfrac{y}{2}\right)^2=1$, 作交换 $x=3x_1, y=2x_2$, 从而限制条件变成 $x_1^2+x_2^2=1$, 效应函数为 $q(3x_1,2x_2)=6x_1x_2$. 令 $\boldsymbol{X}=(x_1,x_2)^{\mathrm{T}}$, 则原问题变为在限制条件 $\boldsymbol{X}^{\mathrm{T}}\boldsymbol{X}=1$ 下, 求 $Q(\boldsymbol{X})=6x_1x_2$ 的最大值.

由于 $Q(\boldsymbol{X})=\boldsymbol{X}^{\mathrm{T}}\boldsymbol{A}\boldsymbol{X}$, 其中 $\boldsymbol{A}=\begin{bmatrix} 0 & 3 \\ 3 & 0 \end{bmatrix}$, 并且 $\boldsymbol{A}$ 的特征值是 ± 3, 对应于 $\lambda=3$ 的特征向量是 $\left(\dfrac{1}{\sqrt{2}},\dfrac{1}{\sqrt{2}}\right)^{\mathrm{T}}$, 对应于 $\lambda=-3$ 的特征向量是 $\left(-\dfrac{1}{\sqrt{2}},\dfrac{1}{\sqrt{2}}\right)^{\mathrm{T}}$. 这样 $Q(\boldsymbol{X})=q(x_1,x_2)$ 的最大值是 3, 并且在 $x_1=\dfrac{1}{\sqrt{2}}$ 和 $x_2=\dfrac{1}{\sqrt{2}}$ 处可达到.

---

① 1 英里 ≈1.61 千米.

② 1 英亩 ≈4046.86 平方米.

2. 结果分析

根据原来的变量, 最优公共工作计划是修建 $x = 3x_1 = \dfrac{3}{\sqrt{2}} \approx 2.1$ 百英里的公路和桥梁, 以及 $y = 2x_2 = \sqrt{2} \approx 1.4$ 百英亩的公园和娱乐场所, 最优工作计划是限制曲线和无差别曲线 $q(x_1, y_2) = 3$ 相交的点, 具有更大效用的点 (x, y) 位于和限制曲线不相交的无差别曲线上, 如图 4.4 所示

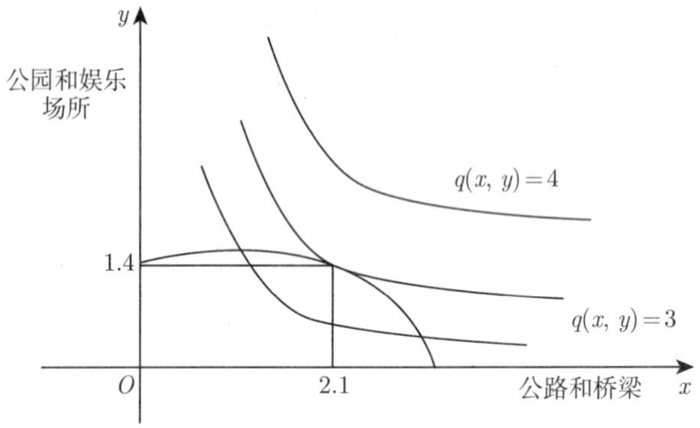

图 4.4　最优公共工作计划

沿着无差别曲线的点对应的选择, 表示居民作为一个群体有相同的价值观.

4.6.4　混合物模型

在某城镇中, 每年 30%的已婚女性离婚, 且 20%的单身女性结婚. 假定共有 8000 名已婚女性和 2000 名单身女性, 并且总人口数保持不变, 研究多年后, 该城镇女性结婚率和离婚率.

设 $\boldsymbol{w}_0 = (8000, 2000)^{\mathrm{T}}$ 为初始人数, 1 年后结婚女性和单身女性的人数为

$$\boldsymbol{w}_1 = \boldsymbol{A}\boldsymbol{w}_0 = \begin{bmatrix} 0.7 & 0.2 \\ 0.3 & 0.8 \end{bmatrix} \begin{bmatrix} 8000 \\ 2000 \end{bmatrix} = \begin{bmatrix} 6000 \\ 4000 \end{bmatrix},$$

则第二年结婚女性跟单身女性的人数为

$$\boldsymbol{w}_2 = \boldsymbol{A}\boldsymbol{w}_1 = \boldsymbol{A}^2\boldsymbol{w}_0.$$

以此类推, 对于 n 年来说, $\boldsymbol{w}_n = \boldsymbol{A}^n\boldsymbol{w}_0$.

采用该模型, 我们计算 $\boldsymbol{w}_{10} = \boldsymbol{w}_{20} = \boldsymbol{w}_{30}$, 并将它们四舍五入到最近的整数.

$$\boldsymbol{w}_{10} = \begin{bmatrix} 4004 \\ 5996 \end{bmatrix}, \quad \boldsymbol{w}_{20} = \begin{bmatrix} 4000 \\ 6000 \end{bmatrix}, \quad \boldsymbol{w}_{30} = \begin{bmatrix} 4000 \\ 6000 \end{bmatrix},$$

事实上, $\boldsymbol{w}_{12}=(4000,6000)^{\mathrm{T}}, \boldsymbol{A}\boldsymbol{w}_{12}=(4000,6000)^{\mathrm{T}}$, 可得该序列所有以后的向量保持不变, 向量 $(4000,6000)^{\mathrm{T}}$ 称为该过程的稳态向量.

若将初始向量进行缩放, 使得其包含的元素对应于已婚女性和未婚女性占总人口的百分比, 则 $\boldsymbol{w}_n$ 的坐标表示 n 年后已婚女性和未婚女性占总人口的百分比, 采用这种方法得到的向量就是马尔可夫链的一个例子, 马尔可夫链模型应用广泛.

如图 4.5 所示电路, 确定电容器两端电压.

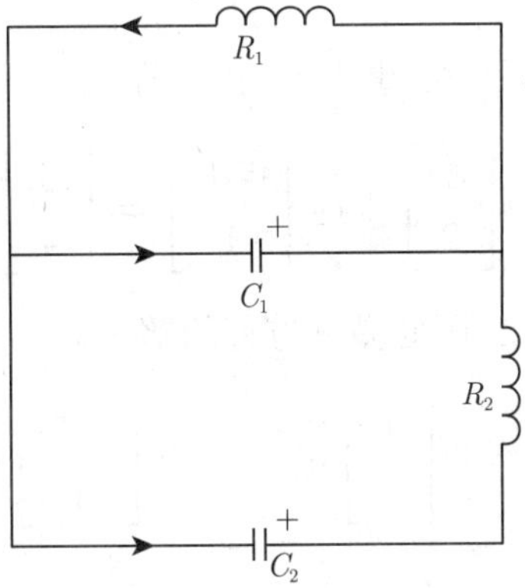

图 4.5 电路图

模型建立与求解

由电学知识可以知道, 电路图 4.5 可以用微分方程组描述

$$\begin{bmatrix} v_1'(t) \\ v_2'(t) \end{bmatrix} = \begin{bmatrix} -\left(\dfrac{1}{R_2}+\dfrac{1}{R_2}\right) & \dfrac{1}{R_2C_1} \\ \dfrac{1}{R_2C_2} & -\dfrac{1}{R_2C_2} \end{bmatrix} \begin{bmatrix} v_1(t) \\ v_2(t) \end{bmatrix},$$

其中 $v_1(t)$ 和 $v_2(t)$ 是在时间 t 时两个电容器的电压, 设电阻 R_1 为 1Ω, 电阻 R_2 为 2Ω, 电容器 C_1 为 1F, 电容器 C_2 为 0.5F, 并假设电容器 C_1 的初始电压为 5V, C_2 的初始电压为 4V, 下面确定电压随时间变化的公式 $v_1(t)$ 和 $v_2(t)$.

由给出的数据, 令

$$\boldsymbol{A}=\begin{bmatrix} -1.5 & 0.5 \\ 1 & -1 \end{bmatrix}, \quad \boldsymbol{V}(t)=\begin{bmatrix} v_1(t) \\ v_2(t) \end{bmatrix}.$$

以上微分方程组可写成 $\boldsymbol{X}'=\boldsymbol{A}\boldsymbol{X}, \boldsymbol{X}(0)=\begin{bmatrix} 5 \\ 4 \end{bmatrix}$ 为初值.

矩阵 $\boldsymbol{A}$ 的特征值是 $\lambda_1=-0.5$ 和 $\lambda_2=-2$, 对应的特征向量是

$$V_1 = \begin{bmatrix} 1 \\ 2 \end{bmatrix} \quad 和 \quad V_2 = \begin{bmatrix} -1 \\ 1 \end{bmatrix}.$$

特征函数 $x_1(t) = V_1\mathrm{e}^{\lambda_1 t}$ 和 $x_2(t) = V_2\mathrm{e}^{\lambda_2 t}$ 都满足 $\boldsymbol{X}' = \boldsymbol{AX}, x_1$ 和 x_2 的任意线性组合也同样满足 $\boldsymbol{X}' = \boldsymbol{AX}$. 令

$$\boldsymbol{X}(t) = c_1V_1\mathrm{e}^{\lambda_1 t} + c_2V_2\mathrm{e}^{\lambda_2 t} = c_1\begin{bmatrix} 1 \\ 2 \end{bmatrix}\mathrm{e}^{-0.5t} + c_2\begin{bmatrix} -1 \\ 1 \end{bmatrix}\mathrm{e}^{-2t}.$$

记 $\boldsymbol{X}(0) = \boldsymbol{X}_0$, 可求出 c_1 和 c_2. 事实上, 由方程

$$c_1\begin{bmatrix} 1 \\ 2 \end{bmatrix} + c_2\begin{bmatrix} -1 \\ 1 \end{bmatrix} = \begin{bmatrix} 5 \\ 4 \end{bmatrix}$$

容易解出 $c_1 = 3$ 和 $c_2 = -2$, 因此微分方程的解是

$$\boldsymbol{X}(t) = 3\begin{bmatrix} 1 \\ 2 \end{bmatrix}\mathrm{e}^{-0.5t} - 2\begin{bmatrix} -1 \\ 1 \end{bmatrix}\mathrm{e}^{-2t}$$

或

$$\begin{bmatrix} v_1(t) \\ v_2(t) \end{bmatrix} = \begin{bmatrix} 3\mathrm{e}^{-0.5t} + 2\mathrm{e}^{-2t} \\ 6\mathrm{e}^{-0.5t} - 2\mathrm{e}^{-2t} \end{bmatrix}.$$

习　题　4

1. 求与向量

$$\boldsymbol{\alpha}_1 = (1,1,-1,1)^{\mathrm{T}}, \quad \boldsymbol{\alpha}_2 = (1,-1,-1,1)^{\mathrm{T}}, \quad \boldsymbol{\alpha}_3 = (2,1,1,3)^{\mathrm{T}}$$

都正交的单位向量.

2. 用施密特正交化方法将下列向量组分别标准正交化:

$$(1)\ (\boldsymbol{\alpha}_1,\boldsymbol{\alpha}_2,\boldsymbol{\alpha}_3) = \begin{bmatrix} 1 & 1 & 0 \\ 1 & 2 & -1 \\ 1 & 1 & 1 \end{bmatrix}; \quad (2)\ (\boldsymbol{\alpha}_1,\boldsymbol{\alpha}_2,\boldsymbol{\alpha}_3) = \begin{bmatrix} 1 & 1 & -1 \\ 0 & -1 & 1 \\ -1 & 0 & 1 \\ 1 & 1 & 0 \end{bmatrix}.$$

3. 判断下列矩阵是不是正交矩阵? 并说明理由.

$$(1)\ \begin{bmatrix} 1 & -\frac{1}{2} & \frac{1}{3} \\ -\frac{1}{2} & 1 & \frac{1}{2} \\ \frac{1}{3} & \frac{1}{2} & -1 \end{bmatrix}; \quad (2)\ \begin{bmatrix} \frac{1}{9} & -\frac{8}{9} & -\frac{4}{9} \\ -\frac{8}{9} & \frac{1}{9} & -\frac{4}{9} \\ -\frac{4}{9} & -\frac{4}{9} & \frac{7}{9} \end{bmatrix}.$$

4. 求下列矩阵的特征值和特征向量:

(1) $\begin{bmatrix} 1 & -1 \\ 2 & 4 \end{bmatrix}$;　　(2) $\begin{bmatrix} 0 & 0 & 1 \\ 0 & 1 & 0 \\ 1 & 0 & 0 \end{bmatrix}$;

(3) $\begin{bmatrix} 2 & -1 & 2 \\ 5 & -3 & 3 \\ -1 & 0 & -2 \end{bmatrix}$;　(4) $\begin{bmatrix} 1 & 3 & 1 & 2 \\ 0 & -1 & 1 & 3 \\ 0 & 0 & 2 & 5 \\ 0 & 0 & 0 & 2 \end{bmatrix}$.

5. 设 λ 是方阵 $\boldsymbol{A}$ 的特征值, 证明: λ^m 是 $\boldsymbol{A}^m$ 的特征值.

6. 设 $\boldsymbol{A}=\begin{bmatrix} -1 & 2 & 2 \\ 2 & -1 & -2 \\ 2 & -2 & -1 \end{bmatrix}$,

(1) 试求 $\boldsymbol{A}$ 的特征值;

(2) 利用 (1) 的结果, 求矩阵 $\boldsymbol{E}+\boldsymbol{A}^{-1}$ 的特征值, 其中 $\boldsymbol{E}$ 是三阶单位矩阵.

7. $\boldsymbol{A},\boldsymbol{B}$ 均是 n 阶矩阵, 且 $|\boldsymbol{A}|\neq 0$, 证明 $\boldsymbol{AB}$ 相似于 $\boldsymbol{BA}$.

8. 判断矩阵 $\boldsymbol{A}=\begin{bmatrix} -2 & 1 & -2 \\ -5 & 3 & -3 \\ 1 & 0 & 2 \end{bmatrix}$ 是否与对角阵相似？说明理由.

9. 设

$$\boldsymbol{A}=\begin{bmatrix} 4 & 6 & 0 \\ -3 & -5 & 0 \\ -3 & -6 & 1 \end{bmatrix},$$

求 $\boldsymbol{A}^{10}$.

10. 设

$$\boldsymbol{A}=\begin{bmatrix} 1 & 4 & 2 \\ 0 & -3 & 4 \\ 0 & 4 & 3 \end{bmatrix}, \quad \boldsymbol{B}=\begin{bmatrix} 1 & 2 & 3 \\ 0 & x & 6 \\ 0 & 0 & 5 \end{bmatrix},$$

且 $\boldsymbol{A}\sim\boldsymbol{B}$, 求 x 的值.

11. 设矩阵 $\boldsymbol{A}=\begin{bmatrix} 3 & 2 & -2 \\ -k & -1 & k \\ 4 & 2 & -3 \end{bmatrix}$, 问当 k 为何值时, 存在可逆矩阵 $\boldsymbol{P}$, 使得 $\boldsymbol{P}^{-1}\boldsymbol{AP}=\boldsymbol{\Lambda}$, 并求出 $\boldsymbol{P}$ 和相应的对角阵.

12. 设 $\boldsymbol{A}=\begin{bmatrix} 2 & 0 & 0 \\ 0 & 3 & a \\ 0 & a & 3 \end{bmatrix}$, 有正交矩阵 $\boldsymbol{P}$, 使

$$\boldsymbol{P}^{\mathrm{T}}\boldsymbol{AP}=\begin{bmatrix} 1 & 0 & 0 \\ 0 & 2 & 0 \\ 0 & 0 & 5 \end{bmatrix},$$

求常数 a 与矩阵 $\boldsymbol{P}$.

13. 用矩阵形式表示下列二次型:

(1) $f=x_1^2+2x_2^2-3x_3^2+2x_1x_2-8x_2x_3$;

(2) $f=2x_1x_2-2x_1x_4-2x_2x_3+2x_2x_4$.

14. 已知二次型 $f=5x_1^2+5x_2^2+ax_3^2-2x_1x_2+6x_1x_3-6x_2x_3$ 的秩为 2,

(1) 求常数 a 的值;

(2) 将二次型化为标准形.

15. 试把圆锥曲线 $3x^2+2xy+3y^2-8=0$ 化为标准形.

16. 判别下列二次型的正定性.

(1) $f=-2x_1^2-6x_2^2-4x_3^2+2x_1x_2+2x_1x_3$;

(2) $f=x_1^2+3x_2^2+9x_3^2+19x_4^2-2x_1x_2+4x_1x_3+2x_1x_4-6x_2x_4-12x_3x_4$.

17. 当 t 为何值时, 二次型 $f=x_1^2+x_2^2+5x_3^2+2tx_1x_2-2x_1x_3+4x_2x_3$ 为正定二次型.

18. 对称矩阵 $\boldsymbol{A}$ 是正定的, 证明: $\boldsymbol{A}^*$ 也是正定矩阵.

19. 设 $\boldsymbol{A}$ 为 m 阶实对称矩阵, 且正定, $\boldsymbol{B}$ 为 $m\times n$ 实矩阵, 试证: $\boldsymbol{B}^{\mathrm{T}}\boldsymbol{A}\boldsymbol{B}$ 为正定矩阵的充要条件是 $R(\boldsymbol{B})=n$.

20. 设 $\boldsymbol{A}$ 为 $m\times n$ 矩阵, $\boldsymbol{E}$ 是 n 阶单位矩阵, 已知矩阵 $\boldsymbol{B}=\lambda\boldsymbol{E}+\boldsymbol{A}^{\mathrm{T}}\boldsymbol{A}$, 证明: 当 $\lambda>0$ 时, $\boldsymbol{B}$ 为正定矩阵.

21. 设二次型 $f(x_1,x_2)=x_1^2+4x_1x_2+4x_2^2$ 经过正交变换 $\begin{pmatrix}x_1\\x_2\end{pmatrix}=\boldsymbol{Q}\begin{pmatrix}y_1\\y_2\end{pmatrix}$ 化为二次型 $g(y_1,y_2)=ay_1^2+4y_1y_2+by_2^2$, 其中 $a\geqslant b$. 求:

(1) a,b 值;

(2) 正交矩阵 $\boldsymbol{Q}$.

22. 设 $\boldsymbol{A}$ 为二阶矩阵, $\boldsymbol{P}=(\boldsymbol{\alpha},\boldsymbol{A}\boldsymbol{\alpha})$, 其中 $\boldsymbol{\alpha}$ 是非零向量且不是 $\boldsymbol{A}$ 的特征向量.

(1) 证明 $\boldsymbol{P}$ 为可逆矩阵;

(2) 若 $\boldsymbol{A}^2\boldsymbol{\alpha}+\boldsymbol{A}\boldsymbol{\alpha}-6\boldsymbol{\alpha}=\boldsymbol{0}$. 求 $\boldsymbol{P}^{-1}\boldsymbol{A}\boldsymbol{P}$, 并判断是否相似于对角矩阵.

23. 已知矩阵 $\boldsymbol{A}=\begin{pmatrix}-2&-2&1\\2&x&-2\\0&0&-2\end{pmatrix}$ 与 $\boldsymbol{B}=\begin{pmatrix}2&1&0\\0&-1&0\\0&0&y\end{pmatrix}$ 相似, 求:

(1) x,y;

(2) 可逆矩阵 $\boldsymbol{P}$ 使得 $\boldsymbol{P}^{-1}\boldsymbol{A}\boldsymbol{P}=\boldsymbol{B}$.

24. 设三阶矩阵 $\boldsymbol{A}=(\boldsymbol{\alpha}_1,\boldsymbol{\alpha}_2,\boldsymbol{\alpha}_3)$ 有 3 个不同特征值, 且 $\boldsymbol{\alpha}_3=\boldsymbol{\alpha}_1+2\boldsymbol{\alpha}_2$.

(1) 证明 $R(\boldsymbol{A})=2$;

(2) 若 $\boldsymbol{\beta}=\boldsymbol{\alpha}_1+\boldsymbol{\alpha}_2+\boldsymbol{\alpha}_3$, 求方程组 $\boldsymbol{A}\boldsymbol{x}=\boldsymbol{\beta}$ 的通解.

矩阵的特征值和
特征向量测试题

二次型测试题

习题参考答案

习 题 1

1. 2.

2. $\left(\frac{1}{3},-\frac{2}{3},-\frac{2}{3}\right)$.

3. 略.

4. $5\sqrt{3}$.

5. $\pm\left(\frac{3}{\sqrt{17}},-\frac{2}{\sqrt{17}},-\frac{2}{\sqrt{17}}\right)$.

6. $(x-3)^2+(y+2)^2+(z-1)^2=14$.

7. (1) 单叶双曲面; (2) 椭球面; (3) 双叶双曲面.

8. (1) $z^2=\cot^2\alpha\left(x^2+y^2\right)$;　　(2) $y^2+z^2=4x$.

9. 略.

10. $x+2y-z=17$.

11. $-x+3y+2z=0$.

12. $2x+z=0$.

13. $-x+y+5z=0$.

14. $x+6y+6z\pm 6=0$.

15. $\arccos(1/\sqrt{11})$.

16. xOy 面: $\begin{cases} x^2+2y^2-2y=0, \\ z=0; \end{cases}$

yOz 面: $\begin{cases} y+z-1=0, \\ x=0; \end{cases}$

zOx 面: $\begin{cases} x^2+2z^2-2z=0, \\ y=0. \end{cases}$

17. xOy 面: $\begin{cases} x^2+y^2-x=1, \\ z=0; \end{cases}$

yOz 面: $\begin{cases} (z-1)^2+y^2-z=0, \\ x=0; \end{cases}$

zOx 面: $\begin{cases} z=x+1, \\ y=0. \end{cases}$

18. 直线的对称式方程: $\frac{x-1}{4}=\frac{y-0}{5}=\frac{z+2}{-3}$;

直线的参数方程: $\begin{cases} x = 1 + 4t, \\ y = 5t, \\ z = -2 - 3t. \end{cases}$

19. 直线的点向式方程为

$$\frac{x-2}{5} = \frac{y-0}{7} = \frac{z-1}{11}.$$

直线的参数方程为

$$\begin{cases} x = 2 + 5t, \\ y = 7t, \\ z = 1 + 11t. \end{cases}$$

20. (1) 垂直; (2) 平行.

21. $x - y - z - 5 = 0$.

22. $\varphi = \arccos \dfrac{2}{\sqrt{18}}$.

习 题 2

1. $m = 3, n = 4$.

2. $\begin{bmatrix} 9 & 2 \\ 1 & 11 \end{bmatrix}, \begin{bmatrix} 7 & 0 \\ 3 & 5 \end{bmatrix}$.

3. (1) $\begin{bmatrix} -1 & 3 & 1 & 5 \\ 8 & 2 & 8 & 2 \\ 3 & 7 & 9 & 13 \end{bmatrix}$; (2) $\begin{bmatrix} 3 & 1 & 1 & -1 \\ -4 & 0 & -4 & 0 \\ -1 & -3 & -3 & -5 \end{bmatrix}$.

4. (1) 0, $\begin{bmatrix} 2 & 3 & -1 \\ -2 & -3 & 1 \\ -2 & -3 & 1 \end{bmatrix}$; (2) $\begin{bmatrix} 6 & 2 & -2 \\ 6 & 1 & 0 \\ 8 & -1 & 2 \end{bmatrix}$; (3) $\begin{bmatrix} 5 & 18 \\ 14 & 28 \end{bmatrix}$; (4) $\begin{bmatrix} 7 & 4 & 4 \\ 9 & 4 & 3 \\ 3 & 3 & 4 \end{bmatrix}$.

5. $3^{10}\begin{bmatrix} 1 & \frac{1}{2} & \frac{1}{3} \\ 2 & 1 & \frac{2}{3} \\ 3 & \frac{3}{2} & 1 \end{bmatrix}$.

6. (1) $\begin{bmatrix} 0 & 0 \\ 0 & 0 \end{bmatrix}$; (2) $\begin{bmatrix} 5 & 1 & 3 \\ 8 & 0 & 3 \\ -2 & 1 & -2 \end{bmatrix}$.

7. (1) $\begin{bmatrix} 1 & 0 & \frac{1}{2} & 1 \\ 0 & 1 & 1 & 1 \\ 0 & 0 & 0 & 0 \end{bmatrix}$; (2) $\begin{bmatrix} 1 & 0 & 2 & 1 & 2 \\ 0 & 1 & -1 & 3 & 1 \\ 0 & 0 & 0 & 0 & 0 \\ 0 & 0 & 0 & 0 & 0 \end{bmatrix}$.

8. (1) $\begin{bmatrix} 0 & \frac{1}{3} & \frac{1}{3} \\ 0 & \frac{1}{3} & -\frac{2}{3} \\ -1 & \frac{2}{3} & -\frac{1}{3} \end{bmatrix}$; (2) $\begin{bmatrix} 1 & -4 & -3 \\ 1 & -5 & -3 \\ -1 & 6 & 4 \end{bmatrix}$; (3) $\begin{bmatrix} 22 & -6 & -26 & 17 \\ -17 & 5 & 20 & -13 \\ -1 & 0 & 2 & -1 \\ 4 & -1 & -5 & 3 \end{bmatrix}$.

9. $\boldsymbol{A}^{-1} = \frac{1}{2}(\boldsymbol{A} + 3\boldsymbol{E}), (\boldsymbol{A} + 3\boldsymbol{E})^{-1} = \frac{1}{2}\boldsymbol{A}$.

10. (1) $\begin{bmatrix} \frac{11}{6} & \frac{1}{2} & 1 \\ -\frac{1}{6} & -\frac{1}{2} & 0 \\ \frac{2}{3} & 1 & 0 \end{bmatrix}$; (2) $\begin{bmatrix} -\frac{1}{3} & \frac{1}{3} & \frac{4}{3} \\ \frac{2}{3} & \frac{1}{3} & \frac{1}{3} \\ \frac{2}{3} & \frac{5}{6} & \frac{4}{3} \end{bmatrix}$.

11. $\begin{bmatrix} 0 & 17 \\ 14 & 13 \\ -3 & 10 \end{bmatrix}$.

12. (1) $\begin{bmatrix} 2 & -1 & 0 & 0 \\ -3 & 2 & 0 & 0 \\ 0 & 0 & \frac{1}{2} & -\frac{1}{2} \\ 0 & 0 & 0 & 1 \end{bmatrix}$; (2) $\begin{bmatrix} \frac{1}{5} & 0 & 0 & 0 & 0 \\ 0 & 1 & -1 & 0 & 0 \\ 0 & -1 & 2 & 0 & 0 \\ 0 & 0 & 0 & 3 & -5 \\ 0 & 0 & 0 & -1 & 2 \end{bmatrix}$.

13. 当 $n = 2k$ 时, $\boldsymbol{A}^n = 4^k\boldsymbol{E}$; 当 $n = 2k+1$ 时, $\boldsymbol{A}^n = 4^k\boldsymbol{A}$.

14. 提示: 方阵 $\boldsymbol{A} = \frac{1}{2}\left(\boldsymbol{A} + \boldsymbol{A}^{\mathrm{T}}\right) + \frac{1}{2}\left(\boldsymbol{A} - \boldsymbol{A}^{\mathrm{T}}\right)$.

15. (1) -33; (2) 0; (3) 1; (4) -35; (5) 4; (6) 0.

16. (1) $a = -1$ 或 $a = 3$; (2) $a = 1$ 或 $a = -2$.

17. (1) 0; (2) 15; (3) 160; (4) 0; (5) $5abcdef$; (6) a^2b^2.

18. 证明略.

19. (1) -24 ; (2) -75.

20. (1) $(2n-2)(-2)^{n-1}$; (2) $(n-1)!$.

21. $x \neq 1$ 且 4.

22. $\beta = 0$ 或 2 或 3.

23. 秩为 3.

24. (1) 秩为 3, 其中一个最高阶非零子式为 $\begin{vmatrix} 2 & 1 & 1 \\ 1 & -1 & 0 \\ 1 & 4 & -2 \end{vmatrix}$;

(2) 秩为 3, 其中一个最高阶非零子式为 $\begin{vmatrix} 1 & 2 & -1 \\ 2 & -1 & 3 \\ -5 & 0 & 4 \end{vmatrix}$.

习　题　3

1. D.

2. C.

3. $\boldsymbol{\beta}=2\boldsymbol{\alpha}_1+\boldsymbol{\alpha}_2$.

4. (1) $\boldsymbol{\beta}=2\boldsymbol{\alpha}_1-\boldsymbol{\alpha}_2+\boldsymbol{\alpha}_3$; (2) $\boldsymbol{\beta}=\dfrac{8}{3}\boldsymbol{\alpha}_1+\dfrac{1}{3}\boldsymbol{\alpha}_2$.

5. (1) 线性相关;

(2) 线性无关;

(3) 线性相关.

6. (1) $c=-10$ 线性相关;

(2) $c\neq-10$ 线性无关.

7. (1) $R(\boldsymbol{A})=2,\boldsymbol{\alpha}_1,\boldsymbol{\alpha}_2$ 为极大无关组;

(2) $R(\boldsymbol{A})=3,\boldsymbol{\alpha}_1,\boldsymbol{\alpha}_2,\boldsymbol{\alpha}_3$ 为极大无关组.

8. 略.

9. 略.

10. (1) $\boldsymbol{\alpha}_1,\boldsymbol{\alpha}_2,\boldsymbol{\alpha}_3$ 或 $\boldsymbol{\alpha}_1,\boldsymbol{\alpha}_2,\boldsymbol{\alpha}_4$ 为极大无关组;

(2) $\boldsymbol{\alpha}_1,\boldsymbol{\alpha}_2,\boldsymbol{\alpha}_4$ 或 $\boldsymbol{\alpha}_1,\boldsymbol{\alpha}_3,\boldsymbol{\alpha}_4$ 为极大无关组.

11. 极大无关组为 $\boldsymbol{\alpha}_1,\boldsymbol{\alpha}_2,\boldsymbol{\alpha}_4,\boldsymbol{\alpha}_3=\dfrac{1}{3}\boldsymbol{\alpha}_1+\dfrac{1}{3}\boldsymbol{\alpha}_2$.

12. 略.

13. 略.

14. 略.

15. (1) $\overline{\boldsymbol{A}}=\begin{bmatrix}1&1&-3&1\\3&-1&-3&4\\1&5&-9&1\end{bmatrix}\to\begin{bmatrix}1&1&-3&1\\0&-4&6&1\\0&4&-6&0\end{bmatrix}\to\begin{bmatrix}1&1&-3&1\\0&-4&6&1\\0&0&0&1\end{bmatrix}$, 所以 $R(\overline{\boldsymbol{A}})=3$, $R(\boldsymbol{A})=2$; $R(\boldsymbol{A})\neq R(\overline{\boldsymbol{A}})$, 故方程组无解.

(2) $\overline{\boldsymbol{A}}=\begin{bmatrix}1&1&-3&1\\3&-1&-3&4\\1&5&-9&0\end{bmatrix}\to\cdots\to\begin{bmatrix}1&1&-3&1\\0&-4&6&1\\0&0&0&0\end{bmatrix}$, $R(\overline{\boldsymbol{A}})=R(\boldsymbol{A})=2<n(=3)$, 故方程组有无穷多解.

(3) $\overline{\boldsymbol{A}}=\begin{bmatrix}1&1&-3&1\\3&-1&-3&4\\1&5&-8&0\end{bmatrix}\to\cdots\to\begin{bmatrix}1&1&-3&1\\0&-4&6&1\\0&0&1&0\end{bmatrix}$, $R(\overline{\boldsymbol{A}})=R(\boldsymbol{A})=3=n$, 故方程组有唯一解.

16. $$\overline{\boldsymbol{A}}=\begin{bmatrix}2&3&1&4\\1&-2&4&-5\\3&8&-2&13\\4&-1&9&-6\end{bmatrix}\to\begin{bmatrix}1&-2&4&-5\\2&3&1&4\\3&8&-2&13\\4&-1&9&-6\end{bmatrix}$$

$$\rightarrow\begin{bmatrix}1&-2&4&-5\\0&7&-7&14\\0&14&-14&28\\0&7&-7&14\end{bmatrix}\rightarrow\begin{bmatrix}1&-2&4&-5\\0&1&-1&2\\0&0&0&0\\0&0&0&0\end{bmatrix}\rightarrow\begin{bmatrix}1&0&2&-1\\0&1&-1&2\\0&0&0&0\\0&0&0&0\end{bmatrix}.$$

因为 $R(\overline{\boldsymbol{A}})=R(\boldsymbol{A})=2<3$, 所以方程组有无穷多组解, 取 z 为自由未知量.

得特解: $\boldsymbol{\eta}_0=(-1,2,0)^{\mathrm{T}}$ 和基础解系: $\boldsymbol{\alpha}=(-2,1,1)^{\mathrm{T}}$, 即得方程组的全部解为 $\boldsymbol{X}=\boldsymbol{\eta}_0+k\cdot\boldsymbol{\alpha}$.

17. 略.

18. 略.

19. 因为 $\boldsymbol{A}$ 的秩为 3, 所以 $\boldsymbol{AX}=\mathbf{0}$ 的基础解系含有 $4-3=1$ 个解向量.

由线性方程组解的性质得 $\boldsymbol{\eta}_2+\boldsymbol{\eta}_3-2\boldsymbol{\eta}_1=(\boldsymbol{\eta}_2-\boldsymbol{\eta}_1)+(\boldsymbol{\eta}_3-\boldsymbol{\eta}_1)$ 是 $\boldsymbol{AX}=\mathbf{0}$ 的解, 则解得 $\boldsymbol{AX}=\mathbf{0}$ 的一个非零解为 $\boldsymbol{\eta}_2+\boldsymbol{\eta}_3-2\boldsymbol{\eta}_1=(-2,-3,-4,-5)^{\mathrm{T}}$. 由此可得 $\boldsymbol{AX}=\boldsymbol{b}$ 的通解为 $(1,2,3,4)^{\mathrm{T}}+c(2,3,4,5)^{\mathrm{T}}$.

20. $\boldsymbol{\eta}_1=\begin{bmatrix}-3\\1\\0\\0\\0\end{bmatrix},\boldsymbol{\eta}_2=\begin{bmatrix}\frac{7}{5}\\0\\\frac{1}{5}\\1\\0\end{bmatrix},\boldsymbol{\eta}_3=\begin{bmatrix}\frac{1}{5}\\0\\-\frac{2}{5}\\0\\1\end{bmatrix},\boldsymbol{\eta}_0=\begin{bmatrix}\frac{3}{5}\\0\\\frac{4}{5}\\0\\0\end{bmatrix}$, 则原方程组的全部解为 $\boldsymbol{X}=k_1\boldsymbol{\eta}_1+k_2\boldsymbol{\eta}_2+k_3\boldsymbol{\eta}_3+\boldsymbol{\eta}_0$.

21. $\boldsymbol{\eta}=\left[\frac{4}{3},-3,\frac{4}{3},1\right]^{\mathrm{T}}$.

22. (1) 当 $b-3\neq0$, 即 $b\neq3$ 时, 有 $R(\boldsymbol{A})=R(\overline{\boldsymbol{A}})=4$, 所以此时方程组有唯一的解;

(2) 当 $b-3=0,a-5\neq0$ 即 $b=3,a\neq5$ 时, 有 $R(\boldsymbol{A})=3,R(\overline{\boldsymbol{A}})=4,R(\boldsymbol{A})\neq R(\overline{\boldsymbol{A}})$, 于是方程组无解;

(3) 当 $b-3=0,a-5=0$ 即 $b=3,a=5$ 时, $R(\boldsymbol{A})=R(\overline{\boldsymbol{A}})=3<4$, 于是方程组有无穷多解.

23. 基础解系 $\boldsymbol{\xi}_1=\begin{bmatrix}\frac{2}{7}\\\frac{5}{7}\\1\\0\end{bmatrix}$, $\boldsymbol{\xi}_2=\begin{bmatrix}\frac{3}{7}\\\frac{4}{7}\\0\\1\end{bmatrix}$ 方程组的通解为 $\begin{bmatrix}x_1\\x_2\\x_3\\x_4\end{bmatrix}=k_1\begin{bmatrix}\frac{2}{7}\\\frac{5}{7}\\1\\0\end{bmatrix}+k_2\begin{bmatrix}\frac{3}{7}\\\frac{4}{7}\\0\\1\end{bmatrix}(k_1,k_2\in\mathbf{R})$.

24. 基础解系为

$$\boldsymbol{\xi}_2=\begin{bmatrix}-2\\1\\1\\0\\0\end{bmatrix},\quad \boldsymbol{\xi}_2=\begin{bmatrix}-1\\-3\\0\\1\\0\end{bmatrix},\quad \boldsymbol{\xi}_3=\begin{bmatrix}2\\1\\0\\0\\1\end{bmatrix}.$$

因此方程组的通解为 $\boldsymbol{x}=k_1\boldsymbol{\xi}_1+k_2\boldsymbol{\xi}_2+k_3\boldsymbol{\xi}_3\,(k_1,k_2,k_3\in\mathbf{R})$.

25. (1) 基础解系

$$\boldsymbol{\xi}=\left(-\frac{11}{2},-\frac{7}{2},1\right)^{\mathrm{T}},$$

方程组的通解为

$$k\boldsymbol{\xi}=k\left(-\frac{11}{2},-\frac{7}{2},1\right)^{\mathrm{T}},\quad k\text{ 为任意常数}.$$

(2) 基础解系

$$\boldsymbol{\xi}_1=(-2,0,1,0,0)^{\mathrm{T}},\quad \boldsymbol{\xi}_2=(-1,-1,0,1,0)^{\mathrm{T}},$$

所以, 方程组的通解为

$$k_1\boldsymbol{\xi}_1+k_2\boldsymbol{\xi}_2=k_1(-2,0,1,0,0)^{\mathrm{T}}+k_2(-1,-1,0,1,0)^{\mathrm{T}},\quad k_1,k_2\text{ 为任意常数}.$$

(3) 基础解系

$$\boldsymbol{\xi}_1=(-1,1,1,0,0)^{\mathrm{T}},\quad \boldsymbol{\xi}_2=\left(\frac{7}{6},\frac{5}{6},0,\frac{1}{3},1\right)^{\mathrm{T}},$$

所以, 方程组的通解为

$$k_1\boldsymbol{\xi}_1+k_2\boldsymbol{\xi}_2=k_1(-1,1,1,0,0)^{\mathrm{T}}+k_2\left(\frac{7}{6},\frac{5}{6},0,\frac{1}{3},1\right)^{\mathrm{T}},\quad k_1,k_2\text{ 为任意常数}.$$

26. (1) 基础解系

$$\boldsymbol{\xi}_1=(2,1,0,0)^{\mathrm{T}},\quad \boldsymbol{\xi}_2=(-1,0,1,0)^{\mathrm{T}},$$

方程组的通解为

$$\boldsymbol{\eta}=\boldsymbol{\eta}_0+k_1\boldsymbol{\xi}_1+k_2\boldsymbol{\xi}_2=(0,0,0,1)^{\mathrm{T}}+k_1(2,1,0,0)^{\mathrm{T}}+k_2(-1,0,1,0)^{\mathrm{T}},$$

其中 k_1,k_2 为任意常数.

(2) 基础解系

$$\boldsymbol{\xi}_1=(-8,-13,1,0)^{\mathrm{T}},\quad \boldsymbol{\xi}_2=(5,-9,0,1)^{\mathrm{T}},$$

方程组的通解为

$$\boldsymbol{\eta}=\eta_0+k_1\boldsymbol{\xi}_1+k_2\boldsymbol{\xi}_2=(-1,-3,0,0)^{\mathrm{T}}+k_1(-8,-13,1,0)^{\mathrm{T}}+k_2(5,-9,0,1)^{\mathrm{T}},$$

其中 k_1,k_2 为任意常数.

(3) 方程组无解.

27. 最小运费为 $4\times16+6\times15+1\times19+7\times12=257$.

习 题 4

1. $\pm\frac{1}{\sqrt{26}}\begin{bmatrix}4\\0\\1\\-3\end{bmatrix}$.

2. (1) $\boldsymbol{e}_1=\frac{1}{\sqrt{3}}\begin{bmatrix}1\\1\\1\end{bmatrix},\boldsymbol{e}_2=\frac{1}{\sqrt{6}}\begin{bmatrix}-1\\2\\-1\end{bmatrix},\boldsymbol{e}_3=\frac{1}{\sqrt{2}}\begin{bmatrix}-1\\0\\1\end{bmatrix}$;

(2) $\boldsymbol{e}_1=\frac{1}{\sqrt{3}}\begin{bmatrix}1\\0\\-1\\1\end{bmatrix},\boldsymbol{e}_2=\frac{1}{\sqrt{15}}\begin{bmatrix}1\\-3\\2\\1\end{bmatrix},\boldsymbol{e}_3=\frac{1}{\sqrt{35}}\begin{bmatrix}-1\\3\\3\\4\end{bmatrix}$.

3. (1) 不是; (2) 是.

4. (1) $\lambda_1=2,\boldsymbol{p}_1=\begin{bmatrix}1\\-1\end{bmatrix},\lambda_2=3,\boldsymbol{p}_2=\begin{bmatrix}1\\-2\end{bmatrix}$;

(2) $\lambda_1=-1,\boldsymbol{p}_1=\begin{bmatrix}-1\\0\\1\end{bmatrix},\lambda_2=\lambda_3=1,\boldsymbol{p}_2=\begin{bmatrix}0\\1\\0\end{bmatrix},\boldsymbol{p}_3=\begin{bmatrix}1\\0\\1\end{bmatrix}$;

(3) $\lambda_1=\lambda_2=\lambda_3=-1,\boldsymbol{p}=\begin{bmatrix}-1\\-1\\1\end{bmatrix}$;

(4) $\lambda_1=-1,\boldsymbol{p}_1=\begin{bmatrix}-\frac{3}{2}\\1\\0\\0\end{bmatrix},\lambda_2=1,\boldsymbol{p}_2=\begin{bmatrix}1\\0\\0\\0\end{bmatrix},\ \lambda_3=\lambda_4=2,\boldsymbol{p}_3=\begin{bmatrix}2\\\frac{1}{3}\\1\\0\end{bmatrix}$.

5. 略.

6. (1) $\lambda_1=\lambda_2=1,\lambda_3=-5$;

(2) $\lambda_1=\lambda_2=2,\lambda_3=\frac{4}{5}$.

7. 略.

8. 不能化为对角矩阵.

9. $\boldsymbol{A}^{10}=\begin{bmatrix}-1022&-2046&0\\1023&2047&0\\1023&2046&1\end{bmatrix}$.

10. $x=-5$.

11. $k=0,\ \boldsymbol{P}=\begin{bmatrix}-1&1&1\\2&0&0\\0&2&1\end{bmatrix},\boldsymbol{P}^{-1}\boldsymbol{AP}=\boldsymbol{\Lambda}=\begin{bmatrix}-1&0&0\\0&-1&0\\0&0&1\end{bmatrix}$.

12. $a=2,\boldsymbol{C}=\begin{bmatrix}0&1&0\\\frac{1}{\sqrt{2}}&0&\frac{1}{\sqrt{2}}\\-\frac{1}{\sqrt{2}}&0&\frac{1}{\sqrt{2}}\end{bmatrix}$; $a=-2,\boldsymbol{C}=\begin{bmatrix}0&1&0\\\frac{1}{\sqrt{2}}&0&\frac{1}{\sqrt{2}}\\\frac{1}{\sqrt{2}}&0&-\frac{1}{\sqrt{2}}\end{bmatrix}$.

13. (1) $f=[x_1,x_2,x_3]\begin{bmatrix}1&1&0\\1&2&-4\\0&-4&-3\end{bmatrix}\begin{bmatrix}x_1\\x_2\\x_3\end{bmatrix}$;

(2) $f=(x_1,x_2,x_3,x_4)\begin{bmatrix}0&1&0&-1\\1&0&-1&1\\0&-1&0&0\\-1&1&0&0\end{bmatrix}\begin{bmatrix}x_1\\x_2\\x_3\\x_4\end{bmatrix}$.

14. (1) $a=3$;

(2) 正交变换为 $\begin{bmatrix}x_1\\x_2\\x_3\end{bmatrix}=\begin{bmatrix}-\frac{1}{\sqrt{6}}&\frac{1}{\sqrt{2}}&\frac{1}{\sqrt{3}}\\\frac{1}{\sqrt{6}}&\frac{1}{\sqrt{2}}&-\frac{1}{\sqrt{3}}\\\frac{2}{\sqrt{6}}&0&\frac{1}{\sqrt{3}}\end{bmatrix}\begin{bmatrix}y_1\\y_2\\y_3\end{bmatrix}$, 标准形为 $f=4y_2^2+9y_3^2$.

15. $2y_1^2+y_2^2=8$.

16. (1) 负定; (2) 正定.

17. $t\in\left(-\frac{4}{5},0\right)$.

18—20. 略.

21. (1) $a=4,b=1$; (2) $\boldsymbol{Q}=\begin{bmatrix}0&1\\1&0\end{bmatrix}$.

22. 略.

23. (1) $\begin{cases}x=3,\\y=-2;\end{cases}$ (2) $\boldsymbol{P}=\begin{bmatrix}-1&-1&-1\\2&1&2\\0&0&4\end{bmatrix}$.

24. (1) 略; (2) $\boldsymbol{\eta}=(1,1,1)^{\mathrm{T}}+k(-1,-2,1)^{\mathrm{T}},k\in\mathbf{R}$.

参 考 文 献

陈骑兵, 李秋敏. 2013. 工程数学. 重庆: 重庆大学出版社.

杜建卫, 王若鹏. 2009. 数学建模基础案例. 北京: 化学工业出版社.

黄廷祝, 成孝予. 2009. 线性代数. 北京: 高等教育出版社.

姜启源, 谢金星, 叶俊. 2011. 数学建模. 4 版. 北京: 高等教育出版社.

林蔚, 周双红, 国萃, 等. 2012. 线性代数的工程案例. 哈尔滨: 哈尔滨工程大学出版社.

吕林根, 许子道. 2006. 解析几何. 4 版. 北京: 高等教育出版社.

马艳琴, 张荣艳, 陈东升. 2012. 线性代数案例教程. 北京: 科学出版社.

彭年斌, 胡清林. 2011. 微积分 (下册). 北京: 高等教育出版社.

天津大学数学系代数教研组. 2010. 线性代数及其应用. 2 版. 北京: 科学出版社.

同济大学应用数学系. 2002. 高等数学 (上册). 5 版. 北京: 高等教育出版社.

吴赣昌. 2017. 线性代数 (经管类). 5 版. 北京: 中国人民大学出版社.

喻秉钧, 周厚隆. 2011. 线性代数. 北京: 高等教育出版社.

运怀立. 2007. 线性代数. 北京: 中国人民大学出版社.